"十四五"时期
国家重点出版物出版专项规划项目

航天先进技术
研究与应用系列

王子才　总主编

航天飞行器质量特性参数精密测试技术

Precision Measurement Technology of
Mass Property Parameters for Spacecraft

张晓琳　李凯　刘梅　编著

内 容 简 介

本书主要讲述航天飞行器质量测量、质心测量、转动惯量测量和惯性积测量的通用技术，介绍航天飞行器质量特性测量的典型测试设备的原理、方案、技术路线等，并阐述航天飞行器质量特性参数精密测试中的关键技术，包括多称重传感器在线标定技术、基于运动学的测量位姿误差修正技术、运动耦合支撑结构设计及优化、修正重力作用线方法、扭摆法转动惯量测量非线性模型、基于 Hilbert 变换的转动惯量计算方法、基于最优姿态的转动惯量和惯性积测量方案等。

本书可作为航天飞行器质量特性参数测量技术相关课程的教材，同时可供相关领域工程技术和研究人员参考。

图书在版编目(CIP)数据

航天飞行器质量特性参数精密测试技术/张晓琳，李凯，刘梅编著. —哈尔滨:哈尔滨工业大学出版社，2024.9

（航天先进技术研究与应用系列）

ISBN 978－7－5767－1196－7

Ⅰ.①航… Ⅱ.①张… ②李… ③刘… Ⅲ.①飞行器－质量特性－参数测量－精密测试－测试技术 Ⅳ.①V262.7

中国国家版本馆 CIP 数据核字(2024)第 028324 号

航天飞行器质量特性参数精密测试技术
HANGTIAN FEIXINGQI ZHILIANG TEXING CANSHU JINGMI CESHI JISHU

策划编辑	王桂芝　林均豫
责任编辑	陈雪巍　王会丽　韩旖桐
出版发行	哈尔滨工业大学出版社
社　　址	哈尔滨市南岗区复华四道街 10 号　邮编 150006
传　　真	0451－86414749
网　　址	http://hitpress.hit.edu.cn
印　　刷	哈尔滨博奇印刷有限公司
开　　本	710 mm×1 000 mm　1/16　印张 21　字数 409 千字
版　　次	2024 年 9 月第 1 版　2024 年 9 月第 1 次印刷
书　　号	ISBN 978－7－5767－1196－7
定　　价	126.00 元

(如因印装质量问题影响阅读,我社负责调换)

前 言

　　为保证航天飞行器能够达到设计目标,必须对每一环节进行严格把控,其中质量特性参数的精密测试是重要技术之一。

　　飞行器质量特性参数是指飞行器的质量、质心、转动惯量和惯性积,其精确测量是实现飞行器精准控制的前提。在大气层下飞行的飞行器主要受发动机推力、空气阻力和自身重力的影响,质量测量不准确将会直接影响飞行器的受力分析,进而对飞行器动力学建模产生一定影响;质心会影响与飞行器轨迹相关的坐标系的建立。在描述飞行器运动的标量方程时,需要定义一些坐标系,如弹道坐标系、弹体坐标系、速度坐标系等,这些坐标系一般都选取飞行器的质心作为原点。质心位置的偏差会导致坐标系位置产生偏差,因此建立的运动学和动力学标量方程就会不准确,最终会影响飞行器的飞行轨迹。转动惯量和惯性积对飞行器在空中的姿态控制也起着关键性的作用。

　　本书主要讲述航天飞行器质量测量、质心测量、转动惯量测量和惯性积测量的通用技术,同时结合作者多年积累的科研技术成果,介绍航天飞行器质量特性测量的典型测试设备的原理、方案、关键技术等。本书可作为航天飞行器质量特性参数测量技术相关课程的教材,同时可供相关领域工程技术和研究人员参考。书中部分彩图以二维码的形式随文编排,如有需要可扫码阅读。

　　本书由哈尔滨工业大学张晓琳、李凯和上海大学刘梅共同撰写,哈尔滨工业大学王军、浙江理工大学张烈山和王梅宝、中国计量大学于航、天津理工大学赵岩等在本书撰写过程中提供了大量帮助,在此表示感谢。

本书由唐文彦负责主审工作。

我们在撰写本书的过程中,努力保持其先进性和适用性,但由于水平有限,难免有疏漏和不足之处,希望同行指正。

作 者

2024 年 6 月

目 录

第1章 质量测量 ······ 001
    1.1 质量的定义及物理性质 ······ 001
    1.2 质量测量技术发展历程 ······ 001
    1.3 质量测量技术国内外研究现状 ······ 004

第2章 质心测量 ······ 007
    2.1 质心的定义及物理性质 ······ 007
    2.2 质心测量理论研究概况 ······ 008
    2.3 质心测量技术国内外研究现状 ······ 014

第3章 转动惯量测量 ······ 026
    3.1 转动惯量的定义及物理特性 ······ 026
    3.2 转动惯量测量理论研究概况 ······ 027
    3.3 转动惯量测量国内外研究现状 ······ 036

第4章 惯性积测量 ······ 042
    4.1 惯性积的定义及物理特性 ······ 042
    4.2 惯性积测量理论研究概况 ······ 042
    4.3 惯性积测量国内外研究现状 ······ 044

第5章 典型测试设备 ······ 049
    5.1 倾斜式质量、质心测量系统 ······ 049
    5.2 回转式质量、质心测量系统 ······ 073
    5.3 质心柔性测量系统 ······ 093
    5.4 转动惯量测量设备 ······ 142
    5.5 惯性积测量设备 ······ 160
    5.6 通用质量特性测试系统 ······ 164

第 6 章 质量特性参数精密测试中的关键技术 …… 188
6.1 多称重传感器在线标定技术 …… 188
6.2 基于运动学的测量位姿误差修正技术 …… 206
6.3 运动耦合支撑结构设计及优化 …… 228
6.4 修正重力作用线方法 …… 249
6.5 扭摆法转动惯量测量非线性模型 …… 258
6.6 基于 Hilbert 变换的转动惯量计算方法 …… 278
6.7 基于最优姿态的转动惯量和惯性积测量方案 …… 296

参考文献 …… 303

名词索引 …… 323

第 1 章

质量测量

1.1 质量的定义及物理性质

质量特性在工程应用方面十分重要。联合重量工程师协会(Society of Allied Weight Engineers,SAWE)。对于质量特性的研究做出了重要的贡献,SPACE ELECTRONICS 公司主席 Richard Boynton 在该协会的年会上发表多篇文章,其中《如何测量质量特性》《质量的精密测量》和《质量特性测量手册》介绍了最基本的质量特性测量方法和一些应该注意的问题,对于相关领域的工程师有重要的实践指导意义。

质量是物理学中的一个基本概念,是物体所具有的一种物理属性,是量度物体惯性大小的物理量。质量不随物体的形状和空间位置的改变而改变,是物质的基本属性之一,通常用 m 表示。

1.2 质量测量技术发展历程

质量测量已有几千年的历史,根据纸草书记载,早在 4 500 年前,埃及人就开始使用天平测量质量。而由目前中国出土的文物可知,使用杆秤测量质量在中国已有 2 700 年的历史。历史上出现过的质量测量工具有杆秤、天平、核子皮带秤、机电结合秤、电子秤等。

(1)杆秤。杆秤在我国有两千多年的历史,三国时期出土的文物表明,当时杆秤的技术已较为成熟,其最大称量可达几百千克,最小为 50 mg。20 世纪 50 年代,国家对杆秤做了改革:计量单位由市制单位改为国际单位制,用刀纽代替绳纽,提高了杆秤的灵敏性。由于杆秤易于作弊,加之天平、电子秤等其他衡器技术的发展,因此 1994 年国家技术监督局、国家工商行政管理局发出《关于在公众贸易中限制使用杆秤的通知》。

(2)天平。埃及人在公元前 2 500 年就开始使用天平,其采用石条作为横梁,两个圆盘挂于横梁两边,横梁中间有支点。中国的春秋晚期,天平和砝码的制造技术已经相当精密,最小的砝码只有 0.2 g。18 世纪,苏格兰化学家布莱克首次将刀子、刀承应用在天平上,进一步提高了天平的测量精度。19 世纪中后期,天平不断改进:1851 年,首次在天平上设骑码装置;1866 年,用短臂横梁代替长臂横梁;1872 年,首次将铅作为横梁材料;1902 年,在天平上引入机械加码装置;1915 年,使用链条作为调零机构,之后又生产出了带有内置砝码、光学读数和空气阻尼的分析天平,并增加微读装置,这些结构的改进进一步提高了天平的测量精度;1945 年,瑞士成功研制第一台实用的单盘天平,采用替代衡量法,能消除不等臂误差,并且灵敏度不随载荷的变化而变化。

20 世纪 50 年代,沈阳德克仪器公司生产出第一台机械式天平,从此确定了我国自主研制天平的能力。同一时期,利用莫尔条纹发展起来的光栅技术,在计量精密测量方面得到了迅猛的发展和广泛的应用,并且促使了光栅秤的出现。光栅秤首次将电、光等技术引入质量测量领域,其于 20 世纪五六十年代发展起来,并于 80 年代达到顶峰。但是由于光栅秤没有引发测量原理的变革,而是在力的传递过程中添加了光栅技术,增加了衡器的复杂程度,因此随着称重传感器的出现,光栅秤逐渐被淘汰。

1970 年,美国标准局研制了一台原器天平,其为二刀替代式单盘天平,在替换砝码时,刀刃与刀承不脱离,免除了由于刀刃与刀承接触位置的不重复而带来的称量误差,使天平具有更高的准确度。1990 年,航空航天第一计量测试研究所的赵宝瑞等人利用电磁反馈补偿方法,使原有机械天平的精度由 1×10^{-5} 提高到 1×10^{-7}。2013 年,湖南大学的陈良柱等人通过对电磁力平衡传感器的敏感部件进行分析与参数优化、温度补偿等,将精密电子分析天平的扩展不确定度提高至 0.236 mg。电子天平测试精度高,但是量程较小,普遍用于化学实验室、计量部门或者贵重珠宝、药品等称量。

(3)核子皮带秤。20 世纪 80 年代,基于核物理技术的核子皮带秤出现在衡器领域。当伽马射线穿透被测介质时,其强度的衰减与介质的密度、组分和射线方向上的厚度呈指数关系,由于这种计量方式不需要与被称量物体发生直接的接触,因此在一些特殊的领域得到了应用。由于核子皮带秤涉及核技术以及对使用条件要求较高,因此使用领域较窄。但核子皮带秤突破了杠杆原理和胡克定律,丰富了质量测量的形式和方法。

(4)机电结合秤。20世纪八九十年代,机电结合秤得到了较好的应用,其利用机械秤的承载部分,将质量转换为电信号,并由仪表显示。由于其没有改变机械秤的原理,并且随着称重传感器技术的发展及成本的大幅度降低,目前机电结合秤已经基本退出了衡器市场。

(5)电子秤。1938年,美国加利福尼亚理工学院教授E. Simmons和麻省理工学院教授A. Ruge分别同时研制出电阻应变计,并以他们的名字命名为SR-4型,由美国诺贝尔公司专利生产。1940年,美国BLH公司和Revere公司总工程师A. Thurston利用SR-4型电阻应变计研制出圆柱结构称重传感器,用于工程测力和称重计量。1942年,在美国应变式称重传感器已经大量生产。20世纪40~60年代,称重传感器主要感受拉伸、压缩、弯曲等正应力。1973年,美国学者霍格斯特姆针对传统利用拉伸、压缩和弯曲应力(正应力)的称重传感器的不足,提出改用与弯矩无关的切应力来设计称重传感器。基于这一理论,他设计出了圆截工字型截面悬臂剪切梁式负荷传感器,这一设计打破了传统的柱、筒、环、梁结构正应力负荷传感器的垄断地位。霍格斯特姆的设计不仅克服了正应力负荷传感器的一些固有缺点,还为称重传感器的结构发展做出了重大贡献,开辟了新的发展道路。霍格斯特姆的研究推动了称重传感器技术的进步,并为后续的发展奠定了重要基础。1978年,苏联学者科洛考娃通过对一维力学模型和应变传递系数的分析,提出控制电阻应变计敏感栅的栅头宽度与栅丝宽度的比例,可以制造出不同蠕变值电阻应变计的理论,并成功地研制出系列蠕变补偿电阻应变计。

20世纪70年代中期,美、日等国的衡器制造公司开始研发商业用电子计价秤,急需小量程负荷传感器。美国学者查特斯提出用低弹性模量的铝合金做弹性体,设计出小量程铝合金平行梁型称重传感器,形成了又一个发展潮流。

20世纪80年代中期,电子秤开始大规模地占领衡器市场,其集现代传感器技术、电子技术和计算机技术于一体,具有快速、准确、连续、自动的特点,可以有效地消除人为误差,使之更符合法制计量管理的要求。

20世纪90年代,由于称重传感器的设计与计算等技术基本趋于成熟,称重传感器的发展更侧重于工艺研究和应用研究,在产品标准化、系列化、工程化设计和规模化生产工艺等方面都有很大进步,因为在此之前,称重传感器的研究都集中在硬件方面,如创新弹性体结构,改进制造工艺,完善电路补偿与调整等。

为满足数字化电子衡器的需求,美国梅特勒-托利多(METTLER TOLEDO)公司、意法半导体(STS)公司和CARDINAL公司,德国HBM传感器公司等先后研制出整体型和分离型数字式智能称重传感器,并以其输出信号大、抗干扰能力强、信号传输距离远、易实现智能控制等特点,成为数字化电子衡器和自动称重计量与控制系统的必选产品,并形成一个开发热点。

　　智能传感技术是21世纪的发展趋势与研究热点,称重传感器不但要实现自动进行温度、零点、蠕变等数字化补偿,还需要具有循环自检、自校正、闭环控制、动态处理等功能。系统化、模块化、数字化、智能化和网络化成为21世纪称重技术的发展方向。

1.3　质量测量技术国内外研究现状

　　目前,国际上领先的衡器制造商为德国赛多利斯公司、美国梅特勒-托利多公司、美国空客公司、德国HBM传感器公司、瑞士阿西布朗勃法瑞公司(ABB)、德国西门子公司(SIEMENS),国内主要的衡器制造商有沈阳龙腾电子有限公司、上海舜宇恒平科学仪器有限公司等。

　　(1)赛多利斯公司。世界天平之父——德国赛多利斯公司创建于1870年,是世界著名的过程技术和实验室仪器的供应商。该公司提供称量技术产品、电化学分析仪器,并可为用户的实验和生产提供全套的解决方案。赛多利斯公司在多个国家设立了分支机构或办事处,生产基地遍布美洲、东欧、亚洲等地。多年以来,赛多利斯公司一直在不断创新和改进称量技术,发明了:第一台铝制短臂分析天平(1870年);第一台精度达一亿分之一克的超微量天平,于1971年被载入《吉尼斯世界纪录大全》,创造了世界最高精度的纪录,并一直保持至今;应用40 MHz高速微处理技术的电子天平(1990年);超级单体传感器,在德国、美国和瑞士等国家都取得了专利(1998年)。

　　目前,赛多利斯公司的产品遍布世界各地,获得了很高的声誉。从居里夫人实验室到美国宇航局,从中国国家计量院的基准天平到北京大学国际奥林匹克化学竞赛天平,无一不凝结着赛多利斯公司对高科技发展的贡献。

　　赛多利斯公司研制的超微量天平是世界上称重精度最高的电子天平,精度可达一亿分之一克,如SE2型电子天平,最小分度值小于$1\ \mu g$的天平,最大称量为2.1 g,CPA26P型电子天平最小分度值为$1\ \mu g$,最大称量通常为50 g;CPA225D型电子天平最小分度值为$10\ \mu g$,最大称量通常为200 g。

　　(2)梅特勒-托利多公司。梅特勒-托利多公司作为全球领先的精密仪器及衡器制造商,在百年悠久的发展历程中一直保持着技术和市场的领先性。梅特勒-托利多公司的AX25DR型及AX205DR型电子天平分别与赛多利斯公司的CPA26P及CPA225D电子天平达到相同的精度水平及量程。

(3) 美国空客等公司。空间电子、空客等公司在大尺寸飞行器质量测量方面均开发了专用的设备,图 1.1 所示为空客公司(Intercomp)采用电子秤技术测量某型号(A380)飞机质量的实物图。该测量系统采用分体结构,在飞机起落架下方放置几个测量模块,模块测得的数值和即为被测飞机的质量。

图 1.1　空客公司(Intercomp)采用电子秤技术测量某型号(A380)飞机质量的实物图

(4) 沈阳龙腾电子有限公司。沈阳龙腾电子有限公司是港澳台合资企业,始建于 1990 年,原名沈阳龙腾电子称量仪器有限公司,于 2001 年更名为沈阳龙腾电子有限公司,是中国最早生产电子天平的制造厂家之一。公司主要设计、开发、生产和销售电子分析天平、各种高精度电子天平、砝码质量比较仪、防爆天平、静水密度测量天平、电子秤、快速水分测定仪、粮食水分测定仪及容重仪等八大系列产品。高精度电子天平、快速水分测定仪、砝码质量比较仪等产品采用先进电磁力传感器技术,具有数字显示、快速称量、精确可靠、自动校准、累加/累减、去皮等特点,通过连接不同接口,可与计算机、打印机等外设连接,是现代化计量及实验室中不可或缺的计量仪器。大质量天平被国家航空航天总公司用于中国神舟载人飞船和长征系列火箭组件的精确称量。

沈阳龙腾电子有限公司研制的 ESK 系列超大质量电子天平精度高、规格全,利用电磁力传感器进行称重,多用于超大型砝码检定及军工、航天、航空行业,该系列曾经应用于神舟载人飞船和长征火箭单位的精密称重计量。

(5)上海舜宇恒平科学仪器有限公司。上海舜宇恒平科学仪器有限公司是上海市高新技术企业,上海市创新型企业,上海质谱仪器工程技术研究中心依托单位,致力于各类科学仪器的研发、制造和销售。现已形成四大门类,即分析仪器、天平仪器、物性测试仪器和前处理仪器共计 100 多个品种的数字化、智能化产品,形成了实验室分析、生物与过程检测、精密称重等完整的系统解决方案,建立了便捷客户的营销网络。该公司始终坚持核心技术的研究,创建了自主研发与合作开发相结合的技术创新平台,汇聚了大批专业技能人才,与多所高校、科研机构建立了密切的合作联盟,多次承担国家重大科学仪器专项及上海市科学仪器攻关项目,已成为科学仪器的产学研自主创新基地。

上海舜宇恒平科学仪器有限公司研制的 JA 系列电子精密天平采用模块化电磁力平衡传感器,具有动态温度补偿、过载保护等功能,其中,JA5003 型大称量电子天平的实际分度值为 $0.001\ g$,称量范围为 $0.001\sim500\ g$。

对于大尺寸飞行器质量的测量,以称重传感器为核心的电子秤最为适合。自 20 世纪 40 年代称重传感器诞生开始,到 20 世纪 90 年代称重传感器的设计与工艺实现等技术基本趋于成熟,后期的发展主要侧重于工艺研究和应用研究。

目前,飞行器质量测量面临的主要问题是如何进一步提高精度,除了优化称重传感器研制的整个过程,称重传感器在使用过程中消除侧向力也是研究重点。对此,OMEGA、HBM 等知名传感器制造商都提出了解决方案,国内外的科研院所也都在研究相关的技术,主要解决办法是优化称重传感器的支撑机构,但都存在不同程度的优缺点。本书将重点分析大尺寸飞行器测量中称重传感器侧向力消除方法。

第 2 章

质心测量

2.1 质心的定义及物理性质

2.1.1 质心的定义

质心(centre of mass)是质量中心的简称,是一个用来等效物体质量分布的几何点。质心可被认为是一个虚拟的质点,质心的质量是质点系所有质点质量之和,运动状态可认为是质点系整体的运动状态。质点系的质心是质点系质量分布的平均位置。

2.1.2 质心与重心的区别与联系

重心是指地球对物体中每一微小部分引力的合力作用点。物体的每一微小部分都受地心引力作用,这些引力可近似看成相交于地心的汇交力系。由于物体的尺寸远小于地球半径,所以可近似地把作用在一般物体上的引力视为平行力系,物体的总质量就是这些引力的合力。

重心必须依赖重力存在,物体的质心只与物体各部分质量分布有关,与重力无关。当物体或质点组与地球距离足够远,可认为不受重力时,重心失去意义,而质心的概念对处于任何位置的任何物体都有意义。

一般情况下,质心与重心的位置不重合,只有在重力场均匀的情况下,同一物体的质心与重心位置才重合。

2.2　质心测量理论研究概况

质心被认为是质量集中于此的一个假想点。现有的质心确定方法主要分为两种：一种是计算机仿真分析的方法，另一种是实验测量的方法。由于模拟一个大尺寸物体的真实情况工作量巨大，并且仿真分析不能完全模拟真实情况，如线缆影响、零件之间的公差等，因此仿真分析结果往往只是一个参考，还需要实验测量以相互验证。实验方法有很多，主要分为两大类：静态测量法和动态测量法。此外还有一些新的方法，如摄像法。图 2.1 所示为质心测量的基本分类，其中静态测量法包括悬挂法、多点称重法、不平衡力矩法，动态测量法包括旋转平衡法、转动惯量法、复摆法、悬线扭摆法等。

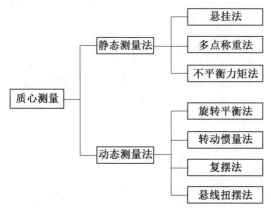

图 2.1　质心测量的基本分类

2.2.1　仿真分析方法

计算机仿真分析方法是通过计算机三维建模软件模拟一个物体的真实情况，在软件中直接获取物体的质心。但通常情况下很难获得物体的三维模型，并且对于结构非常复杂的刚体，在建模过程中的简化会导致惯性参数计算结果与真实值出现较大误差，因此计算机仿真方法在工程上主要用于获取单个零件或者结构简单的装配体的质心值。对于大尺寸或结构复杂的物体，由于仿真分析方法不能完全模拟物体的真实情况，如线缆影响、零件之间的公差等，因此计算机仿真分析结果常用于与实验测量结果相互验证。

2.2.2 实验测量方法

1. 悬挂法

悬挂法是机械重力法的典型代表。悬挂法根据被测物体悬挂时在重力的作用下,挂绳的延长线必然通过质心的特点进行测量,该方法测试设备及原理简单。图 2.2 所示为悬挂法测量质心的基本原理,按图 2.2(a)所示,将被测件悬挂起来使其自然下垂,记录下此时挂绳的延长线在被测件上的位置,如图 2.2(b)所示,改变被测件的悬挂状态,记录下另一条延长线在被测件上的位置,求得两条延长线的交点,即得到被测件的质心位置。

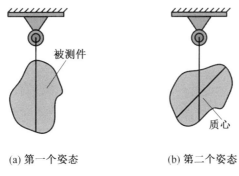

(a) 第一个姿态　　　　　(b) 第二个姿态

图 2.2　悬挂法测量质心的基本原理

悬挂法主要用于薄板类小型物体的质心测量,不适合测量大中型物体,一方面由于悬挂比较困难,另一方面该方法难以实现较高的测量精度。

2. 多点称重法

多点称重法测量质心的基本原理如图 2.3 所示,这种方法一般使用 3 个或者 4 个称重传感器,将称重感器放置在测量台下方,根据称重传感器的输出值及称重传感器的位置关系,采用静力矩平衡原理,计算得到质心在测量坐标系下的质心坐标,再将该测量值转换到产品坐标系下,得到产品坐标系下的质心。利用该方法一次测量可以得到两轴质心,另外可以同时测量质量。这种方法测

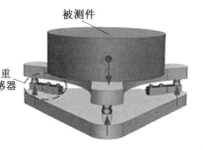

图 2.3　多点称重法测量质心的基本原理

量速度快、精度高、易操作,由于目前称重传感器无论从测量精度还是测试范围上都已达到了较高的水平,因此这种方法被广泛使用,大尺寸被测件的质量、质心测量通常采用该方法。

3. 不平衡力矩法

不平衡力矩法示意图如图 2.4 所示,测量平台内部有一个旋转轴,安装产品后,若质心相对于旋转轴有一定的偏移量,则会对台面产生一个不平衡的力矩,当台面平衡时,根据测量台内部力传感器的输出信号和相应的力臂,就能够计算出该不平衡力矩,若已知被测件的质量,就能够计算得到产品的质心偏移量。

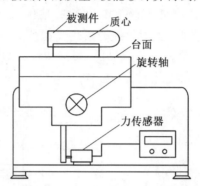

图 2.4　不平衡力矩法示意图

美国空间电子公司的 SE8913 系列质心测量台就是采用了这种方法,为减小旋转轴摩擦对结果的影响,可以采用气浮旋转轴,其摩擦因素可以忽略,在不超过 30 kg 负载时,精度能够达到 0.1 mm。但是这种方法的缺点是测量质心前必须利用其他设备先测得产品的质量,当需要测量产品的三维质心坐标时,必须将产品变换 3 次姿态才能得到。由于该方法功能单一且操作烦琐,因此目前越来越少使用。

不平衡力矩法测量质心的基本原理如图 2.5 所示,从图中可以看出,不平衡力矩法用支点支撑大部分被测件的质量,当被测件质心相对于支点有偏差时,会由于重力的作用而产生不平衡力矩,其值为质心偏距乘被测件重力,可通过力矩传感器检测不平衡力矩的大小,最终转换成质心偏距。其测量精度不仅与力矩传感器的精度有关,还与支点处的摩擦系数及加工精度相关,通常情况下,机械支点测量精度可达 0.2 mm,为了提高测量精度,可以采用气浮轴承支撑。

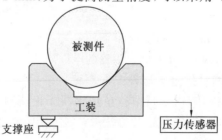

图 2.5　不平衡力矩法测量质心的基本原理

4. 旋转平衡法

旋转平衡法是一种动态质心测量方法,这种方法利用动平衡机来测量质心,其基本原理如图 2.6 所示。该方法通过电机带动被测件旋转,利用测力传感器测量在旋转过程中轴承的受力变化,由于测力传感器直接测量得到的不平衡量包含两部分——惯性积造成的不平衡和离心力造成的不平衡,因此若要得到质心,就必须从总的不平衡量中减去惯性积造成的不平衡量。这种方法虽然在一台设备上可以测量质心和惯性积,但是操作过程非常烦琐,计算过程也比较复杂,而且对被测件有较多的要求,如质心偏离轴线不能过大,惯性积不能太大,对一些大尺寸并带有机翼或者太阳能板的被测件来说,旋转所产生的气流也会限制测量精度的提高。这种方法在 20 世纪 70 年代用得较多,但是随着测力技术的发展,目前已经很少使用。

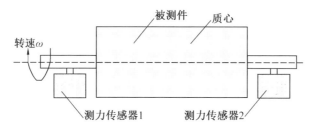

图 2.6 旋转平衡法测量质心的基本原理

5. 转动惯量法

转动惯量法测量质心的基本原理(图 2.7)就是平行轴定理,测量二维质心时需要移动产品至少 2 次,再加上产品安放的初始位置共 3 个,在每个位置下分别测量关于扭摆轴的转动惯量 I_H、I_{H1}、I_{H2}:

$$I_H = I_{cx} + M(x^2 + y^2) \tag{2.1}$$

$$I_{H1} = I_{cx} + M[(x+\Delta x_1)^2 + (y+\Delta y_1)^2] \tag{2.2}$$

$$I_{H2} = I_{cx} + M[(x+\Delta x_2)^2 + (y+\Delta y_2)^2] \tag{2.3}$$

式中 Δx_i、Δy_i——每次移动沿 x、y 向的距离,为已知量。

式(2.1)~(2.3)联立就能够得到二维质心坐标,该方法理论上是可行的,有的文献还利用该方法进行了仿真验证。但是如果质心移动的距离很小,那么这种方法则必须要求转动惯量测量系统具有极高的灵敏度;如果移动的距离较大,理论上可以提高精度,但是当质心相对于扭摆轴距离较远时又会引发其他问题,如利用扭摆法时,过大的偏载会导致转动惯量测量误

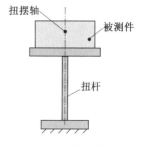

图 2.7 转动惯量法测量质心的基本原理

差变大,最终导致测量质心的精度较低,因此在实际应用中这种方法很少见到。

6. 复摆法

复摆法利用复摆周期仅与摆长和当地重力加速度有关,而摆长可表示为悬挂点与质心连线的长度的特点,利用运动周期来解算质心位置。复摆法测量质心的基本原理如图2.8所示,该方法将被测件固定于托盘上,将被测件与托盘同时偏离竖直方向一定的角度并释放,使其自由摆动,初始偏离角度 θ 通常小于 $5°$,通过摆动周期解算运动方程,得到被测件的质心。该方法结构较为简单,安全性较高,适用于体积较大的被测件。

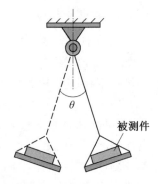

图 2.8 复摆法测量质心的基本原理

7. 悬线扭摆法

悬线扭摆法根据使用吊线数目的不同分为双线摆法、三线摆法和五线摆法,其中三线摆法较为常见。图2.9所示为三线摆法测量质心的基本原理(L 为上、下两圆盘间距),该方法采用3根线将被测件吊起,并给它一个初始扭摆角度 α 使其自由摆动,摆盘和被测件将在竖直方向产生平动,在水平方向上产生转动,通过测量扭摆周期,可以解算出被测件的质心位置。

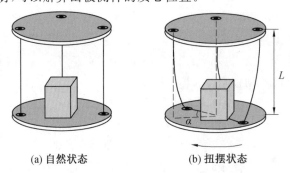

(a) 自然状态　　　　　　(b) 扭摆状态

图 2.9 三线摆法测量质心的基本原理

因为成本低、易于实现,悬线扭摆法在生产实际中得到了广泛的应用。对质量较小的物体进行转动惯量测量,利用悬线扭摆法比较方便、精确。但是对质量和尺寸较大的物体进行转动惯量测量,使用悬线扭摆法还存在许多困难,包括:被测件在转动过程中常会伴随扭动,故很难准确测量摆动周期;如何进行悬挂,旋线如何固定,摆线拉长带来的误差如何修正等问题暂时也没有得到有效的解决。此外,该方法需要单独测量被测件的质量。

8. 摄像法

为了更加直观地得到铅垂线,所以在悬吊线的起挂点也就是悬挂点处再吊上一个铁球,悬吊铁球这条线就是目标模型的铅垂线。在铅垂线上设置 4 个特征点,这是为了下一步利用几个特征点的空间坐标来拟合得到空间直线,也就是所要求取的目标模型的铅垂线。在不同的悬吊角度下,得到目标模型上特征点和铅垂线上特征点的完整图像,经过信息提取和空间解算得到铅垂线上标记特征点在目标模型坐标系下的空间三维坐标。在整个悬吊的过程中,令悬吊点的空间位置保持不变。目标模型悬吊状态如图 2.10 所示。

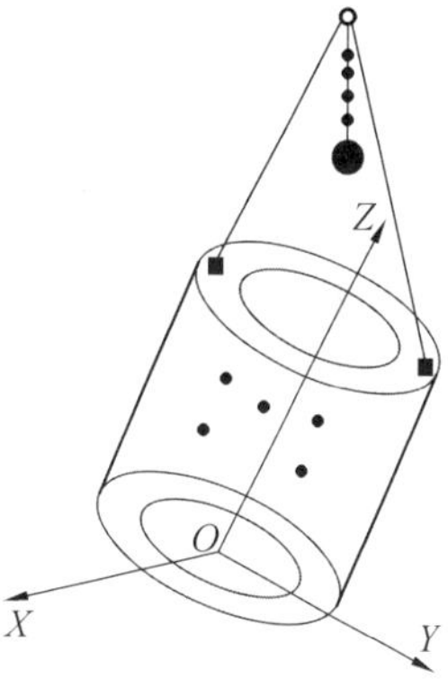

图 2.10 目标模型悬吊状态

上述方法各有优缺点,如悬挂法操作简单,但不适于复杂形状的被测件;悬线扭摆法、复摆法等可以同时测量转动惯量和惯性积,并且精度较高,但是它们往往需要单独测量质量,并且现有的文献中测试对象主要为汽车、电机和卫星等中小型被测件。表 2.1 所示为几种质心测量方法比较。旋转平衡法和转动惯量法目前基本被淘汰,国际上比较主流的是多点称重法和不平衡力矩法。

表 2.1 几种质心测量方法比较

测量方法	精度	特点
悬挂法	低	结构简单、成本低,不适于复杂形状的被测件
多点称重法	高	操作简单,可同时测量质量
不平衡力矩法	高	需要测量 3 个姿态且需要单独测量质量
旋转平衡法	较低	操作复杂,可同时测量惯性积
转动惯量法	较低	操作复杂,可同时测量转动惯量
复摆法	较低	操作简单,空气阻尼限制了复杂形状被测件的测量精度
悬线扭摆法	较高	适于中小型被测件,需要单独测量质量
摄像法	较低	结构简单、成本低、测试速度快,适合大型、异形或者外部材料较为脆弱的被测件

2.3 质心测量技术国内外研究现状

国外质量特性测量技术以美国、德国等制造业相对发达的国家为主,代表性生产厂商或科研院所是美国空间电子公司、美国航空航天局(NASA)等。我国质量特性测量设备的研制始于 20 世纪 80 年代,主要单位有哈尔滨工业大学、南京理工大学、西北工业大学、郑州机械研究所等。近年来,我国研制的设备基本达到了国际水平,满足了航空、航天技术发展的需要。

(1)美国空间电子公司。美国空间电子公司创建于 1959 年,是世界上最大的质量特性测量仪器公司,从 20 世纪 60 年代开始制造质量特性测量仪,他们将一个 3 628.74 kg 的气浮轴承转动量测量仪(MOI)安装到一个静平衡装置上,制造了一个组合的质量－转动惯量(CG－COG)测量仪。20 世纪 70 年代,美国空间电子公司研制了第一套静态质心测量设备,对于 18.14 kg 的被测件,测试精度可以达到 0.013 mm。随后又研制了 453.59 kg 的采用球形气体轴承的质量－转动惯量测量仪,这是早期的采用气体轴承的质心测量仪器,随着技术的发展,又将计算机融入质心测量仪中,使得仪器更加自动化。20 世纪 80 年代,将基于球形气体轴承原理的质量－转动惯量测量仪的量程提高到 5 987.42 kg,并研制了第一台机械式质心测量仪。20 世纪 90 年代,将大型 L 型支架应用于卫星静态质心测量中,通过使用力传感器,使得载荷范围覆盖 13.61～4 535.92 kg。20 世纪初,该公司研制的质心测量仪称量值达到 9 979.03 kg,并研制了 KSR 系列的测量仪,将测量时间缩短为原来的 1/3。

美国空间电子公司的质量特性参数测量设备主要有 KSR 系列、MP 系列、WCG 系列和 SE 系列等,适用于不同质量和尺寸的测量需求,设备测量精度高、性能稳定。其中 WCG 系列采用多点称重法,适用于大型被测件;SE 系列适用于小型被测件,测量精度最高;KSR 系列适用范围最广,该系列是质量、质心、转动惯量一体化测量设备。

图 2.11 所示为采用多点称重法研制的 WCG 系列的质量、质心测量设备。图 2.12 所示为针对大尺寸飞行器研制的测试设备,量程为 4 535.92～15 875.73 kg,但采用这种方法研制的设备的传感器都是分离的,在使用之前各个传感器需要精确地调整位置,工作量较大,且测试时安全性、稳定性也需要进行考虑。图 2.13 所示为 KSR 系列质量特性测量设备,其根据不平衡力矩法,采用球面气浮轴承作为枢轴,采用高精度扭矩传感器测量力矩,质心测量精度可达 0.02 mm。SE8913 系列质心测量台同样采用这种方式,在不超过 30 kg 负载时精度能够达到 0.1 mm。但是这种方法的缺点是测量质心前必须利用其他设备

先测得被测件的质量,当需要测量被测件的三维质心坐标时,必须将被测件变换3种姿态。由于该方法功能单一且操作烦琐,因此目前越来越少使用。

图2.11　WCG系列质量、　　图2.12　大尺寸飞行器　　图2.13　KSR系列质量特
　　　　质心测量设备　　　　　　　专用测试设备　　　　　　　性测量设备

多点称重法质量、质心测量平台(WCG)测量快速并且不需要分开承重平台,多点称重法可同时测量两轴的质心。该方法测量质量、质心有两个基本的配置,最普遍的是采用三点称重法,如图2.14所示。对于大量程载荷,这是一个通用的仪器,当被测件的重心在中间时,每一个测力传感器的数值都相同。在这种配置下要求每一个测力传感器必须可以承重超过被测件质量的1/3,因为测力传感器的灵敏度和精度与其负载能力成反比,所以这种测量质量、质心的方法是受限的。

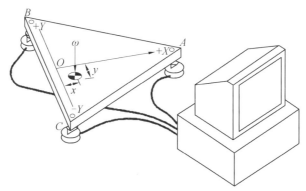

图2.14　三点称重法测量质量、质心

"背驮式"质量、质心测量方法如图2.15所示,用一个大的秤台和两个高灵敏度的测力传感器测量偏移量。图2.15中,F 为测力传感器测量的力,L 为力的方向与固定装置轴的距离;W 为重力。被测件的重心通过一个灵活的支撑将载荷传给称重平台。如果重心没有直接位于支撑上,不平衡力矩就通过距支撑位

置已知距离的测力传感器获得。这种配置将质心测量高精度与高负荷相结合，非常适合高生产环境下的专用产品。多点法质量、质心测量的劣势使水平误差不能直接测量或校准，并且不能像转轴一样很好地定位基准。这些因素限制了它的精度。

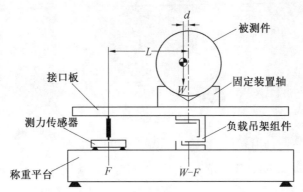

图 2.15 "背驮式"质量、质心测量方法

自转平衡仪器可以通过测量离心力动态测量两架飞机的重心偏移，惯性积测量仪器在高速时非常灵敏（图 2.16）。对于空间飞行器，速度通常必须保持在最小的偏差和结构应力上，这限制了这种方法对重心的测量。

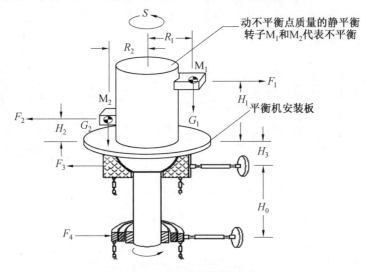

图 2.16 双平面惯性积测量方法

(2) NASA。1958 年美国联邦政府创办的 NASA，其主要负责美国的太空计划。图 2.17 所示为采用多点称重法测量某型号太空舱实物图，该太空舱与 20 世纪 60 年代阿波罗登月号所用太空舱（图 2.18）类似。测量设备可对该太空舱的质量、质心等静态参数进行测试，采用多点称重法，变换被测件两个姿态可以

测量三维质心。

图 2.17　采用多点称重法测量某型号太空舱实物图　　图 2.18　阿波罗登月号所用太空舱

2012 年，NASA 采用多相机摄影测量方法测量几种非对称的质心，如图 2.19 所示。该方法在被测件上方配置 4 个吊环（A、B、C、D），通过不同吊环组合起吊，采用多个相机拍摄被测件的姿态，被测件上方设置有标记点，对不同吊装方式下被测件的姿态进行解算可以解算出质心位置。该方法结构简单、成本低、测试速度快，非常适合大型、异形或者外部材料较为脆弱的被测件，但测试精度较低，与计算机仿真分析的结果差值在 30 mm 左右。

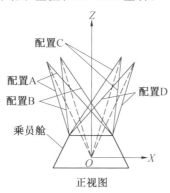

图 2.19　多相机摄影测量方法

与美国空间电子公司的不平衡力矩法原理相同，NASA 采用球面气浮轴承及测力传感器测量质心（图 2.20）。

（3）欧洲航天局。该机构下设的欧洲航天研究与技术中心（European Space Research & Technology Centre，ESTEC）拥有自己的实验室和设施，用于模拟发射空间条件下航天器的状态及提供相应的测试技术。多年来，ESTEC 针对不同飞行器的特点研制了多套质量特性测量设备，图 2.21（a）所示为 1998 年研制的用于测量 X 射线多镜望远镜（XMM）质量特性的测量设备，测量对象 XMM 高达 10 m，直径超过 4 m，质量达 4 t。图 2.21（b）所示为 2007 年研制的用于测量土壤湿度与海水盐度（soil moisture and ocean salinity，SMOS）质量特性的测量设

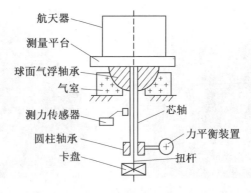

图2.20　NASA研制的不平衡力矩法质心测量台

备,可以测量质量、质心和转动惯量。这两套设备目前没有公布技术方案。

(a) 用于测量XMM

(b) 用于测量SMOS

图2.21　ESTEC研制的质量特性测量设备

　　(4)德国IABG公司。德国IABG公司是1961年由德国政府创建的一家致力于航空工业以及国防事业的公司。航天器的质量特性参数测量也是该公司的一个领域,图2.22所示为IABG研制的质量、质心和转动惯量测量系统。

　　(5)荷兰ETS公司。荷兰的ETS公司与欧洲航天局有着紧密的合作,主要负责欧洲航空航天工业的检测鉴定,大型机械设备检测是它的一个方向,其中包括航天器质量特性参数测量,图2.23所示为ETS研制的质量、质心和转动惯量测量系统。

图 2.22　IABG 公司研制的质量、质心和转动惯量测量系统　　图 2.23　ETS 公司研制的质量、质心和转动惯量测量系统

(6) 美国空客等公司。此外,还有空客(Airbus)、Intercomp 等公司针对各自的产品研制了相应的质量、质心测量系统。图 2.24 所示为 Intercomp 公司研制的飞机质量、质心测量设备,该测量设备采用分体式结构,在每个起落架下方放置一个测量模块,其测量的基本原理为静力矩平衡原理,即多点称重法。

(a) ACⅡ系列　　　　　　　　　　　(b) AC30-60系列

图 2.24　Intercomp 公司研制的飞机质量、质心测量设备

国外多所科研机构的研究员同样对质量特性测量进行了大量的研究。如 K. Gopinath 测量某飞行器的质量、质心,质量测量精度达到 0.05%,质心测量精度为 0.5 mm。图 2.25 所示为意大利的 M. Gobbi 通过悬线扭摆法测量汽车的质心,这种方法最大测量长度为 3 000 mm,质量为 3 500 kg,质心测量精度为 ±3 mm,对于测量飞行器来说,测量精度相对较低,且这种方法需要单独测量质量。印度的 Nripen Mondal 等人采用多点称重法测量质心,该方法通过 3 个称重传感器支撑被测件,被测件质量为 300 kg,最长可测 2 000 mm,质量测量精度为

±0.5 mm，质心测量精度为±0.5%。V. V. Bogdanov 等人采用四点称重法测量质心，该方法质量测量精度优于±0.1%，质心测量精度优于0.05%。然而，对于大尺寸被测件，采用上述方法均需要相应地制作大型专用测量设备。

图2.25 基于悬线扭摆法的汽车质心测量设备

(7)哈尔滨工业大学。哈尔滨工业大学精密仪器研究所长期致力于质量特性测量设备的研究，发表高水平学术论文400余篇，完成了相关科研项目50余项，曾承担和完成多项国家和省部级科研课题，具有深厚的理论基础和丰富的实践经验。

图2.26所示为哈尔滨工业大学研制的质量特性测量设备。图2.26(a)所示为针对某特定型号无人机的质量、质心测量需求研制的专用设备，被测件长约10 m，机翼两侧边缘宽度约为3 m，重达4 t，轴向质心测量精度不大于1 mm，径向质心测量精度不大于0.5 mm。图2.26(b)所示为针对某型号异型大尺寸飞行器研制的质量特性一体化测量设备，在一台设备上可以完成质量、质心、转动惯量、惯性积等参数的测量，测量精度达到国内领先水平。

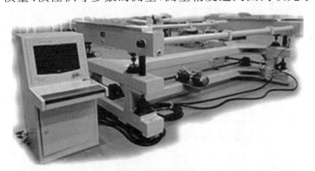 

(a)质量、质心测量设备　　　　　(b)质量特性一体化测量设备

图2.26 哈尔滨工业大学研制的质量特性测量设备

(8)郑州机械研究所有限公司。郑州机械研究所有限公司由郑州机械研究

所改制而成,其机械自动化研究室主营业务包含质量特性测量设备的研制。其所研制设备在不平衡力矩法的天平刀口结构的高灵敏度基础上,分别采用十字分布传感器等效刀口结构和刚性刀口直接支撑结构,并汲取上述两种结构的优点,形成新型测量结构与方法,可以明显提高质心测量精度,并在工程实践中得到了应用。

十字分布传感器等效刀口结构采用两个大量程传感器同轴线布置,作为刀口承载了被测件的主要质量,以及与其垂直布置的小量程传感器测量质心引起的偏量。优点是采用传感器支撑,可以实现质量、质心同步测量。缺点是大量程传感器作为等效刀口,其刚性仍然低于真实刀口,测量灵敏度稍低。而刚性刀口结构则进一步提高了测量灵敏度。

提高质心测量精度的关键是尽可能提高测量设备中结构与传感器的灵敏度,通过新结构、高灵敏度的传感器的联合应用,可以使灵敏度得以明显提高。提高质心测量可靠性的关键是测量基准的建立,即质心测量坐标系的建立。传统方法是以重力轴系为基准建立的,包括通过按一定几何关系分布的测量传感器几何中心的重力轴系和通过刀口尖点的重力轴系。这些轴系虽然理论上客观存在,但却难以实际测量。这就导致了质心测量结果的不确定性,对于测量数据的影响可能会远大于测量本身产生的误差。

郑州机械研究所有限公司提出了一种新型质心测量系统和方法,既显著提高了测量灵敏度,又建立了一个客观的可测量的测量基准,即系统的旋转轴系。该系统原理如图2.27所示,其采用刀口承载被测物体的全部质量,用小量程传感器承载其质心偏离刀口产生的偏心力矩。被测件安装在承物盘上,承物盘与旋转轴系同轴心刚性连接,旋转轴系通过轴承固定在轴承座上,轴承座上连接有呈十字分布的支臂,其中一组较短的支臂下是刀口副,整个测量系统的质量将由刀口副支撑,较长的一组支臂下连接两个小量程传感器,该组传感器测量偏心力矩。

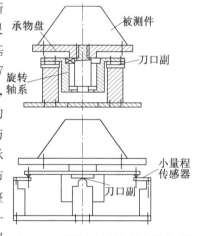

图 2.27 郑州机械研究所有限公司提出的质心测量系统原理图

该系统刀口尖端滚转摩擦阻力矩很小,同时偏心力矩对传感器施加的作用力远小于总质量,使得测量数据小一个量级,这两个因素将使灵敏度得到明显提高。

图 2.28 所示为 ZT1500H 大型空间飞行体质测台,图 2.29 所示为 ZT1200 多功能质量特性测量设备。此外,还有大量程质心测量设备,最大称量值达 60 t。

图 2.28　ZT1500H 大型空间飞行体质测台

图 2.29　ZT1200 多功能质量特性测量设备

(9)南京理工航兵测试技术有限公司。南京理工航兵测试技术有限公司是南京理工大学科技园的公司之一,该公司致力于静态参数测试研究 30 余年,专门从事质量特性测量设备的研制,其产品应用于航空、航天、兵器、船舶等各个领域。图 2.30 所示为其研制的汽车整车三维质心、三轴转动惯量综合测量系统,可在同一台设备上测量整车的质量、三维质心、三个方向的转动惯量,测量过程中,汽车只需装夹一次;图 2.31 所示为 TGE 系列质量、质心测量装置,其为针对洲际导弹全弹的质心、质偏测量研制的设备,量程为 40 t,质量测量精度为测量值的 0.05%,轴向质心测量精度为 2 mm,横向质心测量精度为 0.5 mm。

图 2.30　汽车整车三维质心、三轴转动惯量综合测量系统

图 2.31　TGE 系列质量、质心测量装置

(10)西安百纳电子科技有限公司。西安百纳电子科技有限公司前身为西北工业大学质量特性研究中心,该公司自 1990 年成立至今,先后为航空、航天、兵器、核工业等国防军工单位研制了各类质量、质心和转动惯量测量系统(图 2.32),并发表多篇文章。

该公司采用多点法研发了多种规格的质量、质心测量设备,负载质量涵盖 200 g~15 000 kg。以 MPTA-1000 为例,负载范围为 300~2 000 kg,质量误差为±0.5 kg,径向质心误差为±1 mm,纵向质心误差为±0.5 mm。图 2.33 所示为该公司 MPTA、MPTB、MPTC 一体化测量台,该设备带有自动转换机构,可实现质量、质心和转动惯量测量状态的转换。该设备操作自动化程度高,可避免因操作错误导致的安全性隐患。图 2.34 所示为卫星质量、质心、转动惯量测量台,卫星通过花盘安装,可以实现一次性装卡,即完成质量测量和 3 个方向的质心测量。X、Y 向(周向)质心采用旋转盘旋转 $0°$、$90°$、$180°$、$270°$ 的方法,Z 向质心(高度方向)采用倾斜测量方法。产品倾斜通过一个电动推杆控制,倾斜角度为 $20°\sim30°$;质量测量范围为 $300\sim2\,000$ kg。

图 2.32　西安百纳电子科技有限公司研制的质量特性测量系统

图 2.33　MPTA、MPTB、MPTC 一体化测量台　　图 2.34　卫星质量、质心、转动惯量测量台

(11)孝感市宝龙电子有限公司。孝感市宝龙电子有限公司专业从事各类弹箭动态质量、质心、转动惯量综合测量台,卫星质量、质心、转动惯量综合测量台及动平衡机的研制、开发,并进行成套设备的生产。图 2.35 所示为该公司 ZTC 系列弹箭质量特性参数综合测量仪,该设备以双面立式动平衡机为基础,加上专用测量部件可实现质量、轴向质心、质心横偏、转动惯量、主轴倾斜角和平均几何形心轴等参数的测量。图 2.36 所示为其研制的整车质量、质心、转动惯量参数测量台,该测量设备采用先进的测量原理,完全改变"三线摆"或"复摆"的测量方法。在质心与转动惯量的测量过程中无须重新吊装、调平和配重。

图2.35　ZTC 系列弹箭质量特性参数综合测量仪

图2.36　整车质量、质心、转动惯量参数测量台

（12）孝感市试验检测设备厂。孝感市试验检测设备厂是国家试验仪器公司成员单位，主要生产各种试验机及各种非标设备，自1995年开始对箭弹质量、质心及转动惯量测量设备进行研发（图2.37）。

图2.37　孝感市试验检测设备厂研制的质量特性测量系统

（13）中国飞行试验研究院等。中国飞行试验研究院和中国航天机电集团研发中心等单位也投入研发力量，根据不同被测对象的测量需要，研制了多种型号的测量系统。国内高校及相关研究机构和人员在提高质量特性测量精度方面进行了大量的研究，提出了一些改进的测量方法：郑州机械研究所有限公司将传统的天平原理与旋转轴相结合，设计了一种新型质心测量机构；长春理工大学机电工程学院研制的弹药静态参数多功能测量样机，可以测量质心、质偏、转动惯量、动不平衡等多个参数；北京卫星制造厂有限公司的于荣荣等人提出了一种基于硬件冗余和数据共享的冗余测量方法。此外，西北工业大学的吴斌等人采用多点称重法测量飞行器的质量和质心，将定位滑块用于平台坐标和飞行器坐标的转换，定位误差为±0.66 mm。这些方法均采用机械限位机构保证被测件的定位或特定姿态，但机械定位方式限制了测量精度的进一步提高。

为了提高测量精度，非接触测量作为辅助测量手段开始应用于质心测量领域，如浙江大学的钟江提出在大尺寸空间内建立公共光学基准，结合视觉测量等技术,用于测量改进的多点称重法中的夹角。哈尔滨工业大学的王超等人采用激光跟踪仪测量被测件的重力作用线,用于消除设备倾斜时引入的误差。

此外,国内外还致力于研制质量、质心、转动惯量、惯性积一体化测量设备。如联邦德国航天工业协会和国防部共同成立的 ABG 公司研制的质量特性测量设备(MPM),该设备可以测量质量、质心和转动惯量,可以进行静态、动态测量,质量测量范围为 0.7~6 000 kg。哈尔滨工业大学的王超等人研制的针对大尺寸异形飞行器的质量特性一体化测量设备,分析了被测件测量时的最优位姿,可提高测试精度,纵向质心测量精度 $\lambda \leqslant 0.5$ mm。

第 3 章

转动惯量测量

3.1 转动惯量的定义及物理特性

3.1.1 转动惯量定义

物体对给定轴转动运动的变化规律,不只取决于外界在该轴线上对物体施加的力矩,还与物体的质量相对于该轴的分布有关,即物体的转动惯性。同一物体转轴不同,质量相对于转轴的分布状况不同,转动惯性也不同。

在物理学上采用转动惯量作为刚体转动时惯性的量度,用以描述旋转动力学中多个运动参量之间的关系,其量值取决于刚体的形状、质量分布以及转轴的位置。转动惯量的表达式为

$$J = \sum_i m_i r_i^2 \tag{3.1}$$

式中 m_i——刚体的某个质元的质量;

r_i——该质元到转轴的垂直距离。

3.1.2 平行轴定理

物体对于不同转轴的转动惯量值是不同的,所以在提到物体转动惯量的大小时必须同时指出是相对于哪一个转轴的。在使用扭摆法对物体进行转动惯量测量时,测量得到的转动惯量值是相对于扭摆台的回转中心的,而测量的目的是得到物体在质心坐标系下相对于 3 个坐标轴的转动惯量值。理论上被测物体的

坐标轴与扭摆台的回转轴是平行且相隔一段距离的,所以需要用到转动惯量的平行轴定理,将测得的相对于扭摆台回转轴的转动惯量值转化为其质心坐标系下的转动惯量值。

平行轴定理示意图如图 3.1 所示,物体对于任意轴线的转动惯量 J,等于物体通过质心 C 且平行于该轴的轴线的转动惯量 J_C,加上物体质量 m 与两轴间距离 e 的平方的乘积,即

$$J = J_C + me^2 \tag{3.2}$$

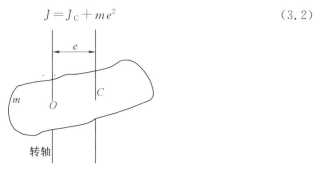

图 3.1　平行轴定理示意图

3.2　转动惯量测量理论研究概况

转动惯量的大小与物体的质量及其质量分布有关,获得转动惯量的方法主要分为计算法和测量法两种。

计算法从转动惯量物理定义出发,直接计算,成本较低且效率较高,但适用范围有限,工程上主要用于计算密度均匀、外形规则物体的转动惯量值。

对于形状较复杂或者密度非均匀的物体,难以用计算法获得其转动惯量值,所以只能使用测量法。根据测量时被测物体状态的不同,转动惯量的测量法分为在线测量和离线测量。在线测量是指对处于工作状态下的被测物体进行测量,采用的方法主要有瞬时转速法和测功率法等。离线测量是指静态测量物体的转动惯量,测量精度较高,测量方法主要有落体法、悬线扭摆法、复摆法、扭摆法等。

3.2.1　理论计算法

在实验设计时常采用的阻尼样件为密度均匀的长方体和圆柱体的组合。为了在实验数据分析时考查转动惯量测量误差的大小,阻尼样件的转动惯量理论值需通过计算法预先算出。本节分别介绍密度均匀的长方体和圆柱体转动惯量理论值的计算方法。

密度均匀的长方体如图 3.2 所示。设 a、b、h、m 分别为该长方体的长、宽、高和质量,以其质心为坐标原点,坐标轴分别平行于 3 个棱边,则其绕 Z 轴的转动惯量计算式为

$$J_Z = \frac{1}{12}(a^2 + b^2)m \qquad (3.3)$$

$$(3.4)$$

密度均匀的圆柱体如图 3.3 所示。设 r、h、m 分别为该圆柱体的底圆半径、高和质量,以其质心为坐标原点,Z 轴垂直于底面,则其绕 3 个坐标轴的转动惯量计算式分别为

$$J_X = J_Y = \frac{1}{4}\left(r^2 + \frac{h^2}{3}\right)m \qquad (3.5)$$

$$J_Z = \frac{r^2}{2}m \qquad (3.6)$$

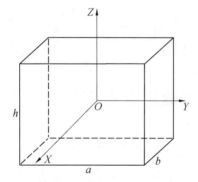

图 3.2 密度均匀的长方体

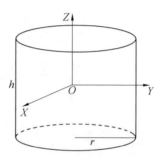

图 3.3 密度均匀的圆柱体

3.2.2 实验测量方法

1. 落体法

根据被测件的支撑方式可将落体法分为两类——水平支撑和垂直支撑,其测量转动惯量的基本原理如图 3.4 所示,测量时需要将吊线一端与砝码连接,另一端缠绕在旋转轴上,当砝码自由下落时,会带动被测件旋转,测量被测件旋转 n 圈时重物下落的时间或者测量被测件旋转的角加速度,可计算得到转动惯量。这种方法实现简单、成本低廉,适用于轮盘、齿轮、风扇、螺旋桨等对转动惯量测量精度要求不高的轴对称中小型构件,尤其适用于电机内的转子,可以在不取出转子的条件下测量其转动惯量,这是落体法的优势。但是由于旋转时轴承的摩擦力矩很难精确得到,因此该方法测量精度很难提高,一般在 5% 左右。因此高精度测量系统不采用该方法。

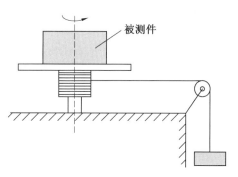

图 3.4 落体法测量转动惯量的基本原理

2. 悬线扭摆法

三线摆法测量转动惯量的基本原理如图 3.5 所示,该方法用三根线将被测件吊起,给它一个初始的扭摆角度使其自由扭摆,在运动过程中摆盘和被测件在竖直方向产生平动,在水平方向上产生转动,通过测量扭摆周期,可计算得到转动惯量。这种方法看似简单易行,但是专业的测量设备所用到的支撑悬线顶端的机构却非常昂贵,而且如果被测件质心偏离扭摆轴,那么其除了绕轴扭摆还会在空中来回摆动,这在很大程度上限制了测量其扭摆周期的准确性,因此在测量之前还需要调整被测件位置,使其质心在扭摆轴上,否则测量误差可能会大于 10%。

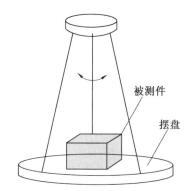

图 3.5 三线摆法测量转动惯量的基本原理

3. 复摆法

复摆法是一种通过测量摆动周期来计算转动惯量的方法。复摆法测量转动惯量的基本原理如图 3.6 所示,该方法通过工装将被测件竖直悬挂在某一固定轴上,先将被测件扭摆一个初始角度,然后释放,使其做类似钟摆的运动,扭摆角度 θ 小于 5°,可通过解摆动微分方程,得到扭摆周期。由于复摆法精度较高,机械结构简单,安全性好,因此适用于较大体积的被测件,如哈尔滨工程大学船舶与海洋工程实验教学中心和武汉理工大学都分别利用该方法研制了船模转动惯量测量设备。

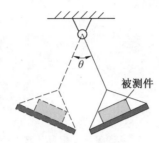

图 3.6 复摆法测量转动惯量的基本原理

4. 扭摆法

扭摆法将被测件固定至一个水平扭摆工作台上(图 3.7),由轴承支撑扭摆台和被测件,通过扭杆迫使它们做纯粹的扭摆振动,通过测量扭摆周期来计算转动惯量,即

$$I = \frac{K}{(2\pi)^2} T^2 \tag{3.7}$$

式中　K——扭杆刚度系数；
　　　T——扭摆周期。

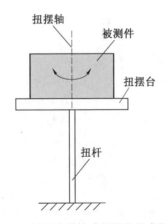

图 3.7 扭摆法测转动惯量的基本原理

扭摆周期的测量可采用开关计时法,所用到的开关采用非接触开关,如光电开关或接近开关。先将一挡板安装在扭摆台下方,当扭摆台扭摆时,挡板周期性地遮挡开关,利用开关将扭摆运动曲线转化为一列方波信号,扭摆周期测量原理示意图如图 3.8 所示,最后对方波的周期求平均值 $T=(T_1+T_2+\cdots+T_n)/n$,将 T 当作扭摆周期。

近年来轴承技术的进步,促进了磁悬浮、气浮等轴承的出现,极大地减小了

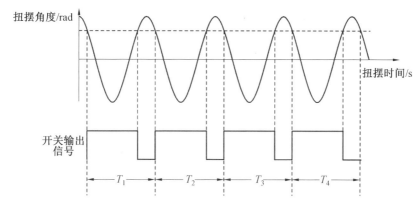

图 3.8　扭摆周期测量原理示意图

摩擦对于测量的影响,这使得扭摆法的测量精度很高,因此现代化的转动惯量测量设备多采用此方法。如哈尔滨工业大学精密仪器研究所研制的气浮轴承扭摆台,美国空间电子公司研制的半球气浮轴承扭摆台。综上所述,将转动惯量测量方法整理于表 3.1 中,可直观地将各种方法进行对比。

表 3.1　转动惯量测量方法比较

测量方法	精度	特点
落体法	低	适合测量结构对称的中小型部件
悬线扭摆法	适中	操作简单,但安全性低
复摆法	较高	结构简单
扭摆法	高	负载能力强,安全性高

3.2.3　有阻尼转动惯量测量模型

转动惯量又称惯性矩,它是刚体绕轴转动惯性的度量。转动惯量等于刚体内各质点的质量与其到转轴的垂直距离平方的乘积之和,它表现了刚体转动状态改变的困难程度。刚体转动惯量的大小只取决于刚体的形状、质量分布以及转轴的位置,与刚体绕轴的转动状态无关。

密度均匀的规则物体绕定轴的转动惯量值可以通过数学运算求出,而外形不规则、内部质量分布不均匀的物体,很难通过数学方法精确算出其转动惯量值,只能通过测量法获得。

转动惯量测量的方法较多,但对于质量和外形尺寸较大物体的转动惯量进行测量时,最常用的测量方法是扭摆法。扭摆法的测量原理是:将被测件放置于精密的由小摩擦力气浮轴承或金属轴承支撑的扭摆台上,加入外接激励迫使扭摆台做纯扭摆运动,被测件的转动惯量会引起扭摆系统扭摆频率和振幅的变化。

通过精确测量扭摆系统频率和振幅的变化,可达到精确计算被测件转动惯量的目的。

扭摆台的扭摆速度一般较小,所以对于普通大型回转体来说,空气所产生的阻尼力矩很小,可以忽略不计。但对于图 3.9 所示的大尺寸复杂形状(也称异形体)的被测件,空气阻尼的作用将会使实际扭摆振动周期发生变化,从而造成转动惯量的测量结果出现误差。所以,利用扭摆法对大尺寸复杂形状物体的转动惯量进行测量时,为了提高测量结果的精度,需要研究空气阻尼对测量的影响规律,寻找修正阻尼误差的方法。

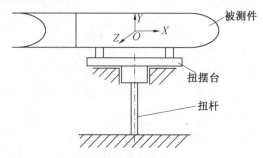

图 3.9　扭摆法测量大尺寸复杂形状物体转动惯量示意图

目前,转动惯量的测量技术已经较为成熟。国内外一些单位和企业所生产的转动惯量测量设备已经达到了较高的水平,在承载质量和测量精度上都能满足实际要求。但到目前为止,国内外的研究一般不考虑空气阻尼对转动惯量测量的影响,有的研究虽然试着进行了理论探索,但缺乏进一步实验的验证支持。

1. 扭摆法测量物体转动惯量原理

扭摆法测量物体转动惯量原理如图 3.10 所示。把被测件安放在由小摩擦力气浮轴承或金属轴承支撑的扭摆台上,扭摆台由扭杆(弹性)与机壳连接。接入外接激励后,被测件随扭摆台一起做自由扭摆运动,通过测量扭摆台的摆动周期和振幅可以计算出被测件的转动惯量值。

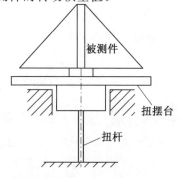

图 3.10　扭摆法测量物体转动惯量原理

现有的转动惯量测量理论、方案和测量设备是经过大量的理论推导和实验测量后得到的。使用扭摆法测量物体的转动惯量时,当被测件是受到空气阻力作用面积较小的规则形状物体时(如常用的圆柱体测试件),若在空气流速较低的实验室环境中做低速运动,则其受到的空气阻力力矩很小,因此一般假设空气阻力力矩为零,不考虑空气阻尼的作用。

目前的转动惯量测量研究中,经典的扭摆台工作理论模型推导过程如下。

因为扭摆法所使用的扭摆台运动速度小,所以在实验过程中可以将被测件视为刚体,对被测件的形变可以忽略不计。根据动力学和机械振动理论,刚体围绕某一定轴转动时,其运动的角加速度乘转动惯量,相当于刚体所受的全部外力相对于这一定轴力矩的代数和,故刚体绕某一定轴的转动微分方程为

$$\begin{cases} \boldsymbol{r}_i = x_i \boldsymbol{i} + y_i \boldsymbol{j} + z_i \boldsymbol{k} \\ \boldsymbol{n} = \cos\alpha \boldsymbol{i} + \cos\beta \boldsymbol{j} + \cos\gamma \boldsymbol{k} \end{cases} \tag{3.8}$$

设扭杆摆动角为 θ,扭摆台与被测件的转动惯量为 J,扭杆刚度系数为 K,阻尼力矩系数为 C(在摆角很小时认为扭杆刚度系数为常数)。假设空气阻尼产生的阻尼力矩与扭摆台的角速度成正比,则使用扭摆法来测量被测件的转动惯量时,刚体所受到的外力主要包括以下几种。

(1)扭摆台主轴受到激励作用转过 θ 角时,扭杆上弹性力矩的存在会使刚体受到一个由扭杆产生的与其本身转动方向相反的弹性恢复力矩 $K\theta$。

(2)测量过程中,刚体还会受到作用在其表面的空气阻力力矩作用。当刚体在空气中做低速运动时,其受到的阻力与其运动速度成正比,因此刚体在测量中受到的空气阻力力矩为 $-C\dfrac{\mathrm{d}\theta}{\mathrm{d}t}$,$C$ 表示空气阻尼力矩系数,负号表示该力矩与刚体运动方向相反,t 表示时间。

(3)扭摆台在扭摆运动中会受到摩擦阻力力矩的作用。当机械结构采用气浮式或磁悬浮式支撑的扭摆台时,其摩擦阻力很小,可以忽略不计。

由上述分析得到的描述扭摆运动的经典二阶线性微分方程为

$$J\dfrac{\mathrm{d}^2\theta}{\mathrm{d}t^2} + C\dfrac{\mathrm{d}\theta}{\mathrm{d}t} + K\theta = 0 \tag{3.9}$$

为了计算方便,定义 ω_n 为无阻尼自振频率,$\omega_n = \sqrt{\dfrac{K}{J}}$,定义 ζ 为系统阻尼比,$\zeta = \dfrac{C}{2\sqrt{KJ}}$,则式(3.9)可变形为

$$\dfrac{\mathrm{d}^2\theta}{\mathrm{d}t^2} + 2\zeta\omega_n \dfrac{\mathrm{d}\theta}{\mathrm{d}t} + \omega_n^2 \theta = 0 \tag{3.10}$$

当 $\zeta < 1$ 时,扭摆台做欠阻尼运动,式(3.10)的解为

$$J = \frac{1}{12}(a^2 + b^2 + h^2)m \tag{3.11}$$

定义 ω_d 为有阻尼振动频率，$\omega_d = \sqrt{1-\zeta^2}\,\omega_n$，定义 T_d、T_n 分别为有阻尼振动周期和无阻尼振动周期，$T_n = \sqrt{1-\zeta^2}\,T_d$，由此得到转动惯量的计算式为

$$J = \frac{K}{\omega_n^2} = \frac{K}{(2\pi)^2}T_n^2 = \frac{K}{(2\pi)^2}(1-\zeta^2)T_d^2 \tag{3.12}$$

由于 K 的值可以通过测量系统标定实验获得，T_d 可以实际测出，因此只需要测算出阻尼比 ζ 的值，即可完成转动惯量的测量。由于在对一般回转体进行测量时可以忽略空气阻尼，认为 $\zeta = 0$，因此只需要测量扭摆周期，就可以计算出转动惯量值。在阻尼不能忽略的情况下，如对大尺寸复杂形状物体进行测量时，可以测量出扭摆台摆角随时间变化的曲线，根据扭摆振幅的衰减规律计算出阻尼比和扭摆周期，再由式(3.12)计算出转动惯量。

式(3.12)计算得到的转动惯量值 J 是被测件和扭摆台总的转动惯量值。扭摆台的转动惯量值 J_{Bal} 可通过测量系统标定实验获得，计算 $J - J_{Bal}$ 即得到被测件的转动惯量值。对测量系统进行标定的方法后面将会详细介绍。

2. 阻尼比的测算方法

实现高精度转动惯量测量的关键是准确得到阻尼比 ζ 和有阻尼振动周期 T_d 的大小。测算阻尼比的方法较多，包括自由衰减波形法、共振频率法、半功率点法、曲线拟合法、导纳圆法等。在这些方法中，自由衰减法最为直观和方便。

下面推导自由衰减法求阻尼比的原理。在用扭摆法测量转动惯量的过程中，扭摆台做呈指数衰减形式的扭摆运动，其自由衰减振荡曲线如图3.11所示。

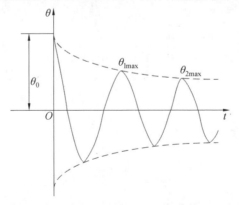

图 3.11　扭摆运动自由衰减振荡曲线

图3.11中，θ_0 为扭摆台做扭摆运动的初始振幅，式(3.13)为自由衰减振荡曲线方程。即当 θ 取一系列极大值 θ_{1max}，θ_{2max}，…，θ_{Nmax} 时，$\cos(\omega_n t\sqrt{1-\zeta^2})$ 为一个常数，与 t 的取值无关。故有

$$\frac{\theta_{1\max}}{\theta_{2\max}} = \frac{\dfrac{\theta_0}{\sqrt{1-\zeta^2}} e^{-\zeta\omega_n t_1} \cos(\omega_n t_1 \sqrt{1-\zeta^2})}{\dfrac{\theta_0}{\sqrt{1-\zeta^2}} e^{-\zeta\omega_n t_2} \cos(\omega_n t_2 \sqrt{1-\zeta^2})} = e^{\zeta\omega_n (t_2 - t_1)} = e^{\zeta\omega_n T_d} \quad (3.13)$$

将方程左右两边对 t 求导，并令 $\dfrac{\mathrm{d}\theta}{\mathrm{d}t}=0$，得

$$\cos(\omega_n t \sqrt{1-\zeta^2}) = \sqrt{1-\zeta^2} \quad (3.14)$$

求解式(3.14)，可得

$$\zeta = \frac{1}{2\pi\sqrt{1-\zeta^2}} \ln \frac{\theta_{1\max}}{\theta_{2\max}} \quad (3.15)$$

当 ζ 较小时，$\sqrt{1-\zeta^2} \approx 1$，因此式(3.15)可近似表示为

$$\zeta = \frac{1}{2\pi} \ln \frac{\theta_{1\max}}{\theta_{2\max}} \quad (3.16)$$

式(3.16)为自由衰减法计算系统阻尼比的公式，其中 $\theta_{1\max}$、$\theta_{2\max}$ 也可用其他相邻两个正波峰幅值代替，即有

$$\zeta = \frac{1}{2\pi} \ln \frac{\theta_{1\max}}{\theta_{2\max}} = \frac{1}{2\pi} \ln \frac{\theta_{2\max}}{\theta_{3\max}} = \cdots = \frac{1}{2\pi} \ln \frac{\theta_{N\max}}{\theta_{(N+1)\max}} \quad (3.17)$$

利用 N 个相邻周期的振幅值计算阻尼比再求平均值，可提高求解精度。于是，得到常用的阻尼比计算式为

$$\zeta = \frac{1}{2\pi N}\left(\ln \frac{\theta_{1\max}}{\theta_{2\max}} + \ln \frac{\theta_{2\max}}{\theta_{3\max}} + \cdots + \ln \frac{\theta_{N\max}}{\theta_{(N+1)\max}}\right) = \frac{1}{2\pi N} \ln \frac{\theta_{1\max}}{\theta_{(N+1)\max}} \quad (3.18)$$

由式(3.18)可以看出，求解阻尼比 ζ，需要测量被测件做扭摆运动的振幅值，即需要对扭摆过程中扭摆角的变化进行测量。

3. 扭摆周期和扭摆振幅的测量

利用扭摆法实现转动惯量测量的关键在于准确测量物体做扭摆运动的周期。目前国内外测量扭摆周期最常用的方法是光电计时法，利用挡光原理实现周期测量。光电计时法测量周期时光电开关的位置固定，受安装误差和扭杆残余应力的影响，测量位置与平衡位置存在一定偏差，测得的振动周期并不准确。光电计时法只能测量周期，不能测量扭摆时扭摆幅度的变化，也就不能计算阻尼比 ζ 的值。振幅测量法不但能够测量扭摆周期，还能测量扭摆幅度，满足大尺寸复杂形状物体转动惯量测量的要求。

振幅测量法，即利用激光位移传感器记录扭摆台在扭摆过程中的扭摆角变化情况，从而得到扭摆运动的扭摆周期和振幅值。振幅测量法原理如图3.12所示，图中，x_1 为工作台位于水平位置时与激光位移传感器之间的距离，x_2 为工作台逆时针旋转 θ 角度时与激光传感器之间的距离。

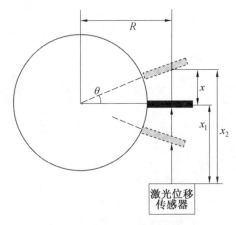

图 3.12　振幅测量法原理

利用激光位移传感器测量扭摆台振幅即扭摆角 θ 的变化情况,得到线位移为 x,此时有

$$\tan \theta = \frac{x}{R} \tag{3.19}$$

式中　R——初始测量点到扭摆台回转中心的距离,为定值。

在扭摆台扭摆的过程中,θ 值一般较小($\theta<1°$),可认为 $\theta \approx \tan \theta$,则式(3.19)可近似为 $\theta = x/R$。可见,x 与 θ 的周期和幅度变化规律一致,实际测量时通过测量 x 来求得 θ 值。

3.3　转动惯量测量国内外研究现状

国外转动惯量测量方面的研究历史较长,早在 20 世纪中期就开始研究和开发转动惯量测量设备,并应用于各种领域。国外生产高精度转动惯量测量设备的厂家主要以美国空间电子公司和德国申克公司为代表。美国的戈达德航天中心(Goddard Space Flight Center,GSFC)能够对各类飞行器或者导弹等进行质量特性测量,最大可测量质量为 4 500 kg 的物体,转动惯量测量精度可达 1%。美国空间电子公司生产的转动惯量测量仪器的测量精度可达 0.1%。国外的转动惯量测量设备一般价格较高,且由于多用于国防项目而无法引进。

随着科学技术的飞速发展,国内的转动惯量测量技术研究也已经日趋成熟。国内有些厂家和单位设计制造的转动惯量测量设备的测量精度已经达到了国际先进水平,在航天、兵器等领域得到了较好的应用。目前国内最先进的转动惯量测量系统是西北工业大学研制的磁浮式测量仪,可对小到子弹,大到坦克、飞机部件的转动惯量进行测量,测量精度可达 0.1%。哈尔滨工业大学研制的 HIT—

115型转动惯量测量系统,最大承载质量可达3 000 kg,测量精度在0.1%以内。郑州机械研究所的测量设备,最大可测质量为1 500 kg,转动惯量测量不确定度在0.3%以内。南京理工大学研制的NB系列转动惯量测试仪,最大可测质量达到几十吨,其仪器精度为0.5%。

目前,最常用的转动惯量测量方法是扭摆法,或称扭杆扭矩法,但现有的测量方法均没有考虑温度对转动惯量测量过程的影响。由于在不同温度环境下使用扭摆法进行测量时,温度对转动惯量测量设备的扭杆刚度系数有影响,因此会导致测量得到的物体扭摆运动的周期和幅度发生改变,进一步导致转动惯量的测量结果出现偏差。这一偏差的存在,会影响后续相关信息的计算。

因此,以扭摆法为基础,研究转动惯量测量中扭杆温度补偿技术,对于提高转动惯量测量结果的精度,为国防工业产品的设计制造提供更多的参数支持,以及进一步研究温度对物体运动状态和物理特性的影响,都有十分重要的实际意义,这也是质量特性参数测试领域的研究重点之一。

(1)美国空间电子公司。大多数质量特性测量设备用扭摆法测量转动惯量,图3.13所示为某仪器的转动惯量测量部分。这种基于气浮轴承的仪器总的测量不确定度是0.1%,校准常数依据被测量部分。

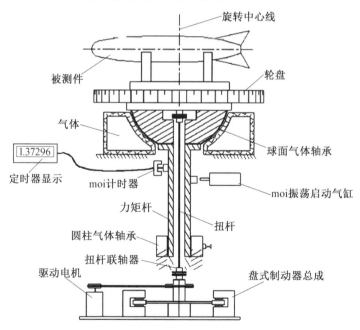

图3.13 某仪器的转动惯量测量部分

转动惯量测量还可以采用双线或三线摆法。这种方法常用于快速近似测量中。对于每一次的测量,高精度的结果需要费时费力地校准程序。

国外在这一领域开展研究较早,美国空间电子公司,是一家主要从事导弹、飞机及卫星等飞行物质量特性测量的公司。该公司在20世纪70年代开始转入航天制造业,并开始利用球形气浮轴承制造转动惯量测量机。经过几十年的发展,该公司已经生产了多个系列的高精度质量、质心、转动惯量及惯性积的单项和组合项测量设备,如图3.14所示。

图 3.14 美国空间电子公司生产的质心测量台和转动惯量测量台

美国空间电子公司的某质量特性测量系统(图3.15)能够测量全部的质量特性参数,它在测量质心时有两种模式——动态模式和静态模式。静态模式精度高,适合测量有控制翼和外伸的太阳能板之类的物体,因为这类物体在运动时会产生很大的气流,而气流对结果影响很大;动态模式可测量体积小且在旋转时不会产生较大气流的物体。该设备核心技术是采用半球气浮轴承,该轴承结构非常复杂,主要由支撑轴承、半球气浮轴承及圆柱推力轴承等组成。

图 3.15 美国空间电子公司的某质量特性测量系统

(2)德国工业设备管理公司(IABG)。航天器的质量特性参数测量是该公司的一个领域,图3.16所示为IABG研制的转动惯量测量系统。

图 3.16　IABG 研制的转动惯量测量系统

（3）荷兰 ETS 公司。ETS 公司研制的质心测量台和转动惯量测量台如图 3.17 所示。

图 3.17　ETS 公司研制的质心测量台和转动惯量测量台

（4）哈尔滨工业大学。哈尔滨工业大学精密仪器研究所长期致力于质量特性测量设备的研究。图 3.18 所示为哈尔滨工业大学精密仪器研究所研制的转动惯量测量设备。其中，图 3.18(a) 所示为某转动惯量测量设备 A，用于转动惯量测量及实验，转动惯量测量精度为 0.1%；图 3.18(b) 所示为某转动惯量测量设备 B，用于 XX 转动惯量测量，转动惯量测量精度为 0.3%。

此外，哈尔滨工业大学的张立明、赵钧课题组研制了一套质量、质心和转动惯量一体化测量系统，如图 3.19 所示。该系统采用双扭摆结构，适合测量长径

(a) 某转动惯量测量设备A　　　　　(b) 某转动惯量测量设备B

图 3.18　哈尔滨工业大学精密仪器研究所研制的转动惯量测量设备

比大的被测件的转动惯量,并能够采用多点称重法测量被测件的三维质心。中国航天机电集团研发中心的贝超提出了质量、质心和转动惯量一体化测量技术,利用对转动惯量的多次测量,建立关于转动惯量、质量、质心的计算模型。

图 3.19　质量、质心和转动惯量一体化测量系统

(5)国内其他厂家。随着我国航天科技和国防力量的发展,转动惯量测量技术也更加成熟。很多厂家经过几十年的研究,已经设计并生产了转动惯量测量设备,其测量精度具有很高的水平,并在兵器制造、航空航天、电机转子等众多领域得到了广泛的应用。例如,长春理工大学研制的小质量弹丸转动惯量测量仪,测量精度可以达到 1%,但是该仪器只能测量直径不超过 50 mm 的小质量弹丸。我国航天科技集团 502 所与航天科技集团二院联合研制的质量、质心和转动惯量测试设备的测量精度优于 2%。南京理工航兵静态参数测试中心所设计开发的转动惯量测量设备精度达 0.5%,但使用时具有专用性。由洛阳三航测控技术有限公司研制的智能转动惯量测量仪,转动惯量测量范围为 $0\sim0.4$ kg·m^2,精度优于 1%。孝感市试验检测设备厂研发的弹箭综合参数测量仪如图 3.20 所示,其可测物体质量最大为 1 000 kg,测量不确定度小于 0.5%。郑州机械研究所研制的质量特性参数测量设备可测最大质量为 1 500 kg,转动惯量测量不确定度小于 0.3%。国内的转动惯量测量设备多采用扭摆法测量,且没有考虑温度变

化对测量装置和测量过程的影响,所以测量精度可以进一步提高。

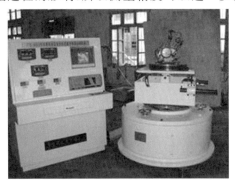

图 3.20　孝感市试验检测设备厂研发的弹箭综合参数测量仪

第 4 章

惯性积测量

4.1 惯性积的定义及物理特性

惯性积即质量惯性积,是刚体动力学中一个重要的质量几何性质,是量度物体动不平衡大小的物理量。惯性积的表达式为

$$\begin{cases} J_{xy} = \sum_i m_i x_i y_i \\ J_{yz} = \sum_i m_i y_i z_i \\ J_{zx} = \sum_i m_i z_i x_i \end{cases} \quad (4.1)$$

式中 m_i —— 刚体的某个质元的质量;
(x_i, y_i, z_i) —— 该质元的坐标。

对于给定物体,惯性积的值与建立的坐标系的位置及方向有关,如果选择的坐标系合适,可使惯性积的值为零。当物体对于某一坐标轴的惯性积为零时,这种特定的坐标轴称为惯性主轴或主轴,相应的质量惯性矩称为主惯性矩。显然,如果刚体本身具有某种几何对称性,那么它的主轴方向总是沿着它的对称轴的。

4.2 惯性积测量理论研究概况

现有的惯性积测量方法主要有两种:动平衡法和柯西惯性椭球法。动平衡

法采用动平衡机测试物体剩余动不平衡力偶矩来计算惯性积,测量精度高,但是仅适用于中小型转子或回转体结构零件。柯西惯性椭球法根据惯性椭球方程将转动惯量与惯性积联系起来,通过测量物体在6个不同位置的转动惯量来计算惯性积,适用于非回转体结构。

4.2.1 动平衡法

动平衡法是将被测件安装至动平衡机上,其测量惯性积的基本原理如图4.1所示,通过电机带动被测件旋转,如果被测件存在动不平衡,那么旋转时产生的不平衡的惯性力和惯性力偶矩将导致轴承振动,通过左右支架处的传感器将振动信号转换为相应的电信号,并根据相位参考信号计算得到两个校正面上不平衡量的大小和位置,即为达到动平衡需要在两个平面上加载重物的质量 m_1、m_2 和位置矢量 $\boldsymbol{r}_1=(x_1,y_1,z_1)$、$\boldsymbol{r}_2=(x_2,y_2,z_2)$。最后利用质量和位置矢量计算惯性积 I_{xy}、I_{zy},则有

$$I_{xy}=m_1 x_1 y_1 + m_2 x_2 y_2 \tag{4.2}$$

$$I_{zy}=m_1 z_1 y_1 + m_2 z_2 y_2 \tag{4.3}$$

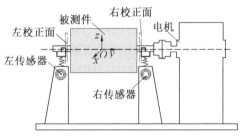

图 4.1 动平衡法测量惯性积的基本原理

目前美国空间电子公司POI系列惯性积测量台都采用该方法,该方法的灵敏度与旋转速度有很大的关系。旋转速度快,理论上系统的灵敏度就高,但是快速旋转可能会导致设备产生振动,损坏被测件,同时也会带动周围的气流发生变化,这会极大地影响测量精度。为了减小气流对测量的影响,美国空间电子公司采用一个工装将测试设备和被测件罩住,这种方式的效果目前无法验证,而且也不利于操作。该方法特别适用于中小型转子或回转体结构零件,测量大型非回转体则较为困难。

4.2.2 柯西惯性椭球法

惯性椭球又称惯量椭球,它能够完整地描述刚体绕经任意轴 Oa(该轴线通过质心)的转动惯量。根据转动惯量的定义,有

$$I=\sum_i m_i R_i^2 = \sum_i m_i (|\boldsymbol{r}_i|\sin\theta_i)^2 = \sum_i m_i |\boldsymbol{r}_i \times \boldsymbol{n}|^2 \tag{4.4}$$

式中 r_i——质量微元 m_i 的位置矢量；

n——轴的单位方向向量。

设

$$\begin{cases} r_i = x_i i + y_i j + z_i k \\ n = \cos \alpha i + \cos \beta j + \cos \gamma k \end{cases} \quad (4.5)$$

将式(4.5)代入式(4.4)得

$$\begin{aligned} I_{Oa} &= \sum_i m_i \begin{bmatrix} y_i \cos \gamma - z_i \cos \beta \\ z_i \cos \alpha - x_i \cos \gamma \\ x_i \cos \beta - y_i \cos \alpha \end{bmatrix} \begin{bmatrix} y_i \cos \gamma - z_i \cos \beta \\ z_i \cos \alpha - x_i \cos \gamma \\ x_i \cos \beta - y_i \cos \alpha \end{bmatrix} \\ &= \sum_i m_i [(y_i \cos \gamma - z_i \cos \beta)^2 + (z_i \cos \alpha - x_i \cos \gamma)^2 + (x_i \cos \beta - y_i \cos \alpha)^2] \\ &= I_{xx} \cos^2 \alpha + I_{yy} \cos^2 \beta + I_{zz} \cos^2 \gamma \\ &\quad - 2I_{xy} \cos \alpha \cos \beta - 2I_{yz} \cos \beta \cos \gamma - 2I_{zx} \cos \gamma \cos \alpha \end{aligned} \quad (4.6)$$

式中 I_{xx}、I_{yy}、I_{zz}——刚体质心坐标系下 3 个转动惯量；

I_{xy}、I_{yz}、I_{zx}——刚体质心坐标系下 3 个惯性积；

α、β、γ——刚体的 3 个坐标轴与旋转轴 Oa 的夹角。

式(4.6)即为惯性椭球方程,可根据该方程将转动惯量与惯性积联系来,因此若要得到被测件在质心坐标系下的转动惯量和惯性积,则 Oa 轴至少发生 6 次变化,并分别测量每次变化后刚体绕 Oa 轴的转动惯量 I_{Oa},那么就可以通过解方程组得到被测件的转动惯量和惯性积。但是利用扭摆法测量时,扭摆轴是固定不变的,因此只能变换产品的姿态使 Oa 轴发生相对变化。这种方法测量惯性积的精度适中,但是可以同时得到质心坐标系下的转动惯量,因此如果对于被测件惯性积的测量精度要求不高而又需要测量转动惯量时,则柯西惯性椭球法是比较合适的选择。惯性积测量方法比较见表 4.1。

表 4.1 惯性积测量方法比较

测量方法	精度	特点
动平衡法	高	适用于回转体结构
柯西惯性椭球法	适中	适用于非回转体结构,可同时测量转动惯量

4.3 惯性积测量国内外研究现状

国外早在 20 世纪中期就开始对质量特性测试设备进行研究和开发,并应用于各行各业,代表性生产厂商或科研院所是美国空间电子公司、NASA 等。我国质量特性测量设备的研制始于20世纪80年代,主要研制单位有哈尔滨工业大学、南京理工大学、西北工业大学等。近年来,我国研制的设备基本达到了国际水平,满足了航空、航天技术发展的需要。

(1)美国空间电子公司。图4.2所示为美国空间电子公司研制的某质量特性测量系统A,该系统采用动平衡法测量惯性积,相比于质量特性测量系统B,其转速更高,可有效提高测量灵敏度,同时该系统采用工装将测试设备和被测件罩住,减少了气流对测量的影响。

图4.2 美国空间电子公司研制的某质量特性测量系统A

(2)戈达德空间飞行中心。戈达德空间飞行中心成立于1959年5月1日,是NASA的一个主要研究中心。图4.3所示为戈达德空间飞行中心研制的质量特性综合测量设备,该设备用于测量飞行器的质量、质心、转动惯量、惯性积,其主要组成部分包括箱体和地面控制柜。箱体从上到下各个部件分别为测量试验板、球形气浮支撑装置、动力驱动阀、转动杆、圆柱形气浮支撑装置、压力传感器、承重垫、综合电机、调整环等,箱体是整个测试设备的机械组成。

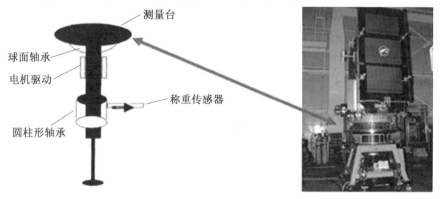

图4.3 戈达德空间飞行中心研制的质量特性综合测量设备

(3)意大利佩鲁贾大学。意大利佩鲁贾大学研发的惯性参数识别动力装置如图4.4所示。该装置可以实现转动惯量、惯性积的测量,其利用惯性参数识别动力装置,将被测件固定于内部,由电机驱动被测件绕固定轴线加速或匀速转动,测量旋转产生的力和力矩,解动力学方程,从而识别出被测件的转动惯量和惯性积。该方法适用于识别质量较小物体的惯性参数,对于发动机等大型笨重结构,由于测量时需要一定角速度,因此可能会产生危险。

图 4.4　意大利佩鲁贾大学研发的惯性参数识别动力装置

(4)哈尔滨工业大学。哈尔滨工业大学精密仪器研究所长期致力于质量特性测量设备的研究。图 4.5 所示为哈尔滨工业大学精密仪器研究所研制的惯性积测量设备,其中图 4.5(a)所示为 HIT-ZDGL&GXJ-1000 型转动惯量和惯性积测量设备,该设备采用一种可展开式测量臂结构,利用任意轴定理,实现了一次工装就可以测量出被测件对 3 个轴的转动惯量和惯性积,从而有效降低了多次安装带来的定位误差;图 4.5(b)所示为 HIT-POI-5000 型质量特性测量设备,该设备专用于测量大尺寸非回转体飞行器质量、质心、转动惯量、惯性积的综合测量,惯性积测量误差不大于 0.1%。

(a) HIT-ZDGL&GXJ-1000型
转动惯量和惯性积测量设备

(b) HIT-POI-5000型
质量特性测量设备

图 4.5　哈尔滨工业大学精密仪器研究所研制的惯性积测量设备

(5)西安百纳电子科技有限公司。西安百纳电子科技有限公司前身为西北工业大学质量特性研究中心,该公司自 1990 年成立至今,先后为航空、航天、兵器、核工业等单位研制了各类质量、质心和转动惯量测量台,在国内核心期刊上发表多篇相关论文,申报多项专利。该公司研制的 MPTB-J 惯性参数通用测量台通过测量产品 6 个状态的转动惯量,计算得到惯性积。图 4.6 所示为西安百纳电子科技有限公司研制的惯性参数测量台,其中图 4.6(a)所示为 MPTB-J10 惯性参数测量台,该设备转动惯量测量精度为±0.3%,惯性积测量精度为±1%;图 4.6(b)所示为 MPTB-J1000 惯性参数测量台,该设备转动惯量测量范围为 100~1 000 kg·m²,惯性积测量精度为±4%。

(a) MPTB-J10惯性参数测量台   (b) MPTB-J1000惯性参数测量台

图 4.6　西安百纳电子科技有限公司研制的惯性参数测量台

(6)上海卫星工程研究所。上海卫星工程研究所创建于 1969 年 11 月,是上海航天基地空间飞行器总体设计部。该所提出了一种基于扭摆法的转动惯量和惯性积集成一体的自旋卫星的转动惯量测试方法,只进行旋转体在不同安装角度下的惯性张量测试,就可解算出旋转体的转动惯量、惯性积以及惯性主轴方向。该方法不受旋转体的形状、体积因素限制,可以在工业、航天、航空等领域应用,通过适当的工装改造,可适应大型弹箭、各类飞行器的转动惯量和惯性积的测量。

(7)南京理工航兵测试技术有限公司。南京理工航兵测试技术有限公司是南京理工大学科技园的公司之一,致力于静态参数测试研究 30 余年,专门从事质量特性测量设备的研制,其产品应用于航空、航天、兵器、船舶等各个领域。图 4.7 所示为其研制的巡航导弹、探空火箭及转动惯量、惯性积测量系统,该系统可测量各种飞行器的极转动惯量(x 向),并可通过工装时被测件的轴线偏离测试轴线一个角度,配合 MPC2000 测试仪的赤道转动惯量测试功能测得被测件的惯性积,惯性积测量精度不大于 2%。

目前,测量大尺寸飞行器的惯性积主要采用柯西惯性椭球法,需要测量被测

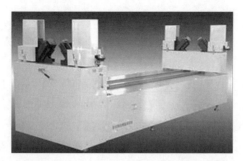

图 4.7 南京理工航兵测试技术有限公司研制的巡航导弹、探空火箭及转动惯量、惯性积测量系统

件在 6 个姿态下对某轴线的转动惯量,并建立方程组,通过解算方程组得到被测件质心坐标系下的转动惯量和惯性积。因此,对某轴线转动惯量测量方法的选择和 6 个姿态的选择是要着重研究的问题。

第 5 章

典型测试设备

5.1 倾斜式质量、质心测量系统

5.1.1 倾斜式质量、质心测量系统总体方案介绍

1. 倾斜式质量、质心测量系统功能及技术指标

倾斜式质量、质心测量系统专为测量只能倾斜一定角度的产品的三维质心而设计,能实现产品一次安装,完成质量和三维质心(x 向、y 向和 z 向)的测量,质量测量精度为 0.02%,质心测量精度为 ±2 mm(产品长度为 10 m)。

2. 质量、质心测量基本原理

本节介绍的质量、质心测量系统采用四点称重法实现质量、质心的测量,四点称重法传感器分布示意图如图 5.1 所示。

(1) 质量测量原理。质量测量运用了经典力学中静力平衡原理。空载测量状态下,4 个称重传感器分别采集到的质量为 $m_i(i=1,2,3,4)$,此时建立的力平衡方程为

$$M_0 g = \sum_{i=1}^{4} m_i g \tag{5.1}$$

式中 M_0——空载时加载于 4 个称重传感器上的所有物体的质量,即工装质量;

g——重力加速度,为常数值。

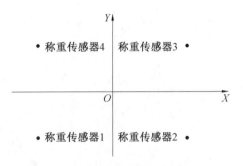

图 5.1　四点称重法传感器分布示意图

加载被测件后，4 个称重传感器采集到的质量分别为 $m'_i(i=1,2,3,4)$，此时建立的力平衡方程为

$$M_1 g = \sum_{i=1}^{4} m'_i g \tag{5.2}$$

式中　M_1——加载于 4 个称重传感器上的所有物体的质量，即工装与被测件的总质量。

被测件质量 M 的计算式为

$$M = M_1 - M_0 \tag{5.3}$$

（2）质心测量原理。质心测量运用了静力矩平衡原理，测量过程中工装与被测件保持平衡的条件是，4 个称重传感器所受的合力矩在 X 轴、Y 轴方向均为零。根据静力矩原理，被测件的质心在 X 轴、Y 轴方向的坐标为

$$\begin{cases} x = \dfrac{\sum\limits_{i=1}^{4}(m'_i - m_i) \cdot x_i}{M} \\ y = \dfrac{\sum\limits_{i=1}^{4}(m'_i - m_i) \cdot y_i}{M} \end{cases} \tag{5.4}$$

式中　x_i——称重传感器 i 在 X 轴方向的坐标；

　　　y_i——称重传感器 i 在 Y 轴方向的坐标。

3. 某型号倾斜式质量、质心测量系统

某型号质量、质心测量系统由质量、质心测量台，激光跟踪仪，工控机三部分组成。其中，质量、质心测量台由底座、固定测量架和旋转测量架三部分组成，如图 5.2 所示。前、后辅助支撑用于产品安装时支撑旋转测量架，防止产品安装过程中对电动推杆造成冲击。

某型号倾斜式质量、质心测量系统总体方案的主要优势如下。

（1）质心测量中，采用自动对心技术，可消除侧向力影响，测量精度高。

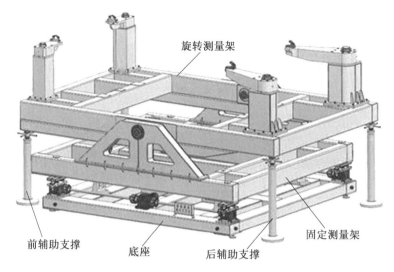

图 5.2 某型号质量、质心测量台总图

（2）一次装夹，实现质量及三维质心测量，便于用户使用。

（3）利用空间坐标之间的转换算法，精确求解产品坐标系与测量坐标系的转换关系，减少产品倾斜引入的误差。

5.1.2 倾斜式质量、质心测量系统相关数学模型的建立

1. 称重传感器斜率系数在线标定模型的建立

称重传感器实际上是一种将质量信号转变为可测量的电信号输出的装置，当称重传感器承重在其量程的 30% ~ 70% 时，称重传感器输出量 u 与输入量 m 之间满足线性模型：

$$m = ku + b \tag{5.5}$$

式中　　m——称重传感器承重质量；

k——称重传感器斜率系数；

u——称重传感器输出量；

b——称重传感器零点输出。

本节介绍的质量、质心测量系统采用 4 个称重传感器测量被测件质量。在机械台面不平或者受力不均、传感器歪斜、传感器输出特性差异等因素的影响下，当被测件处于质量、质心测量台的不同位置时，测得的质量结果不完全相同，计量领域称其为四角误差。为了减小四角误差，在进行被测件质量测量前，采用质量已知的砝码对 4 个称重传感器进行在线同步标定，获得 4 个称重传感器的斜率系数 $k_i(i=1,2,3,4)$。

称重传感器系数标定方法如下。

(1)空载测量时,4个称重传感器的输出量记为 $u_{i0}(i=1,2,3,4)$。设此时称重传感器承重质量为 $m_{i0}(i=1,2,3,4)$,则系统皮重 M_0 与称重传感器输出量 u_{i0} 满足

$$M_0 = m_{10} + m_{20} + m_{30} + m_{40} \\ = k_1 u_{10} + k_2 u_{20} + k_3 u_{30} + k_4 u_{40} + b_1 + b_2 + b_3 + b_4 \quad (5.6)$$

式中 $k_i(i=1,2,3,4)$—— 第 i 个称重传感器的斜率系数;

$u_{i0}(i=1,2,3,4)$—— 空载时第 i 个称重传感器的输出量;

$b_i(i=1,2,3,4)$—— 第 i 个称重传感器的零点输出。

(2)依次在旋转测量架上放置总质量为 $M_j(j=1,2,\cdots,n,n\geqslant 4)$ 的砝码,4个称重传感器输出量记为 $u_{ij}(i=1,2,3,4;j=1,2,\cdots,n)$,则可得到 n 个方程:

$$M_0 + M_j = k_1 u_{1j} + k_2 u_{2j} + k_3 u_{3j} + k_4 u_{4j} + b_1 + b_2 + b_3 + b_4 \quad (5.7)$$

(3)由式(5.7)减去式(5.6)可得到如下方程组:

$$\begin{cases} M_1 = k_1(u_{11}-u_{10}) + k_2(u_{21}-u_{20}) + k_3(u_{31}-u_{30}) + k_4(u_{41}-u_{40}) \\ M_2 = k_1(u_{12}-u_{10}) + k_2(u_{22}-u_{20}) + k_3(u_{32}-u_{30}) + k_4(u_{42}-u_{40}) \\ \vdots \\ M_n = k_1(u_{1n}-u_{10}) + k_2(u_{2n}-u_{20}) + k_3(u_{3n}-u_{30}) + k_4(u_{4n}-u_{40}) \end{cases} \quad (5.8)$$

式(5.8)可写为如下形式:

$$\boldsymbol{u}\,\boldsymbol{k} = \boldsymbol{M} \quad (5.9)$$

式中 $\boldsymbol{u} = \begin{bmatrix} u_{11}-u_{10} & u_{21}-u_{20} & u_{31}-u_{30} & u_{41}-u_{40} \\ u_{12}-u_{10} & u_{22}-u_{20} & u_{32}-u_{30} & u_{42}-u_{40} \\ \vdots & \vdots & \vdots & \vdots \\ u_{1n}-u_{10} & u_{2n}-u_{20} & u_{3n}-u_{30} & u_{4n}-u_{40} \end{bmatrix}, \boldsymbol{k} = \begin{bmatrix} k_1 \\ k_2 \\ \vdots \\ k_n \end{bmatrix}, \boldsymbol{M} = \begin{bmatrix} M_1 \\ M_2 \\ \vdots \\ M_n \end{bmatrix}$。

(4)采用最小二乘估计进行解算,得到称重传感器斜率系数估计值为

$$\boldsymbol{k} = (\boldsymbol{u}^\mathrm{T}\boldsymbol{u})^{-1}\boldsymbol{u}^\mathrm{T}\boldsymbol{M} \quad (5.10)$$

2. 相关坐标系说明

倾斜式质量、质心测量系统总体方案提及的相关坐标系如下。

(1)跟踪仪坐标系 $O_L - X_L Y_L Z_L$。跟踪仪坐标系是跟踪仪固有的坐标系,标定时,参考点、转轴端点及称重传感器坐标均在此坐标系下表述。

(2)测量坐标系 $O_S - X_S Y_S Z_S$。测量坐标系是由4个称重传感器承重点 $S_i(i=1,2,3,4)$ 所建立的坐标系,如图5.3所示,建立过程在后文中有详细描述。

(3)参考坐标系 $O_C - X_C Y_C Z_C$。传感器使用过程中无法测量其位置,因此在设备外围可视位置增加3个参考点,参考坐标系是由这3个参考点 $C_i(i=1,2,3)$ 确定的,如图5.3所示,建立过程在后文中有详细描述。

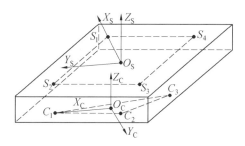

图 5.3　测量坐标系与参考坐标系示意图

（4）产品坐标系 $O_P - X_P Y_P Z_P$。产品坐标系由产品设计者指定，三维质心最终测量结果均在产品坐标系下表示，由于质心测量涉及两种产品位姿，为了方便描述，记产品水平时产品坐标系如图 5.4 中 $O_{P1} - X_{P1} Y_{P1} Z_{P1}$ 所示，产品倾斜时产品坐标系如图 5.4 中 $O_{P2} - X_{P2} Y_{P2} Z_{P2}$ 所示。

（5）倾斜 θ 度中间转换坐标系 $O_T - X_T Y_T Z_T$。倾斜 θ 度中间转换坐标系（简称中间转换坐标系），是由转轴两端端点 $E_i (i = 1, 2)$ 和产品坐标系原点 O_P 确定的坐标系，如图 5.4 所示，中间转换坐标系与产品坐标系相对位置固定，用于计算倾斜 θ 度时参考坐标系和产品坐标系的位置关系。

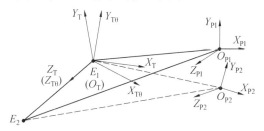

图 5.4　中间转换坐标系与产品坐标系示意图

3. 测量坐标系与参考坐标系转换关系计算模型的建立

在产品测量过程中，无法通过激光跟踪仪直接测量得到称重传感器承重点坐标，只能通过测量底座上参考点的坐标间接得到称重传感器承重点坐标，因此需要利用关键点标定得到的同一仪器坐标系下参考点及称重传感器承重点坐标，计算得到测量坐标系与参考坐标系的转换关系。测量坐标系与参考坐标系转换关系计算流程如图 5.5 所示。

建立测量坐标系与参考坐标系转换关系计算模型需要的参数见表 5.1，可通过关键点坐标标定测得，具体步骤见 5.1.3 节。

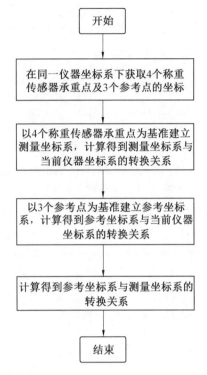

图 5.5 测量坐标系与参考坐标系转换关系计算流程

表 5.1 建立测量坐标系与参考坐标系转换关系计算模型需要的参数

参数	说明
$S_i(x_{LSi},y_{LSi},z_{LSi})(i=1,2,3,4)$	4个称重传感器承重点在仪器坐标系下的坐标
$C_i(x_{LCi},y_{LCi},z_{LCi})(i=1,2,3)$	3个参考点在仪器坐标系下的坐标

测量坐标系与参考坐标系转换关系计算流程具体如下。

第一步 建立测量坐标系,计算测量坐标系与当前仪器坐标系的转换关系。

质量、质心测量台测量坐标系的建立过程如下。

(1) 求解测量坐标系原点坐标 $O_S(x_{OS},y_{OS},z_{OS})$。定义4个称重传感器承重点的几何中心为测量坐标系原点 O_S,则 O_S 的坐标为

$$\begin{cases} x_{OS}=\dfrac{x_{LS1}+x_{LS2}+x_{LS3}+x_{LS4}}{4} \\ y_{OS}=\dfrac{y_{LS1}+y_{LS2}+y_{LS3}+y_{LS4}}{4} \\ z_{OS}=\dfrac{z_{LS1}+z_{LS2}+z_{LS3}+z_{LS4}}{4} \end{cases} \quad (5.11)$$

(2) 拟合 $X_S O_S Y_S$ 平面,判定 Z_S 轴方向,求解测量坐标系 Z_S 轴单位方向向量。

① 拟合平面。以 4 个称重传感器承重点 $S_i(x_{LSi}, y_{LSi}, z_{LSi})(i=1,2,3,4)$ 为基准拟合平面 $X_S O_S Y_S$,以拟合平面的法向量作为测量坐标系的 Z_S 轴单位向量,确定质量、质心测量设备测量坐标系的 Z_S 轴单位向量在当前仪器坐标系下的坐标表示。采用多点拟合平面方法得到由 4 个称重传感器承重点确定的拟合平面的单位法向量为 $\boldsymbol{n}_1 = (A_1, B_1, C_1)$,拟合平面方程为 $A_1 x + B_1 y + C_1 z + D_1 = 0$。

多点拟合平面方法如下:

设平面方程的一般表达式为

$$Ax + By + Cz + D = 0 \tag{5.12}$$

已知一系列的 n 个点 $(n > 3)$ 的坐标为 $(x_i, y_i, z_i)(i=0,2,\cdots,n-1)$,则这 n 个点的坐标平均值为

$$\begin{cases} x_{av} = \dfrac{\sum x_i}{n} \\ y_{av} = \dfrac{\sum y_i}{n} \\ z_{av} = \dfrac{\sum z_i}{n} \end{cases} \tag{5.13}$$

假设该平面一定会过众散点的平均值,则有

$$A x_{av} + B y_{av} + C z_{av} + D = 0 \Rightarrow D = -A x_{av} - B y_{av} - C z_{av} \tag{5.14}$$

空间点到拟合平面的距离为

$$d_i = \frac{|A x_i + B y_i + C z_i + D|}{\sqrt{A^2 + B^2 + C^2}}$$

令

$$\begin{cases} A' = \dfrac{A}{\sqrt{A^2 + B^2 + C^2}} \\ B' = \dfrac{B}{\sqrt{A^2 + B^2 + C^2}} \\ C' = \dfrac{C}{\sqrt{A^2 + B^2 + C^2}} \\ D' = \dfrac{D}{\sqrt{A^2 + B^2 + C^2}} \end{cases} \tag{5.15}$$

则有

$$d_i = |A' x_i + B' y_i + C' z_i + D'|, \quad D' = -A' x_{av} - B' y_{av} - C' z_{av}$$

令

$$S = \sum d_i^2 = \sum (A' x_i + B' y_i + C' z_i + D')^2$$

$$= \sum (A'(x_i - x_{av}) + B'(y_i - y_{av}) + C'(z_i - z_{av}))^2 \tag{5.16}$$

要用这 n 个点拟合一个平面，则 A'、B'、C' 应该满足 S 最小，可建立如下方程组：

$$\begin{cases} \dfrac{\partial S}{\partial A'} = \sum 2[A'(x_i - x_{av}) + B'(y_i - y_{av})y_i + C'(z_i - z_{av})](x_i - x_{av}) = 0 \\ \dfrac{\partial S}{\partial B'} = \sum 2[A'(x_i - x_{av}) + B'(y_i - y_{av})y_i + C'(z_i - z_{av})](y_i - y_{av}) = 0 \\ \dfrac{\partial S}{\partial C'} = \sum 2[A'(x_i - x_{av}) + B'(y_i - y_{av})y_i + C'(z_i - z_{av})](z_i - z_{av}) = 0 \end{cases} \tag{5.17}$$

即

$$\begin{cases} B'\sum(x_i - x_{av})^2 + B'\sum(x_i - x_{av})(y_i - y_{av}) + C'\sum(x_i - x_{av})(z_i - z_{av}) = 0 \\ B'\sum(x_i - x_{av})(y_i - y_{av}) + B'\sum(y_i - y_{av})^2 + C'\sum(y_i - y_{av})(z_i - z_{av}) = 0 \\ B'\sum(x_i - x_{av})(z_i - z_{av}) + B'\sum(y_i - y_{av})(z_i - z_{av}) + C'\sum(z_i - z_{av})^2 = 0 \end{cases} \tag{5.18}$$

解上述方程组可求得 A'、B'、C' 的值，代入 $D' = -A'x_{av} - B'y_{av} - C'z_{av}$，得到 D' 的值，由此可以确定多点拟合平面的一般表达式，并得到该平面的单位法向量 $\boldsymbol{n} = (A', B', C')$。

② 利用在同一仪器坐标系下测得的第一个称重传感器承重点 A 的坐标 (x_{LA}, y_{LA}, z_{LA}) 确定测量坐标系 Z_S 轴的方向。若计算得到第一个称重传感器承重点在 $X_S O_S Y_S$ 平面上的投影点 A' 坐标为 $(x'_{LA}, y'_{LA}, z'_{LA})$，则向量 $\overrightarrow{A'A}$ 应与 Z_S 轴单位向量平行，且方向相反。计算可得向量 $\overrightarrow{A'A}$ 与拟合平面的单位法向量 $\boldsymbol{n}_1 = (A_1, B_1, C_1)$ 夹角的余弦值为

$$\cos \alpha_1 = \frac{A_1(x_{LA} - x'_{LA}) + B_1(y_{LA} - y'_{LA}) + B_1(z_{LA} - z'_{LA})}{\sqrt{(x_{LA} - x'_{LA})^2 + (y_{LA} - y'_{LA})^2 + (z_{LA} - z'_{LA})^2}\sqrt{A_1^2 + B_1^2 + C_1^2}} \tag{5.19}$$

若 $\cos \alpha_1 < 0$，则向量 $\overrightarrow{A'A}$ 与 $\boldsymbol{n}_1$ 方向相反，即 Z_S 轴单位向量与 $\boldsymbol{n}_1$ 方向相同，也即 $\boldsymbol{e}_{SZ} = \boldsymbol{n}_1 = (A_1, B_1, C_1)$；若 $\cos \alpha_1 > 0$，则向量 $\overrightarrow{A'A}$ 与 $\boldsymbol{n}_1$ 方向相同，即 Z_S 轴单位向量与 $\boldsymbol{n}_1$ 方向相反，也即 $\boldsymbol{e}_{SZ} = -\boldsymbol{n}_1 = (-A_1, -B_1, -C_1)$。为了方便描述，将测量坐标系 Z_S 轴单位向量记为 $\boldsymbol{e}_{SZ} = (x_{SZ}, y_{SZ}, z_{SZ})$。

(3) 修正测量坐标系原点坐标 $O'_S(x'_{OS}, y'_{OS}, z'_{OS})$ 和 4 个称重传感器承重点坐标 $S'_i(x'_{LSi}, y'_{LSi}, z'_{LSi})(i = 1, 2, 3, 4)$。计算测量坐标系原点和 4 个称重传感器承重点在 $X_S O_S Y_S$ 平面上的投影点坐标 $O'_S(x'_{OS}, y'_{OS}, z'_{OS})$、$S'_i(x'_{LSi}, y'_{LSi}, z'_{LSi})(i = 1, 2, 3, 4)$，将投影点坐标作为修正后的坐标。

以测量坐标系原点在 $X_S O_S Y_S$ 平面上的投影点坐标计算为例,给出投影点计算方法如下。

拟合的 $X_S O_S Y_S$ 平面在仪器坐标系下的解析表达式为
$$A_1 x + B_1 y + C_1 z + D_1 = 0 \tag{5.20}$$

先求出以 $e_{SZ} = (x_{SZ}, y_{SZ}, z_{SZ})$ 为方向向量且过点 O_S 的直线,该直线过点 O_S 且垂直于 $X_S O_S Y_S$ 平面,直线解析表达式为
$$\frac{x - x_{OS}}{x_{SZ}} = \frac{y - y_{OS}}{y_{SZ}} = \frac{z - z_{OS}}{z_{SZ}} \tag{5.21}$$

联立式(5.20)和式(5.21)可求得 $X_S O_S Y_S$ 平面与直线的交点坐标,即测量坐标系原点在 $X_S O_S Y_S$ 平面上的投影点坐标。

(4) 求解测量坐标系 X_S 轴方向单位向量。定义测量坐标系原点指向称重传感器第一个承重点的方向为 X_S 轴方向,先计算与 X_S 轴平行的向量 $\overrightarrow{O_S S_1}$:
$$\overrightarrow{O_S S_1} = (x'_{LS1} - x'_{OS}, y'_{LS1} - y'_{OS}, z'_{LS1} - z'_{OS}) \tag{5.22}$$

对向量 $\overrightarrow{O_S S_1}$ 进行归一化,即可得到 X_S 轴单位向量为
$$e_{SX} = \left(\frac{x'_{LSi} - x'_{OS}}{|\overrightarrow{O_S S_1}|}, \frac{y'_{LSi} - y'_{OS}}{|\overrightarrow{O_S S_1}|}, \frac{z'_{LSi} - z'_{OS}}{|\overrightarrow{O_S S_1}|} \right) \tag{5.23}$$

式中 $|\overrightarrow{O_S S_1}| = \sqrt{(x'_{LSi} - x'_{OS})^2 + (y'_{LSi} - y'_{OS})^2 + (z'_{LSi} - z'_{OS})^2}$。

为方便描述,将测量坐标系 X_S 轴单位向量记为 $e_{SX} = (x_{SX}, y_{SX}, z_{SX})$。

(5) 利用右手定则,求得测量坐标系 Y_S 轴方向单位向量为
$$e_{SY} = e_{SZ} \times e_{SX} = \begin{vmatrix} i & j & k \\ x_{SZ} & y_{SZ} & z_{SZ} \\ x_{SX} & y_{SX} & z_{SX} \end{vmatrix}$$
$$= (y_{SZ} z_{SX} - z_{SZ} y_{SX}, z_{SZ} x_{SX} - x_{SZ} z_{SX}, x_{SZ} y_{SX} - y_{SZ} x_{SX}) \tag{5.24}$$

为了方便描述,将测量坐标系 Y_S 轴单位向量记为 $e_{SY} = (x_{SY}, y_{SY}, z_{SY})$。

此时,可以建立仪器坐标系与质量、质心测量台测量坐标系的转换关系,过程如下。

在式(5.11)~(5.24)中,求得仪器坐标系下测量坐标系原点 O'_S 坐标为 $(x'_{OS}, y'_{OS}, z'_{OS})$,测量坐标系 X_S、Y_S、Z_S 三轴的单位向量为 $e_{SX} = (x_{SX}, y_{SX}, z_{SX})$、$e_{SY} = (x_{SY}, y_{SY}, z_{SY})$、$e_{SZ} = (x_{SZ}, y_{SZ}, z_{SZ})$。根据空间坐标之间的转换算法可将测量坐标系与仪器坐标系间的转换矩阵表示为

$$T_{LM} = \begin{bmatrix} x_{SX} & x_{SY} & x_{SZ} & x'_{OS} \\ y_{SX} & y_{SY} & y_{SZ} & y'_{OS} \\ z_{SX} & z_{SY} & z_{SZ} & z'_{OS} \\ 0 & 0 & 0 & 1 \end{bmatrix} \tag{5.25}$$

假设空间存在一点,已知该点在测量坐标系下的坐标为 (x_M, y_M, z_M),则可求得该点在仪器坐标系下的坐标 (x_L, y_L, z_L) 为

$$\begin{bmatrix} x_L \\ y_L \\ z_L \\ 1 \end{bmatrix} = \boldsymbol{T}_{LM} \begin{bmatrix} x_M \\ y_M \\ z_M \\ 1 \end{bmatrix} \tag{5.26}$$

第二步 建立参考坐标系,计算参考坐标系与当前仪器坐标系的转换关系。

质量、质心测量台参考坐标系的建立过程如下。

(1) 求解参考坐标系原点坐标 $O_C(x_{OC}, y_{OC}, z_{OC})$。定义 3 个参考点的几何中心为参考坐标系原点 O_C,则 O_C 的坐标为

$$\begin{cases} x_{OC} = \dfrac{x_{LC1} + x_{LC2} + x_{LC3}}{3} \\ y_{OC} = \dfrac{y_{LC1} + y_{LC2} + y_{LC3}}{3} \\ z_{OC} = \dfrac{z_{LC1} + z_{LC2} + z_{LC3}}{3} \end{cases} \tag{5.27}$$

(2) 拟合 $X_C O_C Y_C$ 平面,判定 Z_C 轴方向,求解参考坐标系 Z_C 轴单位方向向量。

① 拟合平面。以 3 个参考点 $C_i(x_{LCi}, y_{LCi}, z_{LCi})(i=1,2,3)$ 为基准拟合平面 $X_C O_C Y_C$,以拟合平面的法向量作为参考坐标系的 Z_C 轴单位向量,确定质量、质心测量设备参考坐标系的 Z_C 轴单位向量在当前仪器坐标系下的坐标表示。采用多点拟合平面方法得到由 3 个参考点确定的拟合平面单位法向量为 $\boldsymbol{n}_2 = (A_2, B_2, C_2)$,拟合平面方程为 $A_2 x + B_2 y + C_2 z + D_2 = 0$。

② 利用在同一仪器坐标系下测得的第一个参考点 A 的坐标 $S_1(x_{LS1}, y_{LS1}, z_{LS1})$ 确定参考坐标系 Z_C 轴的方向。若计算得到第一个参考点在 $X_C O_C Y_C$ 平面上的投影点 S_1'' 坐标为 $(x_{LS1}'', y_{LS1}'', z_{LS1}'')$,则向量 $\overrightarrow{S_1'' S_1}$ 应与 Z_C 轴单位向量平行,且方向相同。计算可得向量 $\overrightarrow{S_1'' S_1}$ 与拟合平面的单位法向量 $\boldsymbol{n}_2 = (A_2, B_2, C_2)$ 夹角的余弦值为

$$\cos \alpha_2 = \dfrac{A_2(x_{LS1} - x_{LS1}'') + B_2(y_{LS1} - y_{LS1}'') + B_2(z_{LS1} - z_{LS1}'')}{\sqrt{(x_{LS1} - x_{LS1}'')^2 + (y_{LS1} - y_{LS1}'')^2 + (z_{LS1} - z_{LS1}'')^2} \sqrt{A_2^2 + B_2^2 + C_2^2}} \tag{5.28}$$

若 $\cos \alpha_2 > 0$,则向量 $\overrightarrow{S_1'' S_1}$ 与 $\boldsymbol{n}_2$ 方向相同,即 Z_C 轴单位向量与 $\boldsymbol{n}_2$ 方向相同,也即 $\boldsymbol{e}_{CZ} = \boldsymbol{n}_2 = (A_2, B_2, C_2)$;若 $\cos \alpha_2 < 0$,则向量 $\overrightarrow{S_1'' S_1}$ 与 $\boldsymbol{n}_2$ 方向相反,即 Z_C 轴单位向量与 $\boldsymbol{n}_2$ 方向相反,也即 $\boldsymbol{e}_{CZ} = -\boldsymbol{n}_2 = (-A_2, -B_2, -C_2)$。为了方便描述,将参考坐标系 Z_C 轴单位向量记为 $\boldsymbol{e}_{CZ} = (x_{CZ}, y_{CZ}, z_{CZ})$。

需要说明的是,3 个参考点一定在平面 $X_C O_C Y_C$ 上,所以与建立测量坐标系不同的是,参考坐标系的建立不需要对参考点坐标进行修正。

（3）求解参考坐标系 X_C 轴方向单位向量。定义参考坐标系原点指向第一个参考点的方向为 X_C 轴方向，先计算与 X_C 轴平行的向量 $\overrightarrow{O_C C_1}$：

$$\overrightarrow{O_C C_1} = (x_{LC1} - x_{OC}, y_{LS1} - y_{OC}, z_{LS1} - z_{OC}) \tag{5.29}$$

对向量 $\overrightarrow{O_C C_1}$ 进行归一化，即可得到 X_C 轴单位向量为

$$\boldsymbol{e}_{CX} = \left(\frac{x_{LC1} - x_{OC}}{|\overrightarrow{O_C C_1}|}, \frac{y_{LS1} - y_{OC}}{|\overrightarrow{O_C C_1}|}, \frac{z_{LS1} - z_{OC}}{|\overrightarrow{O_C C_1}|} \right) \tag{5.30}$$

式中 $|\overrightarrow{O_C C_1}| = \sqrt{(x_{LC1} - x_{OC})^2 + (y_{LS1} - y_{OC})^2 + (z_{LS1} - z_{OC})^2}$。

为方便描述，将参考坐标系 X_C 轴单位向量记为 $\boldsymbol{e}_{CX} = (x_{CX}, y_{CX}, z_{CX})$。

（4）利用右手定则，求得测量坐标系 Y_C 轴单位向量为

$$\boldsymbol{e}_{CY} = \boldsymbol{e}_{CZ} \times \boldsymbol{e}_{CX} = \begin{vmatrix} \boldsymbol{i} & \boldsymbol{j} & \boldsymbol{k} \\ x_{CZ} & y_{CZ} & z_{CZ} \\ x_{CX} & y_{CX} & z_{CX} \end{vmatrix}$$

$$= (y_{CZ} z_{CX} - z_{CZ} y_{CX}, z_{CZ} x_{CX} - x_{CZ} z_{CX}, x_{CZ} y_{CX} - y_{CZ} x_{CX}) \tag{5.31}$$

为了方便描述，将参考坐标系 Y_C 轴单位向量记为 $\boldsymbol{e}_{CY} = (x_{CY}, y_{CY}, z_{CY})$。

此时，可以建立仪器坐标系与参考坐标系的转换关系，过程如下：

在式(5.27)~(5.31)中，求得仪器坐标系下参考坐标系原点 O_C 坐标为 (x_{OC}, y_{OC}, z_{OC})，参考坐标系 X_C、Y_C、Z_C 三轴的单位向量为 $\boldsymbol{e}_{CX} = (x_{CX}, y_{CX}, z_{CX})$、$\boldsymbol{e}_{CY} = (x_{CY}, y_{CY}, z_{CY})$、$\boldsymbol{e}_{CZ} = (x_{CZ}, y_{CZ}, z_{CZ})$。根据空间坐标之间的转换算法可将参考坐标系与仪器坐标系间的转换矩阵表示为

$$\boldsymbol{T}_{LR} = \begin{bmatrix} x_{CX} & x_{CY} & x_{CZ} & x_{OC} \\ y_{CX} & y_{CY} & y_{CZ} & y_{OC} \\ z_{CX} & z_{CY} & z_{CZ} & z_{OC} \\ 0 & 0 & 0 & 1 \end{bmatrix} \tag{5.32}$$

假设空间存在一点，已知该点在仪器坐标系下的坐标为 (x_L, y_L, z_L)，则可求得该点在参考坐标系下的坐标 (x_R, y_R, z_R) 为

$$\begin{bmatrix} x_R \\ y_R \\ z_R \\ 1 \end{bmatrix} = \boldsymbol{T}_{LR}^{-1} \begin{bmatrix} x_L \\ y_L \\ z_L \\ 1 \end{bmatrix} \tag{5.33}$$

第三步 建立测量坐标系与参考坐标系的转换关系。

此时，参考坐标系和测量坐标系可以在仪器坐标系中表述出来，根据空间坐标系之间的转换算法，可以推导出参考坐标系与测量坐标系之间的关系。参考坐标系与测量坐标系间的转换矩阵表示为

$$\boldsymbol{T}_{RM} = \boldsymbol{T}_{LR}^{-1} \boldsymbol{T}_{LM} \tag{5.34}$$

假设空间存在一点，已知该点在测量坐标系下的坐标 (x_M, y_M, z_M)，则可求得该点在参考坐标系下的坐标 (x_R, y_R, z_R) 为

$$\begin{bmatrix} x_R \\ y_R \\ z_R \\ 1 \end{bmatrix} = \boldsymbol{T}_{RM} \begin{bmatrix} x_M \\ y_M \\ z_M \\ 1 \end{bmatrix} \tag{5.35}$$

4. 产品坐标系与参考坐标系转换关系计算模型的建立

通过力矩平衡方程能求得测量坐标系下两条重力作用线的表达式，通过前面测量坐标系与参考坐标系转换关系计算模型，可以得到参考坐标系下两条重力作用线的表达式。为了求得产品坐标系下两条重力作用线的表达式，需要建立产品坐标系与参考坐标系转换关系。产品坐标系与参考坐标系转换关系计算流程如图5.6所示。

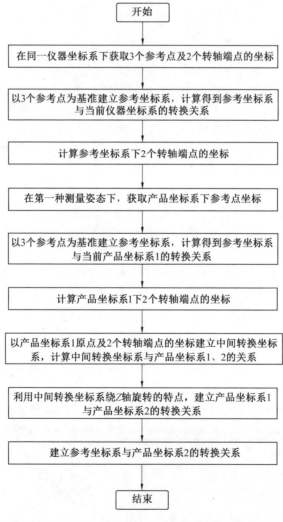

图5.6 产品坐标系与参考坐标系转换关系计算流程

建立产品坐标系与参考坐标系转换关系计算模型需要的参数见表5.2。

表5.2　建立产品坐标系与参考坐标系转换关系计算模型需要的参数

参数	说明
$E_i(x_{LEi}, y_{LEi}, z_{LEi})$ $(i=1,2)$	2个转轴端点在仪器坐标系下的坐标
θ	倾斜角度
$C_{P1i}(x_{P1Ci}, y_{P1Ci}, z_{P1Ci})$ $(i=1,2,3)$	第一种测量姿态下 3个参考点在产品坐标系下的坐标
T_{RM}	测量坐标系与参考坐标系的转换矩阵

产品坐标系与参考坐标系转换关系计算流程具体如下。

第一步　建立参考坐标系，即求解出在产品坐标系1中参考坐标系的原点坐标及三轴单位方向向量，建立参考坐标系与产品坐标系1的转换关系。

质量、质心测量台参考坐标系的建立过程如下。

(1) 求解第一种测量姿态下参考坐标系原点 O_C 在产品坐标系1下的坐标 $(x_{P1OC}, y_{P1OC}, z_{P1OC})$。定义3个参考点的几何中心为参考坐标系原点 O_C，则 O_C 的坐标为

$$\begin{cases} x_{P1OC} = \dfrac{x_{P1C1}+x_{P1C2}+x_{P1C3}}{3} \\ y_{P1OC} = \dfrac{y_{P1C1}+y_{P1C2}+y_{P1C3}}{3} \\ z_{P1OC} = \dfrac{z_{P1C1}+z_{P1C2}+z_{P1C3}}{3} \end{cases} \tag{5.36}$$

(2) 拟合 $X_C O_C Y_C$ 平面，判定 Z_C 轴方向，求解测量坐标系 Z_C 轴单位方向向量。

① 拟合平面。以3个参考点 $C_{P1i}(x_{P1Ci}, y_{P1Ci}, z_{P1Ci})$ $(i=1,2,3)$ 为基准拟合平面 $X_C O_C Y_C$，以拟合平面的法向量作为参考坐标系的 Z_C 轴单位向量，确定质量、质心测量设备参考坐标系的 Z_C 轴单位向量在当前产品坐标系下的坐标表示。采用多点拟合平面方法得到由3个参考点确定的拟合平面的单位法向量为 $\boldsymbol{n}_3 = (A_3, B_3, C_3)$，拟合平面方程为 $A_3 x + B_3 y + C_3 z + D_3 = 0$。

② 利用当前产品坐标系原点 O_{P1} 的坐标 $(0,0,0)$ 确定参考坐标系 Z_C 轴的方向。若计算得到 O_{P1} 在 $X_C O_C Y_C$ 平面上的投影点 O'_{P1} 坐标为 $(x'_{OP1}, y'_{OP1}, z'_{OP1})$，则向量 $\overrightarrow{O'_{P1} O_{P1}}$ 应与 Z_C 轴单位向量平行，且方向相同。计算可得向量 $\overrightarrow{O'_{P1} O_{P1}}$ 与拟合平面的单位法向量 $\boldsymbol{n}_3 = (A_3, B_3, C_3)$ 夹角的余弦值为

$$\cos \alpha_3 = \dfrac{A_3(0-x'_{OP1}) + B_3(0-y'_{OP1}) + B_3(0-z'_{OP1})}{\sqrt{(0-x'_{OP1})^2 + (0-y'_{OP1})^2 + (0-z'_{OP1})^2} \sqrt{A_3^2 + B_3^2 + C_3^2}} \tag{5.37}$$

若 $\cos\alpha_3 > 0$，则向量 $\overrightarrow{O'_{P1}O_{P1}}$ 与 $\boldsymbol{n}_3$ 方向相同，即 Z_C 轴单位向量与 $\boldsymbol{n}_3$ 方向相同，也即 $\boldsymbol{e}_{P1CZ}=\boldsymbol{n}_3=(A_3,B_3,C_3)$；若 $\cos\alpha_3 < 0$，则向量 $\overrightarrow{O'_{P1}O_{P1}}$ 与 $\boldsymbol{n}_3$ 方向相反，即 Z_C 轴单位向量与 $\boldsymbol{n}_3$ 方向相反，也即 $\boldsymbol{e}_{P1CZ}=-\boldsymbol{n}_3=(-A_3,-B_3,-C_3)$。为了方便描述，将参考坐标系 Z_C 轴单位向量记为 $\boldsymbol{e}_{P1CZ}=(x_{P1CZ},y_{P1CZ},z_{P1CZ})$。

（3）求解参考坐标系 X_C 轴方向单位向量。将单位向量代入式(5.29)、(5.30)计算得到参考坐标系 X_C 轴单位向量。为了方便描述，记为
$$\boldsymbol{e}_{P1CX}=(x_{P1CX},y_{P1CX},z_{P1CX})$$

（4）利用右手定则，求得测量坐标系 Y_C 轴方向单位向量为
$$\boldsymbol{e}_{P1CY}=\boldsymbol{e}_{P1CZ}\times\boldsymbol{e}_{P1CX}=\begin{vmatrix}\boldsymbol{i}&\boldsymbol{j}&\boldsymbol{k}\\x_{P1CZ}&y_{P1CZ}&z_{P1CZ}\\x_{P1CX}&y_{P1CX}&z_{P1CX}\end{vmatrix}$$
$$=(y_{P1CZ}z_{P1CX}-z_{P1CZ}y_{P1CX},z_{P1CZ}x_{P1CX}-$$
$$x_{P1CZ}z_{P1CX},x_{P1CZ}y_{P1CX}-y_{P1CZ}x_{P1CX}) \tag{5.38}$$

为了方便描述，将参考坐标系 Y_C 轴单位向量记为
$$\boldsymbol{e}_{P1CY}=(x_{P1CY},y_{P1CY},z_{P1CY})$$

此时，可以建立参考坐标系与产品坐标系 1 的转换关系。

在式(5.36)~(5.38)中，求得产品坐标系 1 下参考坐标系原点 O_C 坐标为 $(x_{P1OC},y_{P1OC},z_{P1OC})$，参考坐标系三轴的单位向量为 $\boldsymbol{e}_{P1CX}=(x_{P1CX},y_{P1CX},z_{P1CX})$、$\boldsymbol{e}_{P1CY}=(x_{P1CY},y_{P1CY},z_{P1CY})$、$\boldsymbol{e}_{P1CZ}=(x_{P1CZ},y_{P1CZ},z_{P1CZ})$。根据空间坐标之间的转换算法可将参考坐标系与产品坐标系 1 间的转换矩阵表示为

$$\boldsymbol{T}_{P1C}=\begin{bmatrix}x_{P1CX}&x_{P1CY}&x_{P1CZ}&x_{P1OC}\\y_{P1CX}&y_{P1CY}&y_{P1CZ}&y_{P1OC}\\z_{P1CX}&z_{P1CY}&z_{P1CZ}&z_{P1OC}\\0&0&0&1\end{bmatrix} \tag{5.39}$$

假设空间存在一点，已知该点在参考坐标系下的坐标为 (x_R,y_R,z_R)，则可求得该点在产品坐标系 1 下的坐标 (x_{P1},y_{P1},z_{P1}) 为

$$\begin{bmatrix}x_{P1}\\y_{P1}\\z_{P1}\\1\end{bmatrix}=\boldsymbol{T}_{P1R}\begin{bmatrix}x_R\\y_R\\z_R\\1\end{bmatrix} \tag{5.40}$$

第二步 求解产品坐标系 1 下转轴端点坐标，建立倾斜 15° 中间转换坐标系，即求解出在产品坐标系 1 中倾斜 15° 中间转换坐标系的原点坐标及三轴单位

方向向量，建立倾斜 15°中间转换坐标系与产品坐标系 1、2 的转换关系。

倾斜 15°中间转换坐标系的建立过程如下。

(1) 求解产品坐标系 1 下转轴端点坐标。将关键点标定得到的仪器坐标系下转轴端点坐标$(x_{\mathrm{LE}i}, y_{\mathrm{LE}i}, z_{\mathrm{LE}i})(i=1,2)$代入式(5.33)中，得到参考坐标系下转轴端点坐标$(x_{\mathrm{CE}i}, y_{\mathrm{CE}i}, z_{\mathrm{CE}i})(i=1,2)$，代入式(5.40)中，得到产品坐标系 1 下转轴端点坐标$(x_{\mathrm{P1E}i}, y_{\mathrm{P1E}i}, z_{\mathrm{P1E}i})(i=1,2)$。

(2) 求解第一种测量姿态下中间转换坐标系原点 O_T 在产品坐标系 1 下的坐标。定义第一个转轴端点为中间转换坐标系原点，则 O_T 坐标为

$$\begin{cases} x_{\mathrm{P1OT}} = x_{\mathrm{P1E1}} \\ y_{\mathrm{P1OT}} = y_{\mathrm{P1E1}} \\ z_{\mathrm{P1OT}} = y_{\mathrm{P1E1}} \end{cases} \tag{5.41}$$

(3) 求解第一种测量姿态下中间转换坐标系 Z_T 轴单位向量。定义第一个转轴端点指向第二个转轴端点方向为 Z_T 轴方向，则 Z_T 轴单位向量为

$$\boldsymbol{e}_{\mathrm{TZ}} = \left(\frac{x_{\mathrm{P1E2}} - x_{\mathrm{P1E1}}}{|\overrightarrow{E_1 E_2}|}, \frac{y_{\mathrm{P1E2}} - y_{\mathrm{P1E1}}}{|\overrightarrow{E_1 E_2}|}, \frac{z_{\mathrm{P1E2}} - z_{\mathrm{P1E1}}}{|\overrightarrow{E_1 E_2}|} \right) \tag{5.42}$$

式中　$|\overrightarrow{E_1 E_2}| = \sqrt{(x_{\mathrm{P1E2}} - x_{\mathrm{P1E1}})^2 + (y_{\mathrm{P1E2}} - y_{\mathrm{P1E1}})^2 + (z_{\mathrm{P1E2}} - z_{\mathrm{P1E1}})^2}$。

为方便描述，将中间转换坐标系 Z_T 轴单位向量记为 $\boldsymbol{e}_{\mathrm{TZ}} = (x_{\mathrm{TZ}}, y_{\mathrm{TZ}}, z_{\mathrm{TZ}})$。

(4) 建立 $O_\mathrm{T} X_\mathrm{T} Z_\mathrm{T}$ 平面，求解第一种测量姿态下中间转换坐标系 Y_T 轴单位向量。

① 求解 $O_\mathrm{T} X_\mathrm{T} Z_\mathrm{T}$ 平面的单位法向量。定义产品坐标系原点和 2 个转轴端点在 $O_\mathrm{T} X_\mathrm{T} Z_\mathrm{T}$ 平面上，可求得 $O_\mathrm{T} X_\mathrm{T} Z_\mathrm{T}$ 平面的一个法向量为

$$\boldsymbol{n}_4 = \overrightarrow{O_{\mathrm{P1}} E_1} \times \overrightarrow{O_{\mathrm{P1}} E_2} = \begin{vmatrix} \boldsymbol{i} & \boldsymbol{j} & \boldsymbol{k} \\ x_{\mathrm{P1E1}} & y_{\mathrm{P1E1}} & z_{\mathrm{P1E1}} \\ x_{\mathrm{P1E2}} & y_{\mathrm{P1E2}} & z_{\mathrm{P1E2}} \end{vmatrix}$$

$$= (y_{\mathrm{P1E1}} z_{\mathrm{P1E2}} - z_{\mathrm{P1E1}} y_{\mathrm{P1E2}}, z_{\mathrm{P1E1}} x_{\mathrm{P1E2}} - x_{\mathrm{P1E1}} z_{\mathrm{P1E2}}, x_{\mathrm{P1E1}} y_{\mathrm{P1E2}} - y_{\mathrm{P1E1}} x_{\mathrm{P1E2}})$$
$$\tag{5.43}$$

单位化可以得到 $O_\mathrm{T} X_\mathrm{T} Z_\mathrm{T}$ 平面的单位法向量为

$$\boldsymbol{n}'_4 = \left(\frac{y_{\mathrm{P1E1}} z_{\mathrm{P1E2}} - z_{\mathrm{P1E1}} y_{\mathrm{P1E2}}}{|\boldsymbol{n}_4|}, \frac{z_{\mathrm{P1E1}} x_{\mathrm{P1E2}} - x_{\mathrm{P1E1}} z_{\mathrm{P1E2}}}{|\boldsymbol{n}_4|}, \frac{x_{\mathrm{P1E1}} y_{\mathrm{P1E2}} - y_{\mathrm{P1E1}} x_{\mathrm{P1E2}}}{|\boldsymbol{n}_4|} \right)$$
$$\tag{5.44}$$

② 利用第一个参考点与 $O_\mathrm{T} X_\mathrm{T} Z_\mathrm{T}$ 平面的位置关系，确定 Y_T 轴方向，求解 Y_T 轴单位向量，记为 $\boldsymbol{e}_{\mathrm{TY}} = (x_{\mathrm{TY}}, y_{\mathrm{TY}}, z_{\mathrm{TY}})$。

(5) 求解第一种测量姿态下中间转换坐标系 X_T 轴单位向量。利用右手定

则,求得 X_T 轴单位向量为

$$e_{TX} = e_{TY} \times e_{TZ} = \begin{vmatrix} i & j & k \\ x_{TY} & y_{TY} & z_{TY} \\ x_{TZ} & y_{TZ} & z_{TZ} \end{vmatrix}$$

$$= (y_{TY}z_{TZ} - z_{TY}y_{TZ}, z_{TY}x_{TZ} - x_{TY}z_{TZ}, x_{TY}y_{TZ} - y_{TY}x_{TZ}) \quad (5.45)$$

为了方便描述,将中间转换坐标系 X_T 轴单位向量记为

$$e_{TX} = (x_{TX}, y_{TX}, z_{TX})$$

此时可以利用求得的坐标系相关参数,建立中间转换坐标系与产品坐标系 1、2 的转换关系。

在式(5.41)~(5.45)中,求得产品坐标系 1 下中间转换坐标系原点 O_T 坐标为 $(x_{P1OT}, y_{P1OT}, z_{P1OT})$,中间转换坐标系三轴的单位向量为 $e_{TX} = (x_{TX}, y_{TX}, z_{TX})$、$e_{TY} = (x_{TY}, y_{TY}, z_{TY})$、$e_{TZ} = (x_{TZ}, y_{TZ}, z_{TZ})$。根据空间坐标之间的转换算法可将中间转换坐标系与产品坐标系 1 间的转换矩阵表示为

$$T_{P1T} = \begin{bmatrix} x_{TX} & x_{TY} & x_{TZ} & x_{P1OT} \\ y_{TX} & y_{TY} & y_{TZ} & y_{P1OT} \\ z_{TX} & z_{TY} & z_{TZ} & z_{P1OT} \\ 0 & 0 & 0 & 1 \end{bmatrix} \quad (5.46)$$

假设空间存在一点,已知该点在中间转换坐标系下的坐标为 (x_T, y_T, z_T),则可求得该点在产品坐标系 1 下的坐标 (x_{P1}, y_{P1}, z_{P1}) 为

$$\begin{bmatrix} x_{P1} \\ y_{P1} \\ z_{P1} \\ 1 \end{bmatrix} = T_{P1T} \begin{bmatrix} x_T \\ y_T \\ z_T \\ 1 \end{bmatrix} \quad (5.47)$$

值得注意的是,倾斜状态测量时,转轴端点与产品的相对位置保持不变,因此由转轴端点和产品坐标系原点确定的中间转换坐标系与产品坐标系的相对位置保持不变。因此,倾斜后中间转换坐标系与产品坐标系 2 之间的转换关系为

$$T_{P2T} = T_{P1T} = \begin{bmatrix} x_{TX} & x_{TY} & x_{TZ} & x_{P1OT} \\ y_{TX} & y_{TY} & y_{TZ} & y_{P1OT} \\ z_{TX} & z_{TY} & z_{TZ} & z_{P1OT} \\ 0 & 0 & 0 & 1 \end{bmatrix} \quad (5.48)$$

第三步 利用中间转换坐标系绕 Z 轴旋转 θ 度的特点,建立产品坐标系 1 与产品坐标系 2 的转换关系。

产品坐标系 1 与产品坐标系 2 的转换关系可以表示为

$$T_{P2P1} = T_{P2T} T_{\theta} T_{P1T}^{-1} \tag{5.49}$$

式中 T_{θ} —— 旋转矩阵，$T_{\theta} = \begin{bmatrix} \cos\theta & -\sin\theta & 0 & 0 \\ \sin\theta & \cos\theta & 0 & 0 \\ 0 & 0 & 1 & 0 \\ 0 & 0 & 0 & 1 \end{bmatrix}$。

中间转换坐标系表示绕 Z 轴旋转 θ 度。倾斜工装水平时产品坐标系 1 下的点坐标通过 T_{P1T}^{-1} 转换到倾斜 θ 度中间转换坐标系下，再通过旋转矩阵 T_{θ} 绕倾斜 θ 度中间转换坐标系 Z 轴旋转 θ 度，也就是绕转轴轴线旋转 θ 度，最后通过 T_{P2T} 转换到产品坐标系 2 中。

假设空间存在一点，已知该点在产品坐标系 1 下的坐标为 (x_{P1}, y_{P1}, z_{P1})，则可求得该点在产品坐标系 2 下的坐标 (x_{P2}, y_{P2}, z_{P2}) 为

$$\begin{bmatrix} x_{P2} \\ y_{P2} \\ z_{P2} \\ 1 \end{bmatrix} = T_{P2P1} \begin{bmatrix} x_{P1} \\ y_{P1} \\ z_{P1} \\ 1 \end{bmatrix} \tag{5.50}$$

第四步 建立参考坐标系与产品坐标系 2 的转换关系。

根据空间坐标之间的转换算法可将参考坐标系与产品坐标系 2 之间的转换矩阵表示为

$$T_{P2R} = T_{P2P1} T_{P1R} \tag{5.51}$$

假设空间存在一点，已知该点在参考坐标系下的坐标为 (x_R, y_R, z_R)，则可求得该点在产品坐标系 2 下的坐标 (x_{P2}, y_{P2}, z_{P2}) 为

$$\begin{bmatrix} x_{P2} \\ y_{P2} \\ z_{P2} \\ 1 \end{bmatrix} = T_{P2R} \begin{bmatrix} x_R \\ y_R \\ z_R \\ 1 \end{bmatrix} \tag{5.52}$$

5. 三维质心计算模型的建立

在前两小节中，主要介绍了空间解析几何算法，建立了测量坐标系与参考坐标系的转换关系以及产品坐标系与参考坐标系的转换关系。本小节主要介绍三维质心计算模型的建立，三维质心计算流程如图 5.7 所示。

建立三维质心计算模型需要的相关参数见表 5.3。

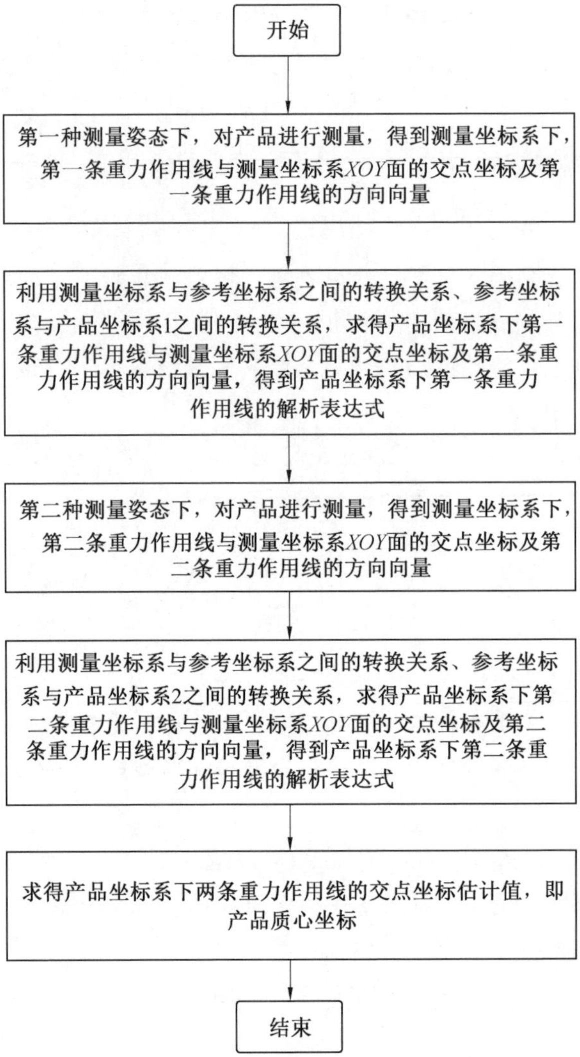

```
                    ┌──────┐
                    │ 开始 │
                    └──────┘
                        │
                        ▼
```

第一种测量姿态下，对产品进行测量，得到测量坐标系下，第一条重力作用线与测量坐标系 XOY 面的交点坐标及第一条重力作用线的方向向量

利用测量坐标系与参考坐标系之间的转换关系、参考坐标系与产品坐标系1之间的转换关系，求得产品坐标系下第一条重力作用线与测量坐标系 XOY 面的交点坐标及第一条重力作用线的方向向量，得到产品坐标系下第一条重力作用线的解析表达式

第二种测量姿态下，对产品进行测量，得到测量坐标系下，第二条重力作用线与测量坐标系 XOY 面的交点坐标及第二条重力作用线的方向向量

利用测量坐标系与参考坐标系之间的转换关系、参考坐标系与产品坐标系2之间的转换关系，求得产品坐标系下第二条重力作用线与测量坐标系 XOY 面的交点坐标及第二条重力作用线的方向向量，得到产品坐标系下第二条重力作用线的解析表达式

求得产品坐标系下两条重力作用线的交点坐标估计值，即产品质心坐标

结束

图 5.7　三维质心计算流程

表 5.3　建立三维质心计算模型需要的相关参数

参数	说明
$S_i(x_{LSi}, y_{LSi}, z_{LSi})$ $(i=1,2,3,4)$	4 个称重传感器承重点在仪器坐标系下的坐标
m_{i1} $(i=1,2,3,4)$	空载时第一种测量姿态下称重传感器示数
m_{i2} $(i=1,2,3,4)$	空载时第二种测量姿态下称重传感器示数
m'_{i1} $(i=1,2,3,4)$	负载时第一种测量姿态下称重传感器示数
m'_{i2} $(i=1,2,3,4)$	负载时第二种测量姿态下称重传感器示数

三维质心计算的具体步骤如下。

(1) 计算产品质量。由静力平衡原理建立力平衡方程,可以求得产品质量为

$$m = \sum_{i=1}^{4}(m'_{i1} - m_{i1}) \tag{5.53}$$

(2) 在产品坐标系下描述产品第一条重力作用线。将称重传感器承重点在仪器坐标系下的坐标 $S_i(x_{\text{LS}i}, y_{\text{LS}i}, z_{\text{LS}i})(i = 1,2,3,4)$ 代入式(5.26),得到称重传感器承重点在测量坐标系下的坐标为 $(x_{\text{M}i}, y_{\text{M}i}, z_{\text{M}i})(i = 1,2,3,4)$,在测量坐标系下建立静力矩平衡方程,可以求得测量坐标系下,产品质心在测量坐标系 XOY 面的投影点,记为 $CG_1(x_{\text{cg}1}, y_{\text{cg}1}, 0)$。投影点在测量坐标系下 X、Y 轴方向的坐标为

$$\begin{cases} x_{\text{cg}1} = \dfrac{\sum\limits_{i=1}^{4}(m'_{i1} - m_{i1})x_{\text{M}i}}{m} \\ y_{\text{cg}1} = \dfrac{\sum\limits_{i=1}^{4}(m'_{i1} - m_{i1})y_{\text{M}i}}{m} \end{cases} \tag{5.54}$$

由于第一条重力作用线过点 CG_1,且测量坐标系下产品第一条重力作用线方向向量为 $(0,0,1)$,利用下式可以求得产品坐标系下点 CG_1 的坐标 $(x_{\text{Pcg}1}, y_{\text{Pcg}1}, z_{\text{Pcg}1})$ 以及产品坐标系下产品第一条重力作用线的方向向量 (m_1, n_1, p_1)。

$$\begin{bmatrix} x_{\text{Pcg}1} & m_1 \\ y_{\text{Pcg}1} & n_1 \\ z_{\text{Pcg}1} & p_1 \\ 1 & 1 \end{bmatrix} = \boldsymbol{T}_{\text{P1R}}\boldsymbol{T}_{\text{RM}} \begin{bmatrix} x_{\text{cg}1} & 0 \\ y_{\text{cg}1} & 0 \\ 0 & 1 \\ 1 & 1 \end{bmatrix} \tag{5.55}$$

因此,产品坐标系下产品第一条重力作用线 L_1 的解析表达式为

$$\frac{x - x_{\text{Pcg}1}}{m_1} = \frac{y - y_{\text{Pcg}1}}{n_1} = \frac{z - z_{\text{Pcg}1}}{p_1} \tag{5.56}$$

(3) 在产品坐标系下描述产品第二条重力作用线。称重传感器承重点在测量坐标系下的坐标为 $S_{\text{M}i}(x_{\text{MS}i}, y_{\text{MS}i}, z_{\text{MS}i})(i = 1,2,3,4)$,在测量坐标系下建立静力矩平衡方程,可以求得测量坐标系下,产品质心在测量坐标系 XOY 面的投影点,记为 $CG_2(x_{\text{cg}2}, y_{\text{cg}2}, 0)$。投影点在测量坐标系下 X、Y 轴方向的坐标为

$$\begin{cases} x_{\text{cg2}} = \dfrac{\sum\limits_{i=1}^{4}(m'_{i2}-m_{i2})x_{\text{MS}i}}{m} \\ y_{\text{cg2}} = \dfrac{\sum\limits_{i=1}^{4}(m'_{i2}-m_{i2})y_{\text{MS}i}}{m} \end{cases} \tag{5.57}$$

由于第二条重力作用线过点 CG_2,且测量坐标系下产品第二条重力作用线方向向量为 $(0,0,1)$,利用下式可以求得产品坐标系下点 CG_2 的坐标 $(x_{\text{Pcg2}},y_{\text{Pcg2}},z_{\text{Pcg2}})$ 以及产品坐标系下产品第二条重力作用线的方向向量 (m_2,n_2,p_2)。

$$\begin{bmatrix} x_{\text{Pcg2}} & m_2 \\ y_{\text{Pcg2}} & n_2 \\ z_{\text{Pcg2}} & p_2 \\ 1 & 1 \end{bmatrix} = \boldsymbol{T}_{\text{P2R}}\boldsymbol{T}_{\text{RM}}\begin{bmatrix} x_{\text{cg2}} & 0 \\ y_{\text{cg2}} & 0 \\ 0 & 1 \\ 1 & 1 \end{bmatrix} \tag{5.58}$$

因此,产品坐标系下产品第二条重力作用线 L_2 的解析表达式为

$$\frac{x-x_{\text{Pcg2}}}{m_2} = \frac{y-y_{\text{Pcg2}}}{n_2} = \frac{z-z_{\text{Pcg2}}}{p_2} \tag{5.59}$$

(4) 计算产品质心 CG。产品坐标系下,当两条重力作用线相交时,其交点就是质心,求解较简单;当两条重力作用线为异面直线时,其公垂线中点就是质心的最佳估计值。求解过程如下。

设产品坐标系下产品第一条重力作用线与公垂线交点为 $N_1(x_{\text{N1}},y_{\text{N1}},z_{\text{N1}})$,产品第二条重力作用线与公垂线交点为 $N_2(x_{\text{N2}},y_{\text{N2}},z_{\text{N2}})$,由于公垂线分别与两条重力作用线垂直,因此两个交点坐标满足

$$\begin{cases}(x_{\text{N2}}-x_{\text{N1}})m_1+(y_{\text{N2}}-y_{\text{N1}})n_1+(z_{\text{N2}}-z_{\text{N1}})p_1=0 \\ (x_{\text{N2}}-x_{\text{N1}})m_2+(y_{\text{N2}}-y_{\text{N1}})n_2+(z_{\text{N2}}-z_{\text{N1}})p_2=0 \end{cases} \tag{5.60}$$

由于两个交点分别在两条重力作用线上,因此令

$$\begin{cases} \dfrac{x_{\text{N1}}-x_{\text{Pcg1}}}{m_1} = \dfrac{y_{\text{N1}}-y_{\text{Pcg1}}}{n_1} = \dfrac{z_{\text{N1}}-z_{\text{Pcg1}}}{p_1} = k_1 \\ \dfrac{x_{\text{N2}}-x_{\text{Pcg2}}}{m_2} = \dfrac{y_{\text{N2}}-y_{\text{Pcg2}}}{n_2} = \dfrac{z_{\text{N2}}-z_{\text{Pcg2}}}{p_2} = k_2 \end{cases} \tag{5.61}$$

联立式(5.60)和式(5.61)得到一个关于 k_1、k_2 的二元一次方程:

$$\begin{cases} -(m_1^2+n_1^2+p_1^2)k_1+(m_1m_2+n_1n_2+p_1p_2)k_2+b_1=0 \\ -(m_1m_2+n_1n_2+p_1p_2)k_1+(m_2^2+n_2^2+p_2^2)k_2+b_2=0 \end{cases} \tag{5.62}$$

式中

$$\begin{cases} b_1=(x_{\text{Pcg2}}-x_{\text{Pcg1}})m_1+(y_{\text{Pcg2}}-y_{\text{Pcg1}})n_1+(z_{\text{Pcg2}}-z_{\text{Pcg1}})p_1 \\ b_2=(x_{\text{Pcg2}}-x_{\text{Pcg1}})m_2+(y_{\text{Pcg2}}-y_{\text{Pcg1}})n_2+(z_{\text{Pcg2}}-z_{\text{Pcg1}})p_2 \end{cases}$$

解方程可得 k_1、k_2 的值,代入式(5.61),可求出垂足坐标 $N_1(x_{N1},y_{N1},z_{N1})$、$N_2(x_{N2},y_{N2},z_{N2})$。$N_1N_2$ 线段中点坐标就是质心估计坐标。产品坐标系下产品质心 CG 坐标为

$$\begin{cases} x_{CG} = \dfrac{x_{N1}+x_{N2}}{2} \\ y_{CG} = \dfrac{y_{N1}+y_{N2}}{2} \\ z_{CG} = \dfrac{z_{N1}+z_{N2}}{2} \end{cases} \tag{5.63}$$

5.1.3 倾斜式质量、质心测量系统测量过程

1. 关键点坐标及倾角标定

测量产品前,需要对关键点坐标及倾角大小进行标定,关键点包括 4 个称重传感器承重点($S_1 \sim S_4$)坐标、3 个参考点坐标和 2 个转轴端点坐标,如图 5.8 所示。

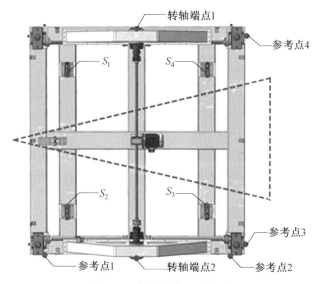

图 5.8 关键点位置示意图

关键点坐标及倾角标定步骤如下。

(1) 吊装起测量设备上层工装,其示意图如图 5.9 所示。

(2) 利用激光跟踪仪分别测得 4 个称重传感器承重点在仪器坐标系下的坐标 $S_i(x_{LSi},y_{LSi},z_{LSi})$ ($i=1,2,3,4$)。

(3) 激光跟踪仪位置不动,即在同一仪器坐标系下,利用激光跟踪仪分别测得 3 个参考点的坐标 $C_i(x_{LCi},y_{LCi},z_{LCi})$ ($i=1,2,3$)。

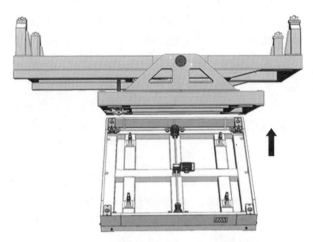

图 5.9　吊装起测量设备上层工装示意图

（4）上层平台吊回原来位置，激光跟踪仪位置不动，即在同一仪器坐标系下，利用激光跟踪仪分别测得 2 个转轴端点的坐标 $E_i(x_{\text{LE}i}, y_{\text{LE}i}, z_{\text{LE}i})(i=1,2)$。

（5）将上层台面倾斜，利用激光跟踪仪测出倾斜角度 θ。

（6）记录上述标定参数值。

2. 产品测量

产品测量过程中涉及两种测量姿态：第一种测量姿态示意图如图 5.10 所示，旋转测量架处于水平状态；第二种测量姿态示意图如图 5.11 所示，旋转测量架处于倾斜状态。产品测量步骤如下。

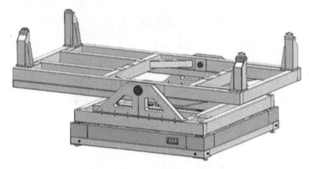

图 5.10　第一种测量姿态示意图

（1）读取第一种测量姿态下空载时传感器的输出值。产品未加载之前，当传感器输出值处于稳定时，读取传感器的输出值，记为 $m_{i1}(i=1,2,3,4)$。

（2）读取第二种测量姿态下空载时传感器的输出值。操纵电动推杆行程开关，使旋转测量架倾斜 15°，当传感器输出值处于稳定时，读取传感器的输出值，记为 $m_{i2}(i=1,2,3,4)$。

(3)读取第一种测量姿态下加载产品时传感器的输出值。操纵电动推杆行程开关,使旋转测量架恢复水平,加载产品,当传感器输出值处于稳定时,读取传感器的输出值,记为 $m'_{i1}(i=1,2,3,4)$。

(4)利用激光跟踪仪扫描产品建立产品坐标系,分别测得 3 个参考点在产品坐标系下的坐标 $C_{\text{P}1i}(x_{\text{P1C}i},y_{\text{P1C}i},z_{\text{P1C}i})(i=1,2,3)$。

(5)读取第二种测量姿态下加载产品时传感器的输出值。操纵电动推杆行程开关,使旋转测量架恢复水平,加载产品,当传感器输出值处于稳定时,读取传感器的输出值,记为 $m'_{i2}(i=1,2,3,4)$。

(6)计算产品质量及三维质心。

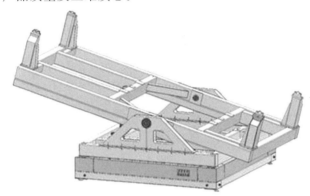

图 5.11　第二种测量姿态示意图

5.1.4　电气系统及软件组成

电气系统包括信号采集模块、电源供电模块、运动控制模块,如图 5.12 所示。电源供电模块主要完成系统配电功能和保护功能,将输入的强电进行合理分配,为主控计算机、电机、电源稳压块和传感器等部件供电。运动控制模块主要通过变频器控制升降调整电机实现升降运动,控制上平台实现倾斜运动,实现测量台不同位置的切换,确保设备的运行稳定,并通过上下限位开关控制设备上下运行的极限位置,确保设备的安全。信号采集模块主要包含称重传感器数据采集功能,通过相应的数据采集卡实现数据采集,并通过上位机软件进行数据处理。对电气系统各组件进行选型后,完成采购、测试等工作。

倾斜式质量、质心测量系统专用软件包括传感器信号采集模块、设备标定模块、产品质量、质心测量模块、算法模块、报表生成模块、数据存储模块,如图 5.13 所示。传感器信号采集模块通过设置串口端号,实现工控机与称重仪表通信,采集称重传感器示数,用于质量、质心计算。设备标定模块实现关键点及倾角标定、称重传感器系数标定和系统校准功能。产品质量、质心测量模块调用算法模

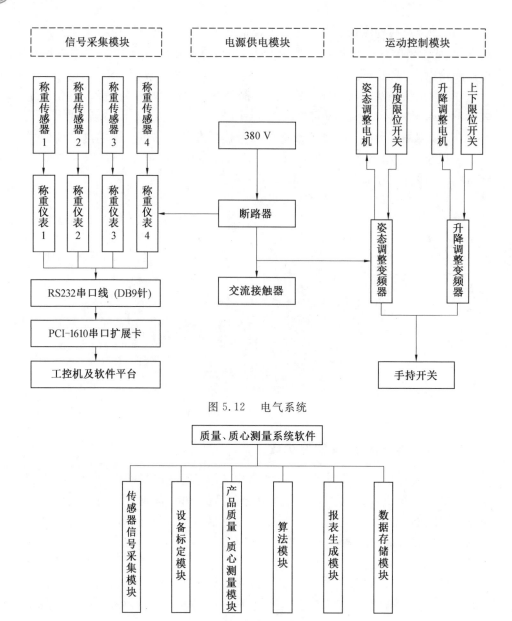

图 5.12 电气系统

图 5.13 倾斜式质量、质心测量系统专用软件组成

块的函数实现产品的测量。报表生成模块及数据存储模块将测量值及计算结果存入.xlsx 和.docx 文件中，便于查询。

5.2 回转式质量、质心测量系统

5.2.1 总体方案介绍

回转式质量、质心测量系统适用于回转体的三维质心测量,对于非规则物体的测量,可通过工装连接保证被测件坐标系与仪器坐标系平行,也可利用该回转式质量、质心测量系统测得三维质心,如图 5.14 所示。

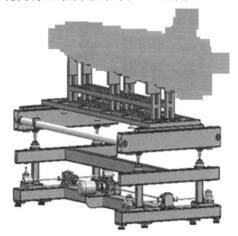

图 5.14　回转式质量、质心测量系统示意图

回转式质量、质心测量系统采用基于静力矩平衡原理的多点称重法,利用多个称重传感器来支撑被测件,利用力矩平衡原理结合称重传感器组与被测件实际几何坐标系的位置关系推导出被测件的质心位置。这种方法结构及数学模型较为简单,容易控制测量精度,工程上也容易实现,可操作性好,测量精度可优于 0.3 mm;通过系统外坐标测量设备检测质量、质心测量设备与被测件的关键点坐标数据,根据这些坐标数据推导得到 4 个称重传感器承重点与被测件的相对位置关系。

采用多点称重法对被测件的质量和质心进行测量,即利用 4 个空间分布呈矩形(或 3 个空间分布呈正三角形)的称重传感器测量被测件质量、质心。测量时先记录空载时 4 个称重传感器的测量值,再进行负载测量,记录负载时 4 个称重传感器的测量值,根据两轮测量值之差以及设备的几何参数结合力矩平衡原理可计算被测件的质量和质心。

5.2.2 质量测量方法

1. 称重传感器的标定

在进行产品质量测量前需用质量已知的砝码对 4 个称重传感器进行在线同步标定,称重传感器的输出与其承重的质量或压力有关,因此称重传感器可进行两种形式的标定,即标定称重传感器输出与承重质量之间的线性关系,或标定称重传感器输出与压力之间的线性关系。两种标定内涵不一致,但对质量、质心的计算结果没有影响。这里采用传感器输出与承重质量之间线性关系的标定方法。假定称重传感器的输出为 u,其承重的质量为

$$m = ku + b \tag{5.64}$$

式中 k—— 斜率系数;

b—— 称重传感器零点输出。

称重传感器零点输出 b 对质量、质心测量计算没有作用(计算产品质量和质心的数据都是称重传感器空载、负载两轮输出值之差),故称重传感器标定的核心任务是计算出斜率系数。

利用现有的测量工装对 4 个称重传感器进行同步标定,为标定出称重传感器斜率系数,这种标定方法至少需要 4 组砝码,利用 5 组标准砝码时可标定出称重传感器的零点电压。其中标准件与工装的总质量宜取 4 个称重传感器量程之和的 20%～80%,若以 4 个标准件对 Celtron PSD 1.0 t 称重传感器进行标定,则可选择 4 组砝码,质量分别为 $m_1 = 200 \text{ kg}, m_2 = 400 \text{ kg}, m_3 = 800 \text{ kg}, m_4 = 1\,200 \text{ kg}$,标定时应使标准件置于测量台的任意位置,但必须保证不能使单个称重传感器的负重超过其量程范围。称重传感器斜率系数的标定方法如下。

(1) 不加装负载,获得空载测量信号,假定获得的 4 个称重传感器空载时的输出电压值分别为 $u_{01}, u_{02}, u_{03}, u_{04}$。

(2) 将质量为 m_1 的砝码放到测量平台上,获得此时 4 个称重传感器的输出电压值分别为 $u_{11}, u_{12}, u_{13}, u_{14}$。

(3) 将质量为 m_2 的砝码放到测量平台上,获得此时 4 个称重传感器的输出电压值分别为 $u_{21}, u_{22}, u_{23}, u_{24}$。

(4) 将质量为 m_3 的砝码放到测量平台上,获得此时 4 个称重传感器的输出电压值分别为 $u_{31}, u_{32}, u_{33}, u_{34}$。

(5) 将质量为 m_4 的砝码放到测量平台上,获得此时 4 个称重传感器的输出电压值分别为 $u_{41}, u_{42}, u_{43}, u_{44}$。

设 4 个称重传感器的斜率系数分别为 k_1, k_2, k_3, k_4,则有

$$\begin{cases} m_1 = k_1(u_{11} - u_{01}) + k_2(u_{12} - u_{02}) + k_3(u_{13} - u_{03}) + k_4(u_{14} - u_{04}) \\ m_2 = k_1(u_{21} - u_{01}) + k_2(u_{22} - u_{02}) + k_3(u_{23} - u_{03}) + k_4(u_{24} - u_{04}) \\ m_3 = k_1(u_{31} - u_{01}) + k_2(u_{32} - u_{02}) + k_3(u_{33} - u_{03}) + k_4(u_{34} - u_{04}) \\ m_4 = k_1(u_{41} - u_{01}) + k_2(u_{42} - u_{02}) + k_3(u_{43} - u_{03}) + k_4(u_{44} - u_{04}) \end{cases} \tag{5.65}$$

利用高斯消元法即可求得式(5.65)的解 k_1、k_2、k_3、k_4。

此外，称重传感器斜率系数的标定还可以用最小二乘法，利用 5 个以上（含 5 个）标准砝码对称重传感器进行标定。为了确定 4 个不可直接测量的未知量 k_1、k_2、k_3、k_4 的最佳估计量，可以对与该 4 个未知量有函数关系的直接测量量 m_i 进行 5 组以上测量，即利用测量设备对 5 个以上标准件进行测量，假定对 t 个标准件进行测量，则可获得 t 组测量数据，根据最小二乘原理，称重传感器斜率系数的最可信赖值应在使残余误差平方和最小的条件下求得。这里认为第 i 次第 j 个称重传感器测量数据为

$$\Delta u_{ij} = (u_{1j} - u_{0j}) \tag{5.66}$$

即认为一次测量数据为负载测量值减去空载测量值。则令测量数据矩阵 ΔU 为

$$\Delta U = \begin{bmatrix} \Delta u_{11} & \Delta u_{12} & \Delta u_{13} & \Delta u_{14} \\ \Delta u_{21} & \Delta u_{22} & \Delta u_{23} & \Delta u_{24} \\ \vdots & \vdots & \vdots & \vdots \\ \Delta u_{t1} & \Delta u_{t2} & \Delta u_{t3} & \Delta u_{t4} \end{bmatrix} \tag{5.67}$$

令斜率系数估计值矩阵为 $\hat{K} = [\hat{k}_1, \hat{k}_2, \hat{k}_3, \hat{k}_4]^T$，则可得直接测量量估计量矩阵 $\hat{M}$ 为

$$\hat{M} = \Delta U \cdot \hat{K} \tag{5.68}$$

由于直接测量量的标称值矩阵为 $M = [m_1, m_2, m_3, \cdots, m_t]$，因此残差矩阵 V 可表示为

$$V = M - \hat{M} = \begin{bmatrix} m_1 \\ m_2 \\ \vdots \\ m_t \end{bmatrix} - \begin{bmatrix} \Delta u_{11} & \Delta u_{12} & \Delta u_{13} & \Delta u_{14} \\ \Delta u_{21} & \Delta u_{22} & \Delta u_{23} & \Delta u_{24} \\ \vdots & \vdots & \vdots & \vdots \\ \Delta u_{t1} & \Delta u_{t2} & \Delta u_{t3} & \Delta u_{t4} \end{bmatrix} \begin{bmatrix} \hat{k}_1 \\ \hat{k}_2 \\ \hat{k}_3 \\ \hat{k}_4 \end{bmatrix} \tag{5.69}$$

由于各次测量之间为相互独立的等精度测量，故 k_1、k_2、k_3、k_4 的最佳估计值应使下式的值为最小，即残差平方和为最小，其计算过程较为复杂，在此不予赘述。

$$V^{\mathrm{T}}V = (M - \Delta U\hat{K})^{\mathrm{T}}(M - \Delta U\hat{K}) \tag{5.70}$$

事实上第一种称重传感器标定方法是最小二乘法 $t=4$ 时的特例,当测量次数较多时最小二乘法操作过程费时费力,计算过程冗长,难以编程实现,故工程上常采用第一种方法对称重传感器进行标定。

2. 被测件质量的测量方法

被测件质量测量原理较为简单,先记录工装空载状态下的称重传感器输出值,将 4 个称重传感器的读数 $P_{11} \sim P_{41}$ 求和,得到其工装质量 M_g,即

$$M_g = P_{11} + P_{21} + P_{31} + P_{41} \tag{5.71}$$

然后加载被测件,如图 5.15 所示。再次将 4 个称重传感器的读数 $P_{12} \sim P_{42}$ 求和,得到其工装和被测件的总质量 M',即

$$M' = P_{12} + P_{22} + P_{32} + P_{42} \tag{5.72}$$

所以,被测件的质量 M_c 为

$$M_c = P_2 - P_1 \tag{5.73}$$

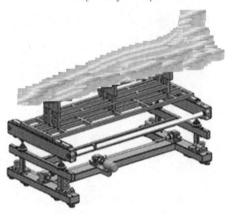

图 5.15 某型号被测件质量测量示意图

5.2.3 质心测量方法

1. 被测件实际坐标系

被测件实际坐标系示意图如图 5.16 所示,其航向为 X 轴方向,侧翼为 Y 轴方向,坐标原点位于底端面的中心,由于被测件的质心位置最终在此坐标系下描述,因此被测件的实际坐标系是最重要的坐标系,测量设备的参数都能在此坐标系下测出。

被测件质心的获取可通过两轮测试来实现:第一轮测试时令被测件水平放置于辅助工装上,记录 4 个称重传感器读数,利用系统外坐标测量设备获取 4 个称重传感器与被测件之间的相对位置关系,再结合称重传感器读数即可计算出

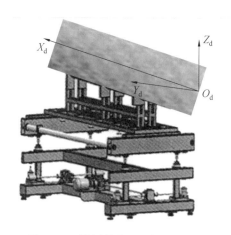

图 5.16 被测件实际坐标系示意图

产品坐标系下被测件质心在 X 轴与 Y 轴的分量值;令被测件绕航向轴(X 轴)旋转 $90°$,记录 4 个称重传感器读数,结合 4 个称重传感器与被测件实际坐标系的位置关系可求出被测件在产品坐标系下质心的 Z 分量值。

2. 被测件质心 X、Y 分量值的测量

进行被测件质心 X、Y 分量的测量时,需令被测件水平置于辅助工装之上,如图 5.17 所示,即令被测件实际坐标的 XOY 平面呈水平。测量设备 4 个称重传感器承重点 $S_1 \sim S_4$ 也呈水平分布,通常以此 4 点为基准建立测量坐标系,先计算被测件质心 X、Y 分量在测量坐标系下的值,再通过测量坐标系与被测件实际坐标的转换关系得到产品坐标系下被测件质心 X、Y 的分量值。

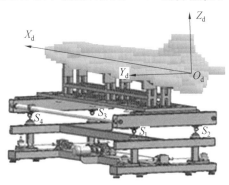

图 5.17 被测件质心 X、Y 分量测量示意图

(1) 产品坐标系下 4 个称重传感器位置的坐标。

实际上,测量坐标系 Z 轴位置的选择不会影响被测件质心 X、Y 分量的计算,可令测量坐标系的 XOY 面与被测件实际坐标系的 XOY 面重合(即计算 4 个称重传感器承重点至产品坐标系的 XOY 面的投影);又由于测量坐标系原点的选择也不会影响系统静力矩平衡,因此可使测量坐标系的原点与被测件实际坐标系原点重合,即令测量坐标系与被测件实际坐标系重合,这种表示方法下被测件质心的计算是最简便的。这种方法计算被测件质心必须获知测量设备 4 个称重传感器承重点与被测件实际坐标系的位置关系。产品坐标系下 4 个称重传感器承重点坐标的计算流程如图 5.18 所示。

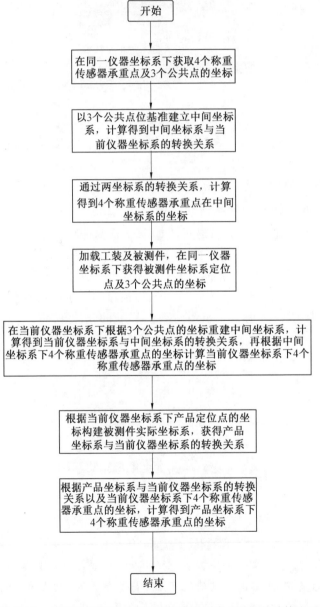

图 5.18 产品坐标系下 4 个称重传感器承重点坐标的计算流程

由于4个称重传感器承重点都是隐蔽点,无法与被测件实际坐标系定位点在同一仪器坐标系下同时测量得到,故需设计中间转换用的公共点用于间接测量4个称重传感器承重点。这些公共点在被测件及辅助工装安装前后都能通过激光跟踪仪检测到;不仅如此,4个称重传感器与这些公共点的相对位置关系也不随被测件和辅助工装加载前后发生的变化而变化。因而可利用这些公共点建立中间转换坐标系,通过预先测量得到4个称重传感器承重点在中间转换坐标系下的位置,然后检测产品坐标系定位点与中间转换用公共点的坐标,最终获得产品坐标系下4个称重传感器组承重点的坐标。

因此可通过以下步骤获取被测件及辅助工装加载后4个称重传感器组承重点在产品坐标系下的位置。

第一步 在同一仪器坐标系下,利用激光跟踪仪测量得到4个称重传感器承重点的坐标为

$$P_{s1}:(x_{s1},y_{s1},z_{s1})$$
$$P_{s2}:(x_{s2},y_{s2},z_{s2})$$
$$P_{s3}:(x_{s3},y_{s3},z_{s3})$$
$$P_{s4}:(x_{s4},y_{s4},z_{s4})$$

以及3个公共点(参考点)的坐标为

$$P_{c1}:(x_{c1},y_{c1},z_{c1})$$
$$P_{c2}:(x_{c2},y_{c2},z_{c2})$$
$$P_{c3}:(x_{c3},y_{c3},z_{c3})$$

第二步 以3个公共点为基准建立中间坐标系$O_cX_cY_cZ_c$,计算仪器坐标系与该中间坐标系的转换矩阵,进而计算得到4个称重传感器承重点在中间坐标系下的坐标。中间坐标系的建立方法是:以3个公共点的几何中心为中间坐标系的原点O_c;以3个公共点构成的平面的法方向为Z_c轴方向,竖直向上方向为正方向;以原点O_c与第一个公共点的连线作为中间坐标系的X_c轴,再根据右手定则即可获得中间坐标系的Y_c轴。称重传感器承重点、公共点及中间坐标系示意图如图5.19所示。中间坐标系下称重传感器承重点坐标的计算流程如图5.20所示。

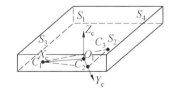

图5.19 称重传感器承重点、公共点及中间坐标系示意图

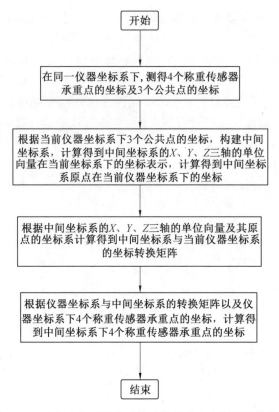

图 5.20 中间坐标系下称重传感器承重点坐标的计算流程

中间坐标系下称重传感器承重点坐标的具体计算过程如下。

① 计算中间坐标系的坐标原点 O_c 在当前仪器坐标系下的坐标,设定 O_c 为 3 个公共点的几何中心,则有

$$O_c : \left(\frac{x_{c1}+x_{c2}+x_{c3}}{3}, \frac{y_{c1}+y_{c2}+y_{c3}}{3}, \frac{z_{c1}+z_{c2}+z_{c3}}{3} \right)$$

为方便描述,记为 $O_c:(x_c, y_c, z_c)$。

② 计算中间坐标系的 X_c 轴单位向量在仪器坐标系下的表示,先计算与 X_c 轴平行的向量 $\overrightarrow{O_c C_1}$,再对该向量进行归一化,即

$$e_{Xc} = \left(\frac{x_{c1}-x_c}{\sqrt{(x_{c1}-x_c)^2+(y_{c1}-y_c)^2+(z_{c1}-z_c)^2}}, \right.$$

$$\frac{y_{c1}-y_c}{\sqrt{(x_{c1}-x_c)^2+(y_{c1}-y_c)^2+(z_{c1}-z_c)^2}},$$

$$\left. \frac{z_{c1}-z_c}{\sqrt{(x_{c1}-x_c)^2+(y_{c1}-y_c)^2+(z_{c1}-z_c)^2}} \right)$$

为方便描述,记为 $e_{Xc} = (x_{Xc}, y_{Xc}, z_{Xc})$。

③ 以 3 个公共点为基准拟合平面 $X_cO_cY_c$,确定 Z_c 轴在当前仪器坐标系下的坐标表示。

平面的一般表示方法为 $Ax+By+Cz+D=0$,D 为常数,可取 $D=1$,将 3 个公共点坐标数据代入该式可得方程组:

$$\begin{cases} Ax_{c1}+By_{c1}+Cz_{c1}+1=0 \\ Ax_{c2}+By_{c2}+Cz_{c2}+1=0 \\ Ax_{c3}+By_{c3}+Cz_{c3}+1=0 \end{cases} \tag{5.74}$$

利用高斯消元法求解该方程,并记该方程组的解为 $A=A_0$、$B=B_0$、$C=C_0$,即中间坐标系的 Z_c 轴单位向量在当前仪器坐标系下表示为

$$\boldsymbol{e}_{Zc}=\left(\pm\frac{A_0}{\sqrt{A_0^2+B_0^2+C_0^2}},\pm\frac{B_0}{\sqrt{A_0^2+B_0^2+C_0^2}},\pm\frac{C_0}{\sqrt{A_0^2+B_0^2+C_0^2}}\right)$$

其中,该向量的方向还需进行后续的判别,即坐标分量的正负还需进行判别。为方便描述,记为 $\boldsymbol{e}_{Zc}=(\pm x_{Zc},\pm y_{Zc},\pm z_{Zc})$。

④ 取 $\boldsymbol{e}_{Zc}=(x_{Zc},y_{Zc},z_{Zc})$,结合 $\boldsymbol{e}_{Xc}=(x_{Xc},y_{Xc},z_{Xc})$,利用叉积计算中间坐标系 Y_c 轴的单位向量在当前仪器坐标系下的坐标表示,即

$$\boldsymbol{e}_{Yc}=\boldsymbol{e}_{Zc}\times\boldsymbol{e}_{Xc}=\begin{vmatrix} i & j & k \\ x_{Zc} & y_{Zc} & z_{Zc} \\ x_{Xc} & y_{Xc} & z_{Xc} \end{vmatrix}$$

$$=(y_{Zc}z_{Xc}-y_{Xc}z_{Zc},x_{Xc}z_{Zc}-x_{Zc}z_{Xc},x_{Zc}y_{Xc}-x_{Xc}y_{Zc})$$

为方便描述,记为 $\boldsymbol{e}_{Yc}=(x_{Yc},y_{Yc},z_{Yc})$。

⑤ 修正中间坐标系的 Z_c 轴及 Y_c 轴的指向。$\overrightarrow{O_cC_1}$ 位于中间坐标系的 X_c 轴上;而 C_2 点不与原点重合,则必然位于 X_c 轴的某一侧,在设计时可以选定 $\boldsymbol{e}_{Xc}$ 位于 Y_c 轴的正半轴空间上,如图 5.19 所示。假设 C_2 点在中间坐标系 X_c 轴上的投影点为 C_2',则向量 $\overrightarrow{C_2'C_2}$ 应与 Y_c 同向,做向量 $\overrightarrow{C_2'C_2}$ 与单位向量 $\boldsymbol{e}_{Yc}$ 的数量积,令此数量积除以两向量的模长的乘积,若商为 1,则表示两向量夹角为 0;反之若商为 -1,则表示两向量的夹角为 π。若两向量夹角为 π,则表明 Y_c 和 Z_c 的方向与预计的不一致,必须取 $\boldsymbol{e}_{Zc}=(-x_{Zc},-y_{Zc},-z_{Zc})$,再重复④的计算,计算出 Y_c 轴的单位向量在当前仪器坐标系下的坐标表示。投影点 C_2' 的计算方法如下:

先求出以 $\boldsymbol{e}_{Yc}$ 为法方向,且过点 O_c 的平面,即 $X_cO_cZ_c$ 平面在当前仪器坐标系下的解析表达式为

$$x_{Yc}x+y_{Yc}y+z_{Zc}z-(x_{Yc}x_c+y_{Yc}y_c+z_{Zc}z_c)=0 \tag{5.75}$$

再求出以 $\boldsymbol{e}_{Yc}$ 为方向向量且过点 C_2 的直线 L:

$$\frac{x-x_{c2}}{x_{Yc}}=\frac{y-y_{c2}}{y_{Yc}}=\frac{z-z_{c2}}{z_{Yc}} \tag{5.76}$$

联立 $X_cO_cZ_c$ 平面及直线 L 可求得平面与直线的交点,即投影点 C_2',令

$$\frac{x-x_{c2}}{x_{Yc}} = \frac{y-y_{c2}}{y_{Yc}} = \frac{z-z_{c2}}{z_{Yc}} = t$$

则有

$$\begin{cases} x = x_{Yc}t + x_{c2} \\ y = y_{Yc}t + y_{c2} \\ z = z_{Yc}t + z_{c2} \end{cases} \tag{5.77}$$

将式(5.77)代入 $X_cO_cZ_c$ 平面,解析表达式可求出 t 的值,求出的 t 回代至式(5.77),即可获得投影点 C_2' 在当前仪器坐标系下的坐标,为方便描述记为 C_2'：$(x_{c2}', y_{c2}', z_{c2}')$,则 $\overrightarrow{C_2'C_2}$ 在当前仪器坐标系下可表示为 $(x_{c2} - x_{c2}', y_{c2} - y_{c2}', z_{c2} - z_{c2}')$,进而可得向量 $\overrightarrow{C_2'C_2}$ 与单位向量 e_{Yc} 夹角的余弦值为

$$\cos\langle \overrightarrow{C_2'C_2}, e_{Yc}\rangle = \frac{(x_{c2}-x_{c2}')x_{Yc} + (y_{c2}-y_{c2}')y_{Yc} + (z_{c2}-z_{c2}')z_{Yc}}{1 \cdot \sqrt{(x_{c2}-x_{c2}')^2 + (y_{c2}-y_{c2}')^2 + (z_{c2}-z_{c2}')^2}} \tag{5.78}$$

⑥ 计算出公共点 C_1、C_2、C_3 在中间坐标系下的坐标(可省略)。

C_1 点到 O_c 点的距离为 $|\overrightarrow{O_cC_1}|$,则 C_1 在中间坐标系下的坐标为

$$(\sqrt{(x_{c1}-x_c)^2 + (y_{c1}-y_c)^2 + (z_{c1}-z_c)^2}, 0, 0)$$

为方便描述,记为 $(x_{c1}', 0, 0)$。

依⑤所述方法计算出 C_2 点在 X_c 轴上的投影点 C_2'；再计算 C_2 点在 Y_c 轴上的投影点 C_2'',方法同⑤中投影点计算方法:先求出以 Y_c 轴方向为法方向并过 C_2 点的平面,该平面与 Y_c 轴重合直线的交点即为 C_2'',则 C_2 点在中间坐标系下的坐标为 $(\overrightarrow{C_2'C_2} \cdot e_{Xc}, \overrightarrow{C_2'C_2} \cdot e_{Yc}, 0)$,$X$ 分量与 Y 分量表达式中的"·"为向量的数量积。为方便描述,将 C_2 在中间坐标系下的坐标记为 $(x_{c2}', y_{c2}', 0)$。

用同样的方法计算出 C_3 点在 X_c 轴上的投影点 C_3',在 Y_c 轴上的投影点 C_3'',则 C_3 点在中间坐标系下的坐标为 $(\overrightarrow{C_3'C_3} \cdot e_{Xc}, \overrightarrow{C_3'C_3} \cdot e_{Yc}, 0)$。为方便描述,记为 $(x_{c3}', y_{c3}', 0)$。

⑦ 计算当前仪器坐标系与中间坐标系之间的转换矩阵,计算出中间坐标系下的4个称重传感器承重点的坐标。

坐标系之间的旋转平移采用了齐次坐标来描述,齐次坐标就是对于 n 维空间的位置用 $n+1$ 维坐标来表示,这样可使坐标变换的表达更加方便。通常空间点的平移用下式表示,其中 a、b、c 表示沿 X、Y、Z 轴的平移量。

$$\begin{bmatrix} x \\ y \\ z \\ 1 \end{bmatrix} = \begin{bmatrix} 1 & 0 & 0 & a \\ 0 & 1 & 0 & b \\ 0 & 0 & 1 & c \\ 0 & 0 & 0 & 1 \end{bmatrix} \begin{bmatrix} X \\ Y \\ Z \\ 1 \end{bmatrix} \tag{5.79}$$

坐标系同时发生旋转变换和平移变换时,将上述旋转矩阵转换成齐次矩阵

形式与平移齐次矩阵相结合,得到如下变换矩阵:

$$T = \begin{bmatrix} m_x & n_x & p_x & l_x \\ m_y & n_y & p_y & l_y \\ m_z & n_z & p_z & l_z \\ 0 & 0 & 0 & 1 \end{bmatrix} \quad (5.80)$$

式中　$[m_x \ m_y \ m_z]$——x 轴与 X 轴、Y 轴、Z 轴的方向余弦,可表示为

$$\boldsymbol{m} = [m_x \ m_y \ m_z]$$

$[n_x \ n_y \ n_z]$——y 轴与 X 轴、Y 轴、Z 轴的方向余弦,可表示为

$$\boldsymbol{n} = [n_x \ n_y \ n_z]$$

$[p_x \ p_y \ p_z]$——z 轴与 X 轴、Y 轴、Z 轴的方向余弦,可表示为

$$\boldsymbol{p} = [p_x \ p_y \ p_z]$$

$[l_x \ l_y \ l_z]$——新建坐标系下原点 O 在原有坐标系下的坐标,可表示为

$$\boldsymbol{l} = [l_x \ l_y \ l_z]$$

由于中间坐标系三轴 X_c、Y_c、Z_c 的单位方向向量 $\boldsymbol{e}_{Xc}$、$\boldsymbol{e}_{Yc}$、$\boldsymbol{e}_{Zc}$ 在当前仪器坐标系下的坐标已求得,因此中间坐标系原点 O_c 在当前仪器坐标系下的坐标为 (x_c, y_c, z_c),则两坐标系的转换矩阵为

$$\boldsymbol{T}_{\mathrm{IT}} = \begin{bmatrix} x_{Xc} & x_{Yc} & x_{Zc} & x_c \\ y_{Xc} & y_{Yc} & y_{Zc} & y_c \\ z_{Xc} & z_{Yc} & z_{Zc} & z_c \\ 0 & 0 & 0 & 1 \end{bmatrix} \quad (5.81)$$

假定空间中任意一点在当前仪器坐标系下的坐标为 (x,y,z),该点在中间坐标系下的坐标为 (X,Y,Z),则两组坐标的关系为

$$\begin{bmatrix} x \\ y \\ z \\ 1 \end{bmatrix} = \boldsymbol{T}_{\mathrm{IT}} \begin{bmatrix} X \\ Y \\ Z \\ 1 \end{bmatrix}, \quad \begin{bmatrix} X \\ Y \\ Z \\ 1 \end{bmatrix} = \boldsymbol{T}_{\mathrm{IT}}^{-1} \begin{bmatrix} x \\ y \\ z \\ 1 \end{bmatrix} \quad (5.82)$$

因此,在中间坐标系下 4 个称重传感器承重点的坐标为

$$P_{s1} : \boldsymbol{T}_{\mathrm{IT}}^{-1} [x_{s1} \ y_{s1} \ z_{s1}]^{\mathrm{T}}$$

$$P_{s2} : \boldsymbol{T}_{\mathrm{IT}}^{-1} [x_{s2} \ y_{s2} \ z_{s2}]^{\mathrm{T}}$$

$$P_{s3} : \boldsymbol{T}_{\mathrm{IT}}^{-1} [x_{s3} \ y_{s3} \ z_{s3}]^{\mathrm{T}}$$

$$P_{s4} : \boldsymbol{T}_{\mathrm{IT}}^{-1} [x_{s4} \ y_{s4} \ z_{s4}]^{\mathrm{T}}$$

第三步　完成工装及被测件的加载后,在同一仪器坐标下检测得到第二步中的 3 个公共点为

$$P_{c1}:(X_{c1},Y_{c1},Z_{c1})$$
$$P_{c2}:(X_{c2},Y_{c2},Z_{c2})$$
$$P_{c3}:(X_{c3},Y_{c3},Z_{c3})$$

以及用于建立产品坐标系的被测件上的 4 个定位点为

$$P_{d1}:(X_{d1},Y_{d1},Z_{d1})$$
$$P_{d2}:(X_{d2},Y_{d2},Z_{d2})$$
$$P_{d3}:(X_{d3},Y_{d3},Z_{d3})$$
$$P_{d4}:(X_{d4},Y_{d4},Z_{d4})$$

第四步 根据 3 个公共点建立中间坐标系,并得到中间坐标系与当前仪器坐标系的转换矩阵 T_{23},转换矩阵的计算方法与第二步所述完全一致。根据转换矩阵 T_{23} 以及第二步中计算出来的转换矩阵 T_{01} 计算得到第二轮采点测量的当前仪器坐标系下 4 个称重传感器承重点的坐标。

设空间中任意一点在当前仪器坐标系下的坐标为 (x,y,z),该点在中间坐标系下的坐标为 (X,Y,Z),则两组坐标的关系为

$$\begin{bmatrix}x\\y\\z\\1\end{bmatrix}=T_{23}\begin{bmatrix}X\\Y\\Z\\1\end{bmatrix},\quad \begin{bmatrix}X\\Y\\Z\\1\end{bmatrix}=T_{23}^{-1}\begin{bmatrix}x\\y\\z\\1\end{bmatrix} \tag{5.83}$$

第二步中计算的在中间坐标系下 4 个称重传感器承重点的坐标为

$$P_{s1}:T_{01}^{-1}\begin{bmatrix}x_{s1} & y_{s1} & z_{s1}\end{bmatrix}^{T}$$
$$P_{s2}:T_{01}^{-1}\begin{bmatrix}x_{s2} & y_{s2} & z_{s2}\end{bmatrix}^{T}$$
$$P_{s3}:T_{01}^{-1}\begin{bmatrix}x_{s3} & y_{s3} & z_{s3}\end{bmatrix}^{T}$$
$$P_{s4}:T_{01}^{-1}\begin{bmatrix}x_{s4} & y_{s4} & z_{s4}\end{bmatrix}^{T}$$

4 个称重传感器承重点在中间坐标系中的位置不发生变化,根据中间坐标系与当前测量状态下仪器坐标系的转换矩阵 T_{23},可得在当前测量状态的仪器坐标系下 4 个称重传感器承重点的坐标为

$$P_{s1}:T_{23}T_{01}^{-1}\begin{bmatrix}x_{s1} & y_{s1} & z_{s1}\end{bmatrix}^{T}$$
$$P_{s2}:T_{23}T_{01}^{-1}\begin{bmatrix}x_{s2} & y_{s2} & z_{s2}\end{bmatrix}^{T}$$
$$P_{s3}:T_{23}T_{01}^{-1}\begin{bmatrix}x_{s3} & y_{s3} & z_{s3}\end{bmatrix}^{T}$$
$$P_{s4}:T_{23}T_{01}^{-1}\begin{bmatrix}x_{s4} & y_{s4} & z_{s4}\end{bmatrix}^{T}$$

第五步 根据被测件的定位点建立产品坐标系,第三步中已测得当前仪器坐标系下被测件定位点的坐标,那么根据这些定位点的坐标数据即可算出在当前仪器坐标系下产品坐标系原点 O_d 的坐标以及 X_d、Y_d、Z_d 三轴的单位向量 e_{Xd}、e_{Yd}、e_{Zd} 的坐标,被测件定位点及其坐标系示意图如图 5.21 所示。根据这些信息

可得被测件实际坐标系与当前状态下仪器坐标系的转换矩阵 T_{45},设 O_d 的坐标为 (x_d,y_d,z_d),三轴的单位向量 e_{Xd}、e_{Yd}、e_{Zd} 的坐标分别为 (x_{Xd},y_{Xd},z_{Xd})、(x_{Yd},y_{Yd},z_{Yd})、(x_{Zd},y_{Zd},z_{Zd}),则有

$$T_{45} = \begin{bmatrix} x_{Xd} & x_{Yd} & x_{Zd} & x_d \\ y_{Xd} & y_{Yd} & y_{Zd} & y_d \\ z_{Xd} & z_{Yd} & z_{Zd} & z_d \\ 0 & 0 & 0 & 1 \end{bmatrix} \tag{5.84}$$

设空间中任意一点在当前仪器坐标系下的坐标为 (x,y,z),该点在被测件实际坐标系下的坐标为 (X,Y,Z),则两组坐标的关系为

$$\begin{bmatrix} x \\ y \\ z \\ 1 \end{bmatrix} = T_{45} \begin{bmatrix} X \\ Y \\ Z \\ 1 \end{bmatrix}, \quad \begin{bmatrix} X \\ Y \\ Z \\ 1 \end{bmatrix} = T_{45}^{-1} \begin{bmatrix} x \\ y \\ z \\ 1 \end{bmatrix} \tag{5.85}$$

当前仪器坐标系下产品坐标系原点 O_d 的坐标以及 X_d、Y_d、Z_d 三轴的单位向量 e_{Xd}、e_{Yd}、e_{Zd} 的坐标计算方法如下。

① 利用空间多点拟合圆的算法拟合对 4 个产品定位进行圆的拟合,返回得到在当前仪器坐标系下圆的圆心以及 4 点拟合平面的几何参数,即平面方程的系数。

② 以拟合所得圆的圆心为产品坐标系的坐标原点 O_d,记为 (x_d,y_d,z_d),以 4

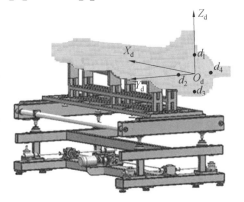

图 5.21　被测件定位点及其坐标系示意图

点拟合平面的法方向作为产品坐标系的 X_d 轴方向(其具体指向待确认),以拟合平面的法向量 $n=(a,b,c)$ 作为 X_d 轴的单位向量,即 $e_{Xd} = \pm n = (\pm a, \pm b, \pm c)$,记为 $e_{Xd} = (x_{Xd}, y_{Xd}, z_{Xd})$。

③ 取 d_1 点与原点 O_d 的连线方向为 Y_d 轴的方向,对向量 $\overrightarrow{O_d d_1} = (X_{d1} - x_d, Y_{d1} - y_d, Z_{d1} - z_d)$ 进行归一化可得产品坐标系 Y_d 轴的单位向量,即

$$e_{Yd} = \left(\frac{X_{d1} - x_d}{\sqrt{(X_{d1}-x_d)^2 + (Y_{d1}-y_d)^2 + (Z_{d1}-z_d)^2}}, \right.$$
$$\frac{Y_{d1} - y_d}{\sqrt{(X_{d1}-x_d)^2 + (Y_{d1}-y_d)^2 + (Z_{d1}-z_d)^2}},$$
$$\left. \frac{Z_{d1} - z_d}{\sqrt{(X_{d1}-x_d)^2 + (Y_{d1}-y_d)^2 + (Z_{d1}-z_d)^2}} \right)$$

记为

$$\boldsymbol{e}_{Yd} = (x_{Yd}, y_{Yd}, z_{Yd}) \tag{5.86}$$

④ 取 $\boldsymbol{e}_{Xd} = (a, b, c)$，结合 $\boldsymbol{e}_{Yd} = (x_{Yd}, y_{Yd}, z_{Yd})$，利用向量的叉积得到产品坐标系 Z_d 轴的单位向量为

$$\boldsymbol{e}_{Zd} = \boldsymbol{e}_{Xd} \times \boldsymbol{e}_{Yd} = \begin{vmatrix} \boldsymbol{i} & \boldsymbol{j} & \boldsymbol{k} \\ a & b & c \\ x_{Yd} & y_{Yd} & z_{Yd} \end{vmatrix}$$

记为

$$\boldsymbol{e}_{Zd} = (x_{Zd}, y_{Zd}, z_{Zd}) \tag{5.87}$$

⑤ 验证 $\boldsymbol{e}_{Zd}$、$\boldsymbol{e}_{Xd}$ 的方向是否正确。由图 5.21 可知，d_1 点位于 Z_d 轴的正半轴上，利用 $\boldsymbol{e}_{Xd}$、$\boldsymbol{e}_{Yd}$、$\boldsymbol{e}_{Zd}$ 及 O_d 坐标构建的坐标转换矩阵，将 d_1 点转换至产品坐标系下，若 d_1 点在产品坐标系下坐标的 Z 分量小于 0，则表明所取 $\boldsymbol{e}_{Xd}$、$\boldsymbol{e}_{Zd}$ 的方向与预想的方向相反，须取 $\boldsymbol{e}_{Xd} = (-a, -b, -c)$，再重复 ④ 计算；若 d_1 点在产品坐标系下坐标的 Z 分量大于 0，则不需要进行调整。

第六步 根据产品坐标系与当前测量状态下的仪器坐标系的转换矩阵，计算得到 4 个称重传感器承重点在产品坐标系下的坐标为

$$P_{s1}: \boldsymbol{T}_{45}^{-1} \boldsymbol{T}_{23} \boldsymbol{T}_{01}^{-1} [x_{s1} \ y_{s1} \ z_{s1}]^T$$
$$P_{s2}: \boldsymbol{T}_{45}^{-1} \boldsymbol{T}_{23} \boldsymbol{T}_{01}^{-1} [x_{s2} \ y_{s2} \ z_{s2}]^T$$
$$P_{s3}: \boldsymbol{T}_{45}^{-1} \boldsymbol{T}_{23} \boldsymbol{T}_{01}^{-1} [x_{s3} \ y_{s3} \ z_{s3}]^T$$
$$P_{s4}: \boldsymbol{T}_{45}^{-1} \boldsymbol{T}_{23} \boldsymbol{T}_{01}^{-1} [x_{s4} \ y_{s4} \ z_{s4}]^T$$

为方便描述，记 4 个称重传感器承重点在产品坐标系下的坐标为

$$P_{s1}: (X_{s1}, Y_{s1}, Z_{s1})$$
$$P_{s2}: (X_{s2}, Y_{s2}, Z_{s2})$$
$$P_{s3}: (X_{s3}, Y_{s3}, Z_{s3})$$
$$P_{s4}: (X_{s4}, Y_{s4}, Z_{s4})$$

(2) 被测件质心 X、Y 分量值的计算。由于被测件的重力方向与产品坐标系的 Z 轴方向一致，因此对测量系统进行力矩分析时，4 个称重传感器承重点坐标的 Z 分量不起作用。根据静力矩平衡原理，可得到被测件质心的位置为

$$\begin{cases} x_{cg} = \dfrac{\Delta p_{s1} X_{s1} + \Delta p_{s2} X_{s2} + \Delta p_{s3} X_{s3} + \Delta p_{s4} X_{s4}}{\Delta p_{s1} + \Delta p_{s2} + \Delta p_{s3} + \Delta p_{s4}} \\ y_{cg} = \dfrac{\Delta p_{s1} Y_{s1} + \Delta p_{s2} Y_{s2} + \Delta p_{s3} Y_{s3} + \Delta p_{s4} Y_{s4}}{\Delta p_{s1} + \Delta p_{s2} + \Delta p_{s3} + \Delta p_{s4}} \end{cases} \tag{5.88}$$

式中 Δp_{si}——第 i 个称重传感器、负载与空载两轮测量值之差；

x_{cg}、y_{cg}——被测件的质心在其实际坐标系下 X 分量和 Y 分量的值。

3. 被测件质心 Z 分量值的测量

被测件质心 Z 分量的测量计算过程与其 X、Y 分量测量计算过程基本一致。

令被测件以 X_d 轴为转轴旋转 $90°$，即令产品坐标系的 $X_d O_d Z_d$ 平面呈水平状态，如图 5.22 所示。为求得质心的 Z 分量，必须获得 4 个称重传感器承重点与被测件实际坐标系的位置关系。由于前次测量质心的 X、Y 分量时已经存储了 4 个称重传感器承重点在中间坐标系下的坐标，因此测量质心 Z 分量时可省略这一步。产品坐标系下 4 个称重传感器承重点的坐标计算流程如图 5.23 所示。

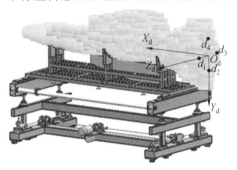

图 5.22　被测件质心 Z 分量的测量示意图

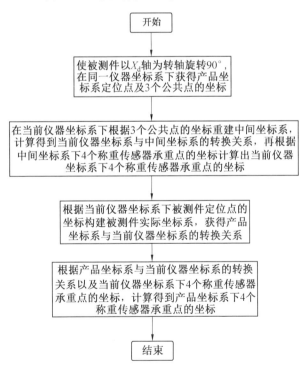

图 5.23　产品坐标系下 4 个称重传感器承重点的坐标计算流程

相同的计算方法，在图 5.22 状态下重复本节"2. 被测件质心 X、Y 分量的测量"中"(1) 产品坐标系下 4 个称重传感器位置的坐标"的第三至六步工作，可得

4个称重传感器承重点在产品坐标系下的坐标,记为

$$P_{s1}:(X'_{s1},Y'_{s1},Z'_{s1})$$
$$P_{s2}:(X'_{s2},Y'_{s2},Z'_{s2})$$
$$P_{s3}:(X'_{s3},Y'_{s3},Z'_{s3})$$
$$P_{s4}:(X'_{s4},Y'_{s4},Z'_{s4})$$

因此,根据静力矩平衡原理,可得到在产品坐标系下被测件质心的 Z 分量坐标值为

$$z_{cg} = \frac{\Delta p_{s1}Z'_{s1} + \Delta p_{s2}Z'_{s2} + \Delta p_{s3}Z'_{s3} + \Delta p_{s4}Z'_{s4}}{\Delta p_{s1} + \Delta p_{s2} + \Delta p_{s3} + \Delta p_{s4}} \tag{5.89}$$

式中　　Δp_{si}——第 i 个称重传感器的负载与空载两轮测量值之差;

z_{cg}——被测件的质心在其实际坐标系下的 Z 分量值。

5.2.4　被测件不水平时质心的测量计算方法

前述测量方法的前提是被测件呈水平放置,其测量状态1♯下的产品坐标系 $X_dO_dY_d$ 面及测量状态2♯下的产品坐标系 $X_dO_dZ_d$ 面亦呈水平,与4个称重传感器组的承重面平行,因此为简化计算过程,直接将4个称重传感器承重点的坐标一步一步转换至产品坐标系下。当被测件不水平时,前述的质心测量计算方法将产生较大的误差,这是由于重力作用线始终是竖直向下垂直于水平面的,当被测件姿态不水平时,以产品坐标系为基准建立静力矩平衡方程时力与力臂不垂直,因此采用前述模型时质心坐标的计算将产生较大的误差。

为保证静力矩平衡方程建立的可靠性,必须尽可能使基准坐标系的相关坐标平面呈水平状态。因此,当测量状态1♯下的产品坐标系 $X_dO_dY_d$ 坐标面及测量状态2♯下的产品坐标系 $X_dO_dZ_d$ 坐标面不水平时,不能草率地在产品坐标系基准下建立静力矩平衡方程,需对产品坐标系的坐标面进行具体的分析,以确定重力的哪个分力与力臂垂直,哪个分力与力臂平行,然而这种修正方法需要具体问题具体分析,也不利于计算机编程实现;为准确获知被测件质心的位置,必须构建一个用于准确建立静力矩平衡方程的中间坐标系。该中间坐标系有两个要求:第一,必须有呈水平面的坐标平面,使重力作用线垂直于坐标平面;第二,该坐标系与被测件实际坐标系之间的转换关系能通过坐标测量设备及相关算法计算得到。

实际上,在测量状态1♯下根据静力矩平衡原理得到的坐标数据(x_{cg1}, y_{cg1}, 0)即是被测件重力作用线与基准坐标系 XOY 面的交点(图5.24(a)),被测件重力作用线的方向即为基准坐标系 Z 轴方向,而基准坐标系与被测件实际坐标系的转换关系可求得,这样可得到在产品坐标系下重力作用线的解析式;在测量状态2♯下根据静力矩平衡原理可得到另一组坐标数据($x_{cg2}, 0, z_{cg2}$),即被测件重

力作用线与基准坐标系 XOY 面的交点（图 5.24(b)），其中粗实线即为第一轮测量得到的重力作用线，被测件重力作用线的方向即为基准坐标系 Z 轴方向（即换算时认为基准坐标系不随被测件的旋转而改变），利用系统外坐标测量设备采集关键点可计算得到基准坐标系与被测件实际坐标系的转换关系，这样可得到在产品坐标系下重力作用线的另一个解析式；前后两轮计算得到的重力作用线理论上存在交点，该交点即为被测件的质心，而实际计算时两重力作用线往往不相交，此时取两线中垂线段的中点为被测件的质心（图 5.24(b)）。

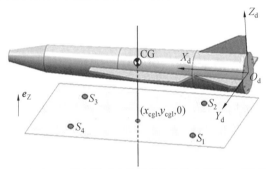

(a) 测量状态1#下被测件重力作用线与基准坐标系XOY面的交点

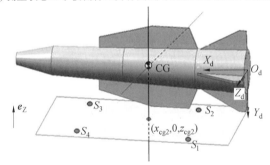

(b) 测量状态2#下被测件重力作用线与基准坐标系XOY面的交点

图 5.24　被测件不水平时质心的确定方法

为正确建立静力矩平衡方程，必须建立一个坐标面为水平面的坐标系，通常要求称重传感器组的承重点呈水平分布，这样可以以称重传感器组的 4 个（或 3 个）承重点为基准建立坐标系；此外，设计时中间坐标系的 XOY 平面若为水平面，也可以中间坐标系作为建立静力矩平衡方程的基准坐标系。为简化计算过程，规定将中间坐标系作为建立静力矩平衡方程的基准坐标系。因此，被测件不水平时质心测量方法的流程如图 5.25 所示。

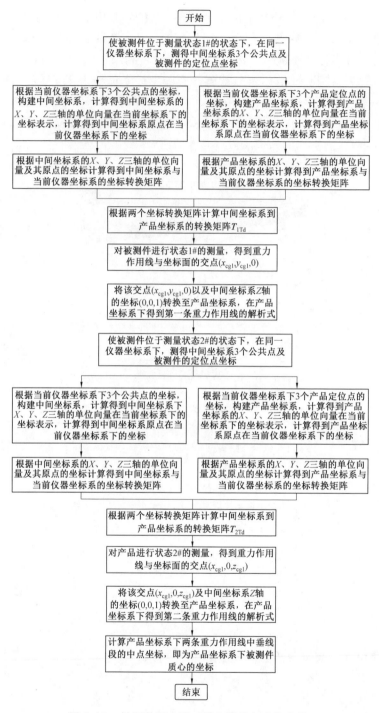

图 5.25 被测件不水平时质心测量方法的流程

称重传感器组承重点在中间坐标系的坐标计算过程如前所述。记称重传感器组承重点在中间坐标系的坐标为

$$P_{s1}:(X_{Ts1},Y_{Ts1},Z_{Ts1})$$
$$P_{s2}:(X_{Ts2},Y_{Ts2},Z_{Ts2})$$
$$P_{s3}:(X_{Ts3},Y_{Ts3},Z_{Ts3})$$
$$P_{s4}:(X_{Ts4},Y_{Ts4},Z_{Ts4})$$

中间坐标系与产品坐标系的转换矩阵计算在前面已有描述，在此不予赘述。这里明确一下两个坐标转换矩阵的定义，设空间任意一点在中间坐标系下的坐标为(x,y,z)，则其与产品坐标系下的坐标(X,Y,Z)满足如下转换关系：

$$\begin{bmatrix}x\\y\\z\\1\end{bmatrix}=\boldsymbol{T}_{1Td}\begin{bmatrix}X\\Y\\Z\\1\end{bmatrix},\quad\begin{bmatrix}x\\y\\z\\1\end{bmatrix}=\boldsymbol{T}_{2Td}\begin{bmatrix}X\\Y\\Z\\1\end{bmatrix} \tag{5.90}$$

根据称重传感器组承重点在中间坐标系的坐标可得测量状态1#下，重力作用线与坐标面的交点坐标为

$$\begin{cases}x_{cg1}=\dfrac{\Delta p_{s11}X_{Ts1}+\Delta p_{s21}X_{Ts2}+\Delta p_{s31}X_{Ts3}+\Delta p_{s41}X_{Ts4}}{\Delta p_{s11}+\Delta p_{s21}+\Delta p_{s31}+\Delta p_{s41}}\\y_{cg1}=\dfrac{\Delta p_{s11}Y_{Ts1}+\Delta p_{s21}Y_{Ts2}+\Delta p_{s31}Y_{Ts3}+\Delta p_{s41}Y_{Ts4}}{\Delta p_{s11}+\Delta p_{s21}+\Delta p_{s31}+\Delta p_{s41}}\end{cases} \tag{5.91}$$

式中　Δp_{si1}——测量状态1#下第i个称重传感器的负载与空载两轮测量值之差。

测量状态2#下，重力作用线与坐标面的交点坐标为

$$\begin{cases}x_{cg2}=\dfrac{\Delta p_{s12}X_{Ts1}+\Delta p_{s22}X_{Ts2}+\Delta p_{s32}X_{Ts3}+\Delta p_{s42}X_{Ts4}}{\Delta p_{s12}+\Delta p_{s22}+\Delta p_{s32}+\Delta p_{s42}}\\z_{cg2}=\dfrac{\Delta p_{s12}Y_{Ts1}+\Delta p_{s22}Y_{Ts2}+\Delta p_{s32}Y_{Ts3}+\Delta p_{s42}Y_{Ts4}}{\Delta p_{s12}+\Delta p_{s22}+\Delta p_{s32}+\Delta p_{s42}}\end{cases} \tag{5.92}$$

式中　Δp_{si2}——测量状态2#下第i称重个传感器的负载与空载两轮测量值之差。

则第一条重力作用线在产品坐标系下过点(X_1,Y_1,Z_1)：

$$\begin{bmatrix}X_1\\Y_1\\Z_1\\1\end{bmatrix}=\boldsymbol{T}_{1Td}^{-1}\begin{bmatrix}x_{cg1}\\y_{cg1}\\0\\1\end{bmatrix} \tag{5.93}$$

第一条重力作用线的方向向量在产品坐标系下的坐标为

$$\boldsymbol{n}=\boldsymbol{T}_{1Td}^{-1}[0\ 0\ 1\ 1]^T$$

同理，第二条重力作用线在产品坐标下过点 (X_2, Y_2, Z_2)：

$$\begin{bmatrix} X_2 \\ Y_2 \\ Z_2 \\ 1 \end{bmatrix} = \boldsymbol{T}_{2\mathrm{Td}}^{-1} \begin{bmatrix} x_{\mathrm{cg}2} \\ 0 \\ z_{\mathrm{cg}2} \\ 1 \end{bmatrix} \tag{5.94}$$

第二条重力作用线的方向向量在产品坐标系下的坐标为

$$\boldsymbol{n} = \boldsymbol{T}_{\mathrm{Td}2}^{-1} \begin{bmatrix} 0 & 0 & 1 & 1 \end{bmatrix}^{\mathrm{T}}$$

故根据上述信息可以得到产品坐标系下两条重力作用线的解析表达式，记两条线的解析表达式分别为

$$\begin{cases} \dfrac{x - X_1}{m_1} = \dfrac{y - Y_1}{n_1} = \dfrac{z - Z_1}{p_1} \\ \dfrac{x - X_2}{m_2} = \dfrac{y - Y_2}{n_2} = \dfrac{z - Z_2}{p_2} \end{cases} \tag{5.95}$$

设第一条线与公垂线交点为 $C_1(x_0, y_0, z_0)$，第二条线与公垂线的交点为 $C_2(x_1, y_1, z_1)$，那么质心最可信赖坐标即为这两个交点中点的坐标。交点 C_1 和 C_2 分别满足

$$\begin{cases} (x_2 - x_1)m_1 + (y_2 - y_1)n_1 + (z_2 - z_1)p_1 = 0 \\ (x_2 - x_1)m_2 + (y_2 - y_1)n_2 + (z_2 - z_1)p_2 = 0 \end{cases} \tag{5.96}$$

令

$$\begin{cases} \dfrac{x - X_1}{m_1} = \dfrac{y - Y_1}{n_1} = \dfrac{z - Z_1}{p_1} = t_1 \\ \dfrac{x - X_2}{m_2} = \dfrac{y - Y_2}{n_2} = \dfrac{z - Z_2}{p_2} = t_2 \end{cases} \tag{5.97}$$

则有

$$\begin{cases} x_1 = t_1 m_1 + X_1 \\ y_1 = t_1 m_1 + Y_1 \\ z_1 = t_1 m_1 + Z_1 \end{cases}, \quad \begin{cases} x_2 = t_2 m_2 + X_2 \\ y_2 = t_2 m_2 + Y_2 \\ z_2 = t_2 m_2 + Z_2 \end{cases} \tag{5.98}$$

将式(5.98)代入式(5.97)，可得一个关于 t_1 和 t_2 的二元一次方程组，解出 t_1 和 t_2 的值后回代至式(5.98)即可得到两个交点的坐标，进而确定被测件质心的坐标为

$$\begin{cases} x_{\mathrm{cg}} = \dfrac{x_1 + x_2}{2} \\ y_{\mathrm{cg}} = \dfrac{y_1 + y_2}{2} \\ z_{\mathrm{cg}} = \dfrac{z_1 + z_2}{2} \end{cases} \tag{5.99}$$

5.2.5 回转式质量、质心测量系统测量步骤

采用回转式质量、质心测量系统测量被测件质量和质心的步骤如下。

（1）在同一仪器坐标系下，利用激光跟踪仪获取传感器承重点及3个公共点的坐标，计算得到传感器承重点在中间坐标系的坐标。

（2）加载工装，记录工装空载状态下的传感器输出值。

（3）加载被测件，在同一仪器坐标系下，利用激光跟踪仪测量产品坐标系定位点及3个公共点的坐标，计算得到产品坐标系下传感器承重点的坐标。

（4）记录测量状态1♯下传感器输出值，计算被测件质量及质心X、Y分量值。

（5）改变被测件位姿，在同一仪器坐标系下，利用激光跟踪仪测量产品坐标系定位点及3个公共点的坐标，计算得到产品坐标系下传感器承重点的坐标。

（6）记录测量状态2♯下传感器输出值，计算被测件质心Z分量值。

（7）卸载被测件。

5.3 质心柔性测量系统

5.3.1 质心柔性测量方法模型

1. 必要性

随着深空探测、载人登月等航天事业的发展，大尺寸飞行器的种类、型号越来越多，对质量特性测量技术提出了更高的要求。绪论部分分析了现有的质量、质心测量技术，以及应用于大尺寸飞行器测量时存在的一些问题，总结如下。

（1）现有的测量技术主要针对中小型被测件，无法满足大尺寸被测件高精度的测量需求。

（2）现有大尺寸飞行器质心测量设备均为型号专用，测量设备通用性较差，而一般飞行器均由多个不同尺寸和外形的部段组成，这使得大尺寸飞行器质心测量成本居高不下。

（3）现有质心测量设备均为离位测量设备，而大尺寸飞行器各部段完成质量特性测试后需装配对接，总装完成后还需进行整体的质量特性测量，这要求质量特性测量过程完全融入总装过程，即要求质心测量设备具有在位或者准在位测量的能力。

本节的技术方法综合考虑了现有质心测量技术的特点以及大尺寸飞行器的

测量需求，在多点称重法的基础上进行改进和优化，提出一种质心柔性测量方法，以满足多种型号的大尺寸被测件的测量需求，该方法可以同时测量质量。

2. 多点称重法的测量模型及局限性

（1）多点称重法的测量模型。多点称重法结构简单，测量精度较高，可以同时测量质量，被广泛应用于大尺寸飞行器质量、质心测量中。多点称重法质心测量设备由称重传感器、测量工装、定位装置和电气系统等组成，其测量原理示意图如图 5.26 所示。测量时，将被测件放置于 3 个（或 3 个以上）称重传感器支撑的水平测量台上，通过处理 3 个（或 3 个以上）称重传感器采集到的数据即可得到被测件的质量；根据静力矩平衡原理，可以测得此时被测件的质心，其中测量头和标尺用于测量被测件相对于称重传感器的位置关系。

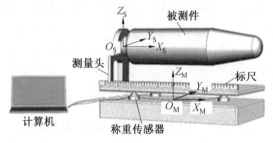

图 5.26　多点称重法测量原理示意图（第 1 个姿态）

被测件的质心需要表示在其自身坐标系下，为了便于描述，定义如下坐标系。

① 仪器坐标系（$O_M - X_M Y_M Z_M$）。仪器坐标系为固定坐标系，称重传感器相对于仪器坐标系的位置不变，不同的被测件最初的测量结果均在仪器坐标系中表示。

② 产品坐标系（$O_S - X_S Y_S Z_S$）。被测件固有的坐标系定义为产品坐标系，质心测量结果最终在此坐标系下描述，不同的被测件有不同的坐标系。

仪器坐标系（$O_M - X_M Y_M Z_M$）和产品坐标系（$O_S - X_S Y_S Z_S$）分别如图 5.26 所示，其中水平面为仪器坐标系的 $X_M O_M Y_M$ 面，重力加速度反方向为 Z_M 轴正方向，三个称重传感器受力点的坐标在仪器坐标系中分别为 $(x_i, y_i, z_i)(i=1,2,3)$，3 个称重传感器承受的力分别为 $F_i(i=1,2,3)$。F_{ix}、F_{iy} 分别为 F_i 在水平 X_M 轴、Y_M 轴方向的分力，F_{iz} 为 F_i 在竖直方向，即 Z_M 轴方向的分力。测量时，通常将产品坐标系调整到 X_S 轴、Y_S 轴、Z_S 轴方向分别与仪器坐标系 X_M 轴、Y_M 轴、Z_M 轴方向相同，仅原点存在平移，平移量大小可以通过标尺测量。测量过程中，上层工装及被测件的所有质量由 3 个称重传感器共同承担，根据静力平衡原理和静力矩平衡原理，可以得到

$$\begin{cases} \sum F_x = 0 \\ \sum F_y = 0 \\ \sum F_z = 0 \\ \sum M_x = 0 \\ \sum M_y = 0 \\ \sum M_z = 0 \end{cases} \quad (5.100)$$

式中 $\sum F_x$ ——仪器坐标系中,3 个称重传感器在 X_M 轴方向的合力;

$\sum F_y$ ——仪器坐标系中,3 个称重传感器在 Y_M 轴方向的合力;

$\sum F_z$ ——仪器坐标系中,3 个称重传感器在 Z_M 轴方向的合力;

$\sum M_x$ ——仪器坐标系中,3 个称重传感器在 X_M 轴方向的合力矩;

$\sum M_y$ ——仪器坐标系中,3 个称重传感器在 Y_M 轴方向的合力矩;

$\sum M_z$ ——仪器坐标系中,3 个称重传感器在 Z_M 轴方向的合力矩。

即上层工装及被测件保持平衡的条件是:3 个称重传感器所受的力在 X_M 轴、Y_M 轴、Z_M 轴三个方向的合力为零,并且在 X_M 轴、Y_M 轴、Z_M 轴三个方向的合力矩为零。

通常多点称重法中所使用的称重传感器只能感受一个方向的力,即垂直于称重传感器受力面的力。因此,采用上述方法测量时,需要将 3 个称重传感器调整到同一水平面上,此时称重传感器只承受被测件及上层工装的重力,因此 3 个称重传感器在 X_M 轴、Y_M 轴方向所受的力为零,绕 Z_M 轴的力矩为零。因此式(5.100)可以写为

$$\begin{cases} 0 \\ 0 \\ F_{1z} + F_{2z} + F_{3z} - mg = 0 \\ F_{z1} y_1 + F_{z2} y_2 + F_{z3} y_3 - mg y_0 = 0 \\ F_{z1} x_1 + F_{z2} x_2 + F_{z3} x_3 - mg x_0 = 0 \\ 0 \end{cases} \quad (5.101)$$

式中 F_{z1}、F_{z2}、F_{z3} ——3 个称重传感器分别采集到的力值大小;

m ——加载于 3 个称重传感器所组成的平面上的所有物体的质量;

g ——重力加速度大小,为常数值;

(x_0, y_0) ——等效质心在仪器坐标系中的投影点坐标(支撑平台、工装和被测件的等效质心);

$(x_i, y_i)(i=1,2,3)$——3 个称重传感器在仪器坐标系中的 X_M 轴方向、Y_M 轴方向坐标。

由式(5.101)可知,该方法测得的质量和质心包含了工装、测量平台的质量和质心的影响,因此采用上述方法时,首先需要测量上层工装的质量和质心,即通过对空载时和加载被测件后的两次测量,得到被测件的质量和质心。将式(5.101)重新整理,等号两边同时约掉重力加速度 g,可以得出工装的质量及工装和被测件的总质量分别为

$$m_{10} + m_{20} + m_{30} = M_1 \tag{5.102}$$

$$m_{21} + m_{21} + m_{31} = M_2 \tag{5.103}$$

式中　$m_{i0}(i=1,2,3)$——3 个称重传感器在空载时分别得到的质量;

$m_{i1}(i=1,2,3)$——3 个称重传感器在加载时分别得到的质量。

则被测件的质量为

$$M = M_2 - M_1 \tag{5.104}$$

式中　M_1——空载时 3 个称重传感器得到的总质量(传感器测得的力值约掉重力加速度 g),即上层工装的质量;

M_2——加载时 3 个称重传感器测得的总质量,即上层工装与被测件的总质量;

M——被测件的质量。

同时,由式(5.101)可知,被测件的质心在仪器坐标系中为

$$\begin{cases} x = \dfrac{x_1(m_{10}-m_{11}) + x_2(m_{20}-m_{21}) + x_3(m_{30}-m_{31})}{M} \\ y = \dfrac{y_1(m_{10}-m_{11}) + y_2(m_{20}-m_{21}) + y_3(m_{30}-m_{31})}{M} \end{cases} \tag{5.105}$$

式中　$(x_i, y_i)(i=1,2,3)$——3 个称重传感器在仪器坐标系中的坐标;

(x, y)——被测件的重心在仪器坐标系中投影点的坐标。

由于地面测试时重心与质心重合,因此将式(5.105)所求的 (x, y) 转换到产品坐标系中,为图 5.26 所示状态下的被测件在 X_S 轴、Y_S 轴方向的质心坐标;如图 5.27 所示,将被测件绕其 X_S 轴旋转 90°,可以测得其 Z_S 轴方向质心为

$$z = \dfrac{y_1(m_{10}-m_{11}) + y_2(m_{20}-m_{21}) + y_3(m_{30}-m_{31})}{M} \tag{5.106}$$

式中　z——被测件的 Z_S 轴重心在仪器坐标系中投影点的坐标。

将 z 值转换到产品坐标系下,即可得到被测件在产品坐标系下 Z_S 轴方向的质心。

当测量设备整体倾斜时,即 3 个称重传感器所在平面倾斜时,$X_M O_M Y_M$ 面与水平面不平行,式(5.100)中 F_x、F_y、M_z 均不为零。由于称重传感器只对一个方

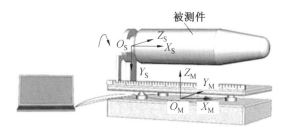

图 5.27　多点称重法测量原理示意图(第 2 个姿态)

向的力的大小敏感,即只对垂直于其受力面的力敏感,而其他方向的受力将影响测量结果的准确性,因此采用此方法测量时,需要将称重传感器所在平面调整为水平面。

(2) 多点称重法的局限性。多点称重法本质上是利用地面上的任何物体均受重力,并且重力等效作用点通过质心的原理,通过测量被测件在两个姿态下的重力投影点坐标,得到被测件的质心。对于大尺寸飞行器的测量,存在一些局限性,主要表现如下。

① 多点称重法对被测件的加载姿态有着极为严格的要求,即通过测量被测件在某一特定姿态下的质心,以及将被测件精确旋转 90° 后的质心,获得产品坐标系下的 X 轴、Y 轴、Z 轴方向的质心,旋转角度不精确将会引入测量误差。

② 针对大尺寸被测件的测量设备通常较大,设备的加工误差、装配误差、设备由于承重后的变形等,均会导致被测件实际位姿与理想位姿偏差较大;此外,大尺寸被测件由于难以准确定位,因此将引入较大的定位误差。

③ 针对不同尺寸的被测件,特别是对大尺寸被测件,相应地要研制专用的设备,因此测量设备的通用性较差。

④ 称重传感器因使用过程中承受侧向力并且难以发现,以及称重传感器理论坐标与实际受力点坐标不重合等问题,因而限制测量精度的进一步提高。

由上述分析可知,传统的多点称重法用于大尺寸飞行器测量时,需要对其进行进一步研究,以满足使用要求及提高测量精度。

3. 大尺寸飞行器质心柔性测量方法

针对大尺寸飞行器的高精度质量、质心测量需求,结合现有的多点称重法与悬挂法,本节提出一种质心柔性测量方法,该方法可以同时测量质量。该测量方法将两套子系统的测量数据进行融合,最终得出被测件的质量及质心,实现一次性装卡即可完成质量、质心的测量。

柔性测量系统示意图如图 5.28 所示,该系统主要由子系统 1、子系统 2 组成,每套子系统均采用多点称重法,且每套子系统上均包含滚动装置。两套子系统在轨道上的距离可以调整,其间距由被测件的长度决定。根据两套子系统与被测件的位置关系,以及两套子系统上称重传感器的测量数据,可以得到被测件的质量和质心。

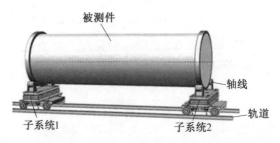

图 5.28　柔性测量系统示意图

(1) 质量测量方法。图 5.29 所示为柔性测量系统物理模型,每套子系统包括 3 个或 3 个以上称重传感器。为了防止大尺寸飞行器测量时倾覆而发生危险,本节均以 4 个称重传感器为例进行阐述,称重传感器数量不影响本节提出的柔性测量方法。

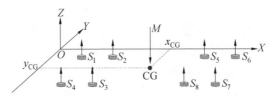

图 5.29　柔性测量系统物理模型

测量前,将两套子系统中的 8 个称重传感器调整到同一水平面上(理论上不能在绝对水平面上,实际中应尽可能调整到同一个平面上,并且将这些传感器的最小二乘平面作为水平面)。对于质量测量,未加载被测件时两套测量系统可以分别得到一组质量数据,此时测得的是工装的质量;同理,加载被测件后也可以测得一组数据,为工装与被测件的总质量,则两套系统加载被测件前后得到的质量差值分别为

$$M_1 = \Delta m_1 + \Delta m_2 + \Delta m_3 + \Delta m_4 \tag{5.107}$$

$$M_2 = \Delta m_5 + \Delta m_6 + \Delta m_7 + \Delta m_8 \tag{5.108}$$

式中　$\Delta m_i (i=1,2,3,4)$——子系统 1 中的 4 个称重传感器在加载被测件前后读数的差值;

M_1——子系统 1 得到的质量;

$\Delta m_j (j=5,6,7,8)$——子系统 2 中的 4 个称重传感器在加载被测件前后得到数据的差值;

M_2——子系统 2 得到的质量。

被测件的质量为前后两套测量系统测得的质量之和,即

$$M = M_1 + M_2 \tag{5.109}$$

式中　M——被测件的质量。

（2）柔性质心测量原理。被测件的质量与坐标系无关，而质心需要在产品坐标系下表示，若8个称重传感器在同一个坐标系下，且已知这8个称重传感器在该坐标系下的坐标，由静力矩平衡原理可知，被测件的重心在该坐标系下投影点的 X 轴坐标为

$$x = \frac{x_1\Delta m_1 + x_2\Delta m_2 + x_3\Delta m_3 + x_4\Delta m_4 + x_5\Delta m_5 + x_6\Delta m_6 + x_7\Delta m_7 + x_8\Delta m_8}{M}$$

(5.110)

式中　$x_i(i=1,2,\cdots,8)$——8个称重传感器所在的同一个坐标系下的 X 轴坐标；

$\Delta m_i(i=1,2,3,4)$——子系统1中的4个称重传感器在加载被测件前后读数的差值（约掉了重力加速度 g）；

$\Delta m_j(j=5,6,7,8)$——子系统2中的4个称重传感器在加载被测件前后读数的差值（约掉了重力加速度 g）；

M——被测件的质量；

x——被测件投影点的 X 轴坐标。

同理，被测件的重心在该坐标系下的投影点的 Y 轴坐标为

$$y = \frac{y_1\Delta m_1 + y_2\Delta m_2 + y_3\Delta m_3 + y_4\Delta m_4 + y_5\Delta m_5 + y_6\Delta m_6 + y_7\Delta m_7 + y_8\Delta m_8}{M}$$

(5.111)

式中　$y_i(i=1,2,\cdots,8)$——仪器坐标系下8个称重传感器的 Y 轴坐标；

y——仪器坐标系下，被测件投影点 Y 轴坐标。

式（5.110）、式（5.111）可以简写为

$$x = \frac{\sum_{i=1}^{8} x_i \Delta m_i}{\sum_{i=1}^{8} \Delta m_i}$$

(5.112)

$$y = \frac{\sum_{i=1}^{8} y_i \Delta m_i}{\sum_{i=1}^{8} \Delta m_i}$$

(5.113)

将图5.28所示被测件旋转90°，即可得到仪器坐标系下 Z 轴坐标，即

$$z = \frac{\sum_{i=1}^{8} y_i \Delta m_i}{\sum_{i=1}^{8} \Delta m_i}$$

(5.114)

式中　　z——仪器坐标系下,被测件 Z 轴质心的投影点的坐标。

上面所述方法的前提条件是两套子系统在同一个仪器坐标系下,因此本节需要解决的关键问题在于两套子系统之间坐标系的统一问题,并且解决与被测件所在的坐标系的统一问题。

(3) 测量数据的融合方法。为了解决坐标系统一的问题,借助高精度的坐标测量设备,测量被测件与两套子系统间的位置关系,将两套子系统测得的结果在同一个子系统所在坐标系下合成,建立重力作用线,再转换到被测件所在的坐标系下。多点称重法需要测量被测件旋转 $90°$ 后的投影点坐标,本节根据悬挂法的特点,提出通过测量被测件的任意两个或两个以上姿态时的重力作用线,并求得重力作用线的交点,获得被测件的 X 轴、Y 轴、Z 轴的三维质心坐标。

① 数据融合基本原理。如图 5.30(a) 所示,被测件任意姿态时,可以测得过质心的第一条重力作用线;如图 5.30(b) 所示,将被测件绕回转轴线(X 轴)旋转一个角度,可以得到第二条重力作用线,求得两条重力作用线的交点 CG(Center of Gravity) 的坐标,即可求得被测件的 X 轴、Y 轴、Z 轴的三维质心坐标。

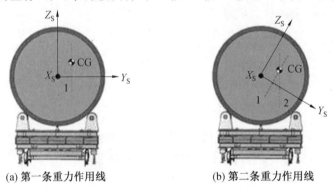

图 5.30　柔性质心测量原理图

质量与坐标系无关,可以直接测得,但是质心最初的测量结果是在传感器所在的坐标系中表示的,最终需要转换到被测件自身的坐标系中表示,为了便于表述测量过程,定义如下坐标系。

② 坐标系定义。

a. 产品坐标系($O_S - X_S Y_S Z_S$)。产品坐标系与被测件有关,通常建立在被测件的某一端面上,端面上有 3 个以上的关键点用来确定坐标系的基准面、原点和坐标轴的方向,质心测量结果最终在此坐标系下描述。图 5.31 中 $O_S - X_S Y_S Z_S$ 为产品坐标系。

b. 仪器坐标系($O_M - X_M Y_M Z_M$)。仪器坐标系建立在子系统中,称重传感器的坐标均在此坐标系下描述,重力作用线的投影点也在此坐标系下描述。如图 5.32 所示,仪器坐标系定义是:以第一个称重传感器的坐标为原点 O;以 4 个称重

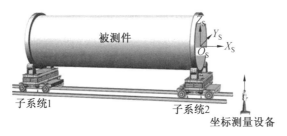

图 5.31　质量、质心测量效果图

传感器所在平面的法方向为 Z 轴方向(4 个称重传感器不能完全在一个绝对平面上,但可以拟合出一个最小二乘平面),Z 轴的正方向与重力加速度方向相反;以原点 O 与第二个称重传感器的连线作为仪器坐标系的 X 轴,根据右手定则确定 Y 轴,4 个称重传感器的坐标分别为 $S_{ij}(x_{ij},y_{ij},0)(i=1,2,3,4;j=1,2)$。图 5.32 中子系统 1 和子系统 2 分别对应着仪器坐标系 $O_{M1}-X_{M1}Y_{M1}Z_{M1}$ 和 $O_{M2}-X_{M2}Y_{M2}Z_{M2}$。

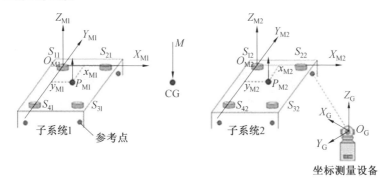

图 5.32　质量、质心测量原理图

c. 世界坐标系($O_G-X_GY_GZ_G$)。为了确定子系统与被测件之间的关系,即为了确定仪器坐标系 $O_{M1}-X_{M1}Y_{M1}Z_{M1}$,$O_{M2}-X_{M2}Y_{M2}Z_{M2}$ 与产品坐标系 $O_S-X_SY_SZ_S$ 之间的转换关系,需要借助第三方仪器,将第三方仪器所在的坐标系定义为世界坐标系。本节均以激光跟踪仪为例进行说明,激光跟踪仪为高精度的坐标测量设备,可以使用激光跟踪仪测量称重传感器坐标、参考点坐标和被测件上的关键点坐标,建立转换关系。激光跟踪仪采用极坐标法,其坐标系 $O_G-X_GY_GZ_G$ 的定义与所用的跟踪仪有关,关键点的坐标最初均在此坐标系下描述,图 5.32 中 $O_G-X_GY_GZ_G$ 为世界坐标系。

d. 参考坐标系($O_R-X_RY_RZ_R$)。由于称重传感器在使用过程中无法测量其坐标,即无法在使用时直接测得仪器坐标系 $O_{M1}-X_{M1}Y_{M1}Z_{M1}$,$O_{M2}-X_{M2}Y_{M2}Z_{M2}$ 与产品坐标系 $O_S-X_SY_SZ_S$ 的关系,因此在子系统 1、子系统 2 中分别设置了 3 个或 3 个以上参考点。本节以 3 个参考点为例进行说明,如图 5.32 所示,子系统 1、子系统 2 上各有 3 个参考点,这些参考点在子系统装配完成前后,均可以借助第三方仪器测得其坐标;此外,称重传感器与参考点的相对位置关系不随装配完成、加载被测件后发生的变化而变化;可以利用这些参考点建立参考坐标系。测量质心时,可以利用这些参考点间接得到仪器坐标系 $O_{M1}-X_{M1}Y_{M1}Z_{M1}$、$O_{M2}-X_{M2}Y_{M2}Z_{M2}$ 与产品坐标系 $O_S-X_SY_SZ_S$ 之间的转换关系。

确定了上述几个坐标系后,可以将两套子系统测得的合力点坐标在同一个仪器坐标系中合成,建立重力作用线并转换到产品坐标系中,重力作用线测量过程如下。

a. 激光跟踪仪位置不变,即在同一个世界坐标系 $O_G-X_GY_GZ_G$ 下,利用激光跟踪仪测量得到 4 个称重传感器的坐标 $S_i(x_{GMi},y_{GMi},z_{GMi})(i=1,2,3,4)$ 及 3 个参考点的坐标 $R_i(x_{GRi},y_{GRi},z_{GRi})(i=1,2,3)$。

b. 分别以子系统 1、子系统 2 中的 4 个称重传感器的坐标为关键点,建立仪器坐标系($O_{M1}-X_{M1}Y_{M1}Z_{M1}$ 和 $O_{M2}-X_{M2}Y_{M2}Z_{M2}$),并分别以子系统 1、子系统 2 中的 3 个参考点为关键点,建立参考坐标系($O_{R1}-X_{R1}Y_{R1}Z_{R1}$ 和 $O_{R2}-X_{R2}Y_{R2}Z_{R2}$)。

c. 分别求出子系统 1 中仪器坐标系 $O_{M1}-X_{M1}Y_{M1}Z_{M1}$ 与参考坐标系 $O_{R1}-X_{R1}Y_{R1}Z_{R1}$ 之间的转换矩阵,以及子系统 2 中仪器坐标系 $O_{M2}-X_{M2}Y_{M2}Z_{M2}$ 与参考坐标系 $O_{R2}-X_{R2}Y_{R2}Z_{R2}$ 之间的转换矩阵。

d. 加载被测件,利用激光跟踪仪测量被测件上关键点的坐标,建立产品坐标系 $O_S-X_SY_SZ_S$。不改变激光跟踪仪的位置,即在同一个世界坐标系 $O_G-X_GY_GZ_G$ 下,分别测量两套子系统中的参考点坐标,并计算得到参考坐标系 $O_{R1}-X_{R1}Y_{R1}Z_{R1}$ 与产品坐标系 $O_S-X_SY_SZ_S$ 之间的转换矩阵,以及参考坐标系 $O_{R2}-X_{R2}Y_{R2}Z_{R2}$ 与产品坐标系 $O_S-X_SY_SZ_S$ 之间的转换矩阵。

e. 将子系统 1(仪器坐标系 $O_{M1}-X_{M1}Y_{M1}Z_{M1}$)得到的合力点坐标转换到子系统 2(仪器坐标系 $O_{M2}-X_{M2}Y_{M2}Z_{M2}$)中,并在子系统 2(仪器坐标系 $O_{M2}-X_{M2}Y_{M2}Z_{M2}$)中将两个合力点坐标进行合成,建立第一条重力作用线。

f. 将第一条重力作用线转换到产品坐标系 $O_S-X_SY_SZ_S$ 下。

将被测件倾斜或旋转一定角度,重复 a~f,得到产品坐标系 $O_S-X_SY_SZ_S$ 中第二条重力作用线。

g. 计算产品坐标系中两条重力作用线的交点,即为产品坐标系 $O_S-X_SY_SZ_S$ 中的 X 轴、Y 轴、Z 轴的三维质心坐标;若两条重力作用线在空间中为异面,则将两条重力作用线公垂线的中点作为质心的最佳估计值。

③ 重力作用线的建立及数据融合方法。

a. 子系统所在坐标系下合力点坐标的求解方法。测量前需要将子系统 1、子系统 2 分别调整到水平状态,且调整到同一高度。加载被测件前后,根据子系统

1、子系统 2 的测量数据，可以分别得到一个合力作用点的坐标，图 5.32 中 $P_{M1}(x_{M1},y_{M1},0)$ 是子系统 1 测得的合力作用点，其坐标为

$$x_{M1} = \frac{x_{11}\Delta m_{11} + x_{12}\Delta m_{12} + x_{13}\Delta m_{13} + x_{14}\Delta m_{14}}{\Delta m_{11} + \Delta m_{12} + \Delta m_{13} + \Delta m_{14}} \tag{5.115}$$

式中 $x_{1i}(i=1,2,3,4)$——子系统 1(仪器坐标系 $O_{M1}-X_{M1}Y_{M1}Z_{M1}$)中 4 个称重传感器的 X 轴坐标；

$\Delta m_{1i}(i=1,2,3,4)$——子系统 1 中 4 个称重传感器在加载被测件前后读数的差值(已约掉重力加速度 g)；

x_{M1}——子系统 1(仪器坐标系 $O_{M1}-X_{M1}Y_{M1}Z_{M1}$)中，测得的合力点 X 轴方向的坐标。

$$y_{M1} = \frac{y_{11}\Delta m_{11} + y_{12}\Delta m_{12} + y_{13}\Delta m_{13} + y_{14}\Delta m_{14}}{\Delta m_{11} + \Delta m_{12} + \Delta m_{13} + \Delta m_{14}} \tag{5.116}$$

式中 $y_{1i}(i=1,2,3,4)$——子系统 1(仪器坐标系 $O_{M1}-X_{M1}Y_{M1}Z_{M1}$)中 4 个称重传感器的 Y 轴坐标；

$\Delta m_{1i}(i=1,2,3,4)$——子系统 1 中 4 个称重传感器在加载被测件前后读数的差值(已约掉重力加速度 g)；

y_{M1}——子系统 1(仪器坐标系 $O_{M1}-X_{M1}Y_{M1}Z_{M1}$)中，测得的合力点 Y 轴方向的坐标。

式(5.115)、式(5.116)可以分别简写为

$$x_{M1} = \frac{\sum_{i}^{4}\Delta m_{1i}x_{1i}}{\sum_{i}^{4}\Delta m_{1i}} \tag{5.117}$$

$$y_{M1} = \frac{\sum_{i}^{4}\Delta m_{1i}y_{1i}}{\sum_{i}^{4}\Delta m_{1i}} \tag{5.118}$$

同理，$P_{M2}(x_{M2},y_{M2},0)$ 是子系统 2 测得的合力作用点，其坐标为

$$x_{M2} = \frac{\sum_{i}^{4}\Delta m_{2i}x_{2i}}{\sum_{i}^{4}\Delta m_{2i}} \tag{5.119}$$

$$y_{M2} = \frac{\sum_{i}^{4}\Delta m_{2i}y_{2i}}{\sum_{i}^{4}\Delta m_{2i}} \tag{5.120}$$

式中 $\Delta m_{2i}(i=1,2,3,4)$——子系统 2(仪器坐标系 $O_{M2}-X_{M2}Y_{M2}Z_{M2}$)中 4 个

称重传感器在加载被测件前后读数的差值；

$(x_{2i}, y_{2i})(i=1,2,3,4)$——4 个称重传感器在子系统 2（仪器坐标系 $O_{M2}-X_{M2}Y_{M2}Z_{M2}$）中的坐标；

x_{M2}——子系统 2（仪器坐标系 $O_{M2}-X_{M2}Y_{M2}Z_{M2}$）中，测得的合力点 X 轴方向的坐标；

y_{M2}——子系统 2（仪器坐标系 $O_{M2}-X_{M2}Y_{M2}Z_{M2}$）中，测得的合力点 Y 轴方向的坐标。

b. 合力点坐标的合成。式(5.117)～(5.120)分别为子系统 1（仪器坐标系 $O_{M1}-X_{M1}Y_{M1}Z_{M1}$）和子系统 2（仪器坐标系 $O_{M2}-X_{M2}Y_{M2}Z_{M2}$）中的合力点的坐标，因此需要将两个合力点坐标进行合成。采用激光跟踪仪同时测量子系统 1 上的参考点的坐标，获得仪器坐标系 $O_{M1}-X_{M1}Y_{M1}Z_{M1}$ 与参考坐标系 $O_{R1}-X_{R1}Y_{R1}Z_{R1}$ 的转换关系，可以将 $P_{M1}(x_{M1},y_{M1},0)$ 转换到参考坐标系 $O_{R1}-X_{R1}Y_{R1}Z_{R1}$ 中，即

$$\begin{bmatrix} x_{R1M1} \\ y_{R1M1} \\ z_{R1M1} \\ 1 \end{bmatrix} = \begin{bmatrix} a_{11} & a_{12} & a_{13} & T_x \\ a_{21} & a_{22} & a_{23} & T_y \\ a_{31} & a_{32} & a_{33} & T_z \\ 0 & 0 & 0 & 1 \end{bmatrix} \begin{bmatrix} x_{M1} \\ y_{M1} \\ 0 \\ 1 \end{bmatrix} \qquad (5.121)$$

式(5.121)可以简写为

$$\begin{bmatrix} P_{R1M1} \\ 1 \end{bmatrix} = \begin{bmatrix} \boldsymbol{R}_{R1M1} & \boldsymbol{T}_{R1M1} \\ 0 & 1 \end{bmatrix} \begin{bmatrix} P_{M1} \\ 1 \end{bmatrix} \qquad (5.122)$$

式中　$\boldsymbol{R}_{R1M1}$——仪器坐标系 $O_{M1}-X_{M1}Y_{M1}Z_{M1}$ 与参考坐标系 $O_{R1}-X_{R1}Y_{R1}Z_{R1}$ 的旋转矩阵，$\boldsymbol{R}_{R1M1} = \begin{bmatrix} a_{11} & a_{12} & a_{13} \\ a_{21} & a_{22} & a_{23} \\ a_{31} & a_{32} & a_{33} \end{bmatrix}$；

$\boldsymbol{T}_{R1M1}$——仪器坐标系 $O_{M1}-X_{M1}Y_{M1}Z_{M1}$ 与参考坐标系 $O_{R1}-X_{R1}Y_{R1}Z_{R1}$ 的平移矩阵，$\boldsymbol{T}_{R1M1} = \begin{bmatrix} T_x \\ T_y \\ T_z \end{bmatrix}$。

同理，将 P_{R1M1} 转换到世界坐标系 $O_G-X_GY_GZ_G$ 中，再转换到子系统 2 中的参考坐标系 $O_{R2}-X_{R2}Y_{R2}Z_{R2}$ 中，最后转换到子系统 2（仪器坐标系 $O_{M2}-X_{M2}Y_{M2}Z_{M2}$）中，即

$$\begin{bmatrix} P_{M2M1} \\ 1 \end{bmatrix} = \begin{bmatrix} \boldsymbol{R}_{M2R2} & \boldsymbol{T}_{M2R2} \\ 0 & 1 \end{bmatrix} \begin{bmatrix} \boldsymbol{R}_{R2G} & \boldsymbol{T}_{R2G} \\ 0 & 1 \end{bmatrix} \begin{bmatrix} \boldsymbol{R}_{GR1} & \boldsymbol{T}_{GR1} \\ 0 & 1 \end{bmatrix} \begin{bmatrix} P_{R1M1} \\ 1 \end{bmatrix} \qquad (5.123)$$

式中　P_{R1M1}——$P_{M1}(x_{M1},y_{M1},0)$ 在参考坐标系 $O_{R1}-X_{R1}Y_{R1}Z_{R1}$（子系统 1 中）

中的坐标,为$(x_{R1M1}, y_{R1M1}, 0)$;

T_{GR1}——参考坐标系$O_{R1}-X_{R1}Y_{R1}Z_{R1}$(子系统1中)与世界坐标系$O_G-X_GY_GZ_G$的平移矩阵;

$\boldsymbol{R}_{GR1}$——参考坐标系$O_{R1}-X_{R1}Y_{R1}Z_{R1}$(子系统1中)与世界坐标系$O_G-X_GY_GZ_G$的旋转矩阵;

T_{R2G}——世界坐标系$O_G-X_GY_GZ_G$与参考坐标系$O_{R2}-X_{R2}Y_{R2}Z_{R2}$(子系统2中)的平移矩阵;

$\boldsymbol{R}_{R2G}$——世界坐标系$O_G-X_GY_GZ_G$与参考坐标系$O_{R2}-X_{R2}Y_{R2}Z_{R2}$(子系统2中)的旋转矩阵;

T_{M2R2}——参考坐标系$O_{R2}-X_{R2}Y_{R2}Z_{R2}$(子系统2中)与仪器坐标系$O_{M2}-X_{M2}Y_{M2}Z_{M2}$(子系统2中)的平移矩阵;

$\boldsymbol{R}_{M2R2}$——参考坐标系$O_{R2}-X_{R2}Y_{R2}Z_{R2}$(子系统2中)与仪器坐标系$O_{M2}-X_{M2}Y_{M2}Z_{M2}$(子系统2中)的旋转矩阵;

P_{M2M1}——$P_{M1}(x_{M1}, y_{M1}, 0)$在仪器坐标系$O_{M2}-X_{M2}Y_{M2}Z_{M2}$中的坐标,为$(x_{M2M1}, y_{M2M1}, 0)$。

则子系统1测得的合力点坐标$P_{M1}(x_{M1}, y_{M1}, 0)$与子系统2测得的合力点坐标$P_{M2}(x_{M2}, y_{M2}, 0)$可以在子系统2(仪器坐标系$O_{M2}-X_{M2}Y_{M2}Z_{M2}$)中进行合成。此时,可以得到第一条重力作用线在子系统2(仪器坐标系$O_{M2}-X_{M2}Y_{M2}Z_{M2}$)中的投影点的坐标为

$$X_{M1} = \frac{M_1 x_{M2M1} + M_2 x_{M2}}{M_1 + M_2} \tag{5.124}$$

$$Y_{M1} = \frac{M_1 y_{M2M1} + M_2 y_{M2}}{M_1 + M_2} \tag{5.125}$$

式中　M_1——子系统1测得的质量;

M_2——子系统2测得的质量;

x_{M2M1}——子系统1测得的合力点的X轴方向坐标在子系统2(仪器坐标系$O_{M2}-X_{M2}Y_{M2}Z_{M2}$)中的表示;

y_{M2M1}——子系统1测得的合力点的Y轴方向坐标在子系统2(仪器坐标系$O_{M2}-X_{M2}Y_{M2}Z_{M2}$)中的表示;

x_{M2}——子系统2(仪器坐标系$O_{M2}-X_{M2}Y_{M2}Z_{M2}$)测得的合力点的$X$轴方向坐标;

y_{M2}——子系统2(仪器坐标系$O_{M2}-X_{M2}Y_{M2}Z_{M2}$)测得的合力点的$Y$轴方向坐标;

X_{M1}——两套子系统测得的合力点坐标在子系统2(仪器坐标系$O_{M2}-X_{M2}Y_{M2}Z_{M2}$)中再次合成,合成后的$X$轴方向的坐标;

Y_{M1}——两套子系统测得的合力点坐标在子系统 2(仪器坐标系 $O_{M2} - X_{M2}Y_{M2}Z_{M2}$)中再次合成,合成后的 Y 轴方向的坐标。

由于 $(X_{M1}, Y_{M1}, 0)$ 为重力作用线上的一点,因此可以构建另一点,以确定重力作用线。如 $P_{M10}(X_{M1}, Y_{M1}, 0)$,$P_{M11}(X_{M1}, Y_{M1}, 1)$ 这两点都通过重力作用线,则可以通过这两点确定一条直线,为第一条重力作用线。

将 P_{M10} 和 P_{M11} 分别转换到产品坐标系 $O_S - X_S Y_S Z_S$ 下,可以得到产品坐标系下通过重力作用线的两点坐标 $P_{S10}(X_{S10}, Y_{S10}, Z_{S10})$ 和 $P_{S11}(X_{S11}, Y_{S11}, Z_{S11})$ 为

$$\begin{bmatrix} P_{S10} \\ 1 \end{bmatrix} = \begin{bmatrix} \boldsymbol{R}_{SG} & \boldsymbol{T}_{SG} \\ 0 & 1 \end{bmatrix} \begin{bmatrix} \boldsymbol{R}_{GR2} & \boldsymbol{T}_{GR2} \\ 0 & 1 \end{bmatrix} \begin{bmatrix} \boldsymbol{R}_{R2M2} & \boldsymbol{T}_{R2M2} \\ 0 & 1 \end{bmatrix} \begin{bmatrix} P_{M10} \\ 1 \end{bmatrix} \quad (5.126)$$

$$\begin{bmatrix} P_{S11} \\ 1 \end{bmatrix} = \begin{bmatrix} \boldsymbol{R}_{SG} & \boldsymbol{T}_{SG} \\ 0 & 1 \end{bmatrix} \begin{bmatrix} \boldsymbol{R}_{GR2} & \boldsymbol{T}_{GR2} \\ 0 & 1 \end{bmatrix} \begin{bmatrix} \boldsymbol{R}_{R2M2} & \boldsymbol{T}_{R2M2} \\ 0 & 1 \end{bmatrix} \begin{bmatrix} P_{M11} \\ 1 \end{bmatrix} \quad (5.127)$$

式中　P_{M10}——仪器坐标系 $O_{M2} - X_{M2}Y_{M2}Z_{M2}$ 中,第一条重力作用线上的第一点;

P_{S10}——产品坐标系中,第一条重力作用线上的第一点;

P_{M11}——仪器坐标系 $O_{M2} - X_{M2}Y_{M2}Z_{M2}$ 中,第一条重力作用线上的第二点;

P_{S11}——产品坐标系中,第一条重力作用线上的第二点;

$\boldsymbol{T}_{R2M2}$——仪器坐标系 $O_{M2} - X_{M2}Y_{M2}Z_{M2}$ 与参考坐标系 $O_{R2} - X_{R2}Y_{R2}Z_{R2}$ 的平移矩阵;

$\boldsymbol{R}_{R2M2}$——仪器坐标系 $O_{M2} - X_{M2}Y_{M2}Z_{M2}$ 与参考坐标系 $O_{R2} - X_{R2}Y_{R2}Z_{R2}$ 的旋转矩阵;

$\boldsymbol{T}_{GR2}$——参考坐标系 $O_{R2} - X_{R2}Y_{R2}Z_{R2}$ 与世界坐标系 $O_G - X_G Y_G Z_G$ 的平移矩阵;

$\boldsymbol{R}_{GR2}$——参考坐标系 $O_{R2} - X_{R2}Y_{R2}Z_{R2}$ 与世界坐标系 $O_G - X_G Y_G Z_G$ 的旋转矩阵;

$\boldsymbol{T}_{SG}$——世界坐标系 $O_G - X_G Y_G Z_G$ 与产品坐标系 $O_S - X_S Y_S Z_S$ 的平移矩阵;

$\boldsymbol{R}_{SG}$——世界坐标系 $O_G - X_G Y_G Z_G$ 与产品坐标系 $O_S - X_S Y_S Z_S$ 的旋转矩阵。

产品坐标系下第一条重力作用线方程为

$$\frac{x - X_{S10}}{X_{S11} - X_{S10}} = \frac{y - Y_{S10}}{Y_{S11} - Y_{S10}} = \frac{z - Z_{S10}}{Z_{S11} - Z_{S10}} \quad (5.128)$$

式中　$(X_{S10}, Y_{S10}, Z_{S10})$——产品坐标系 $O_S - X_S Y_S Z_S$ 中,第一条重力作用线上的第一点坐标;

$(X_{S11}, Y_{S11}, Z_{S11})$——产品坐标系 $O_S - X_S Y_S Z_S$ 中,第一条重力作用线上

的第二点坐标。

将式(5.128)改写为

$$\frac{x-X_{S10}}{m_1}=\frac{y-Y_{S10}}{n_1}=\frac{z-Z_{S10}}{p_1} \qquad (5.129)$$

式中　(m_1,n_1,p_1)——产品坐标系下第一条重力作用线的方向向量。

如图 5.31 所示，将被测件绕其 X_S 轴旋转任意一个角度，重复(5.128)至(5.129)所示工作，可以得到产品坐标系下另一条重力作用线为

$$\frac{x-X_{S20}}{m_2}=\frac{y-Y_{S20}}{n_2}=\frac{z-Z_{S20}}{p_2} \qquad (5.130)$$

式中　$(X_{S20},Y_{S20},Z_{S20})$——产品坐标系中，第二条重力作用线上的第二点坐标；

　　　m_2,n_2,p_2——产品坐标系下第二条重力作用线的方向向量。

由式(5.129)和式(5.130)求得两条重力作用线的交点，即可得到产品坐标系下的质心坐标。

质心柔性测量方法能够准确灵活地得到产品坐标系 $O_S-X_SY_SZ_S$ 与仪器坐标系($O_{M1}-X_{M1}Y_{M1}Z_{M1}$ 和 $O_{M2}-X_{M2}Y_{M2}Z_{M2}$)的转换矩阵，不再受机械工装的装配精度限制，并且无须将被测件精确旋转 90°，因此该方法能够较大程度上提高大尺寸被测件的质心测量精度，并且提高测量系统的兼容性。但是，在实际使用中还需要考虑以下几个因素。

a. 理论上利用被测件任意两个姿态下测量得到的重力线都能计算得到三维质心坐标，但是实际上为了减小测量误差，测量时应该使两条重力线夹角尽量接近 90°。

b. 由于实际测量中不可避免地会产生误差，得到的两条重力作用线在空间中可能异面，因此在计算时采用这两条异面直线公垂线的中点作为质心的最佳估计。

④ 转换矩阵求解方法。用最小二乘法确定转换模型，本节以仪器坐标系 $O_{M1}-X_{M1}Y_{M1}Z_{M1}$ 与参考坐标系 $O_{R1}-X_{R1}Y_{R1}Z_{R1}$ 的转换矩阵求解为例进行说明。已知子系统 1 中的第一个参考点在仪器坐标系 $O_{M1}-X_{M1}Y_{M1}Z_{M1}$ 中的坐标为 $P_{M1R1}(x_{M1R1},y_{M1R1},z_{M1R1})$，该参考点在参考坐标系 $O_{R1}-X_{R1}Y_{R1}Z_{R1}$ 中的坐标为 $P_{R1}(x_{R1},y_{R1},z_{R1})$，则仪器坐标系 $O_{M1}-X_{M1}Y_{M1}Z_{M1}$ 与参考坐标系 $O_{R1}-X_{R1}Y_{R1}Z_{R1}$ 之间满足：

$$\begin{bmatrix} x_{R1} \\ y_{R1} \\ z_{R1} \\ 1 \end{bmatrix} = \begin{bmatrix} a_{11} & a_{12} & a_{13} & T_x \\ a_{21} & a_{22} & a_{23} & T_y \\ a_{31} & a_{32} & a_{33} & T_z \\ 0 & 0 & 0 & 1 \end{bmatrix} \begin{bmatrix} x_{M1R1} \\ y_{M1R1} \\ z_{M1R1} \\ 1 \end{bmatrix} \qquad (5.131)$$

式中 $\begin{bmatrix} a_{11} & a_{12} & a_{13} \\ a_{21} & a_{22} & a_{23} \\ a_{31} & a_{32} & a_{33} \end{bmatrix}$ —— 仪器坐标系 $O_{M1}-X_{M1}Y_{M1}Z_{M1}$ 与参考坐标系 $O_{R1}-X_{R1}Y_{R1}Z_{R1}$ 的旋转矩阵，记为 $\boldsymbol{R}_{R1M1}=\begin{bmatrix} a_{11} & a_{12} & a_{13} \\ a_{21} & a_{22} & a_{23} \\ a_{31} & a_{32} & a_{33} \end{bmatrix}$；

$\begin{bmatrix} T_x \\ T_y \\ T_z \end{bmatrix}$ —— 仪器坐标系 $O_{M1}-X_{M1}Y_{M1}Z_{M1}$ 与参考坐标系 $O_{R1}-X_{R1}Y_{R1}Z_{R1}$ 的平移矩阵，记为 $\boldsymbol{T}_{R1M1}=\begin{bmatrix} T_x \\ T_y \\ T_z \end{bmatrix}$。

当有 n 个参考点时，可以将式(5.131)改写为

$$\begin{bmatrix} x_{R1} \\ y_{R1} \\ z_{R1} \\ \vdots \\ x_{Rn} \\ y_{Rn} \\ z_{Rn} \end{bmatrix} = \begin{bmatrix} 1 & 0 & 0 & x_{M1R1} & y_{M1R1} & z_{M1R1} & 0 & 0 & 0 & 0 & 0 & 0 \\ 0 & 1 & 0 & 0 & 0 & 0 & x_{M1R1} & y_{M1R1} & z_{M1R1} & 0 & 0 & 0 \\ 0 & 0 & 1 & 0 & 0 & 0 & 0 & 0 & 0 & x_{M1R1} & y_{M1R1} & z_{M1R1} \\ \vdots & \vdots & \vdots & \vdots & \vdots & \vdots & \vdots & \vdots & \vdots & \vdots & \vdots & \vdots \\ 1 & 0 & 0 & x_{MnRn} & y_{MnRn} & z_{MnRn} & 0 & 0 & 0 & 0 & 0 & 0 \\ 0 & 1 & 0 & 0 & 0 & 0 & x_{MnRn} & y_{MnRn} & z_{MnRn} & 0 & 0 & 0 \\ 0 & 0 & 1 & 0 & 0 & 0 & 0 & 0 & 0 & x_{MnRn} & y_{MnRn} & z_{MnRn} \end{bmatrix} \begin{bmatrix} T_x \\ T_y \\ T_z \\ a_{11} \\ a_{12} \\ a_{13} \\ a_{21} \\ a_{22} \\ a_{23} \\ a_{31} \\ a_{32} \\ a_{33} \end{bmatrix}$$

(5.132)

式中 $(x_{M1Rn}, y_{M1Rn}, z_{M1Rn})$ —— 第 n 个参考点在仪器坐标系 $O_{M1}-X_{M1}Y_{M1}Z_{M1}$ 中的坐标，n 取决于参考点的个数，并且 $n=1,2,\cdots$；

(x_{Rn}, y_{Rn}, z_{Rn}) —— 第 n 个参考点在参考坐标系 $O_{R1}-X_{R1}Y_{R1}Z_{R1}$ 中的坐标。

式(5.132)可以简写为

$$\boldsymbol{R}=\boldsymbol{MT} \tag{5.133}$$

由最小二乘法可以求得 $\boldsymbol{T}$ 为

$$\boldsymbol{T}=(\boldsymbol{M}^{\mathrm{T}}\boldsymbol{M})^{-1}\boldsymbol{M}^{\mathrm{T}}\boldsymbol{R} \tag{5.134}$$

求得 T 即求得了 R_{R1M1} 与 T_{R1M1}。

同理,可以求得世界坐标系 $O_G - X_G Y_G Z_G$ 与参考坐标系 $O_{R1} - X_{R1} Y_{R1} Z_{R1}$(子系统 1 中)、世界坐标系 $O_G - X_G Y_G Z_G$ 与参考坐标系 $O_{R2} - X_{R2} Y_{R2} Z_{R2}$(子系统 2 中)、世界坐标系 $O_G - X_G Y_G Z_G$ 与产品坐标系 $O_S - X_S Y_S Z_S$、仪器坐标系 $O_{M2} - X_{M2} Y_{M2} Z_{M2}$ 与参考坐标系 $O_{R2} - X_{R2} Y_{R2} Z_{R2}$(子系统 2 中)之间的转换关系。

4. 基于蒙特卡洛法的测量不确定度分析

下面对柔性质心测量方法的测量不确定度进行分析。根据《中华人民共和国国家计量技术规范》JJT 1059—2012,测量不确定度评定通常采用 A 类评定,即规定测量条件下测得的量值用统计分析的方法进行评定;或用 B 类评定,即基于权威机构发布的量值、有证标准物质的量值、校准证书等。当不能同时满足输入量的概率分布呈对称分布、近似正态分布或 t 分布、测量模型为线性模型或近似线性模型等条件时,可考虑采用蒙特卡洛法(简称 MCM 法)评定测量不确定度,即采用概率分布传播的方法。由于本节提出的柔性测量方法为多输入量,包括称重传感器测得值、称重传感器坐标、参考点坐标、各种转换矩阵等,因此测量模型难以求导。蒙特卡洛方法是利用对概率分布进行随机抽样的方法,将模型描述过程的模拟试验结果作为问题的近似解,避免了一阶或高阶灵敏度系数的计算,降低了数学模型的可解析要求。因此,本节采用蒙特卡洛法对质心组合测量不确定度进行分析。

根据蒙特卡洛法的原理,需要重复 N 次试验过程,并且 N 的取值越大,试验结果越能够接近于真实的情况,这也意味着需要生成大量的概率随机数,增加了模拟试验时间。而计算机技术及数据处理性能的提高有效缩短了模拟过程周期,这也是近几年蒙特卡洛法被广泛应用于不确定度评定的原因。基于蒙特卡洛法的柔性质心测量方法的不确定度分析步骤如下。

(1) 建立测量模型 $Y = f(X_1, X_2, \cdots, X_N)$。

(2) 模拟测量过程。对上述测量模型进行赋值,本节根据实际的测量需求,假设被测件质量为 4 000 kg,8 个称重传感器平分其质量,被测件质心恰好在 8 个称重传感器组成平面的几何中心上。假设被测件长度为 10 000 mm,同时假设单个称重传感器的最大称量值为 1 000 kg,精度等级为 C3,采用激光跟踪测量称重传感器的坐标。假设被测件的理论质心坐标为(5 000 mm,-300 mm,300 mm)。

(3) 设置蒙特卡洛法的抽样次数 N。理论上 N 越多越好,本次仿真分析取 $N = 10\ 000$。

(4) 由随机参数的分布特性随机产生 N 个样本,并计算模型在每个样本处的估计值,即不确定度仿真测量结果,其分布散点图如图 5.33 所示,分布直方图如

图 5.34 所示。通过图 5.33 可知,测量结果集中分布在(5 000 mm,−300 mm,300 mm)附近,并向四周发散。由图 5.34 可知,测量结果呈正态分布。

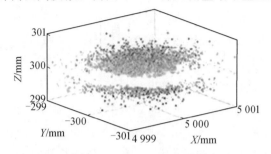

图 5.33 基于蒙特卡洛法的柔性质心测量方法的不确定度仿真测量结果分布散点图

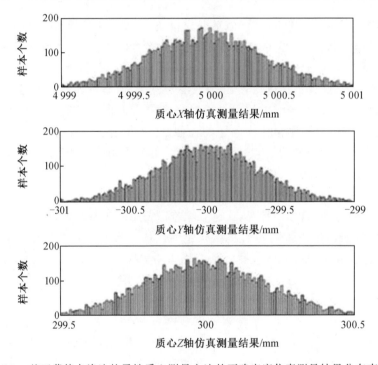

图 5.34 基于蒙特卡洛法的柔性质心测量方法的不确定度仿真测量结果分布直方图

(5) 计算测量结果不确定度。基于蒙特卡洛法的柔性质心测量方法的不确定度评定结果见表 5.4,表中数据表明,基于蒙特卡洛法柔性质心测量方法对于质量为 4 000 kg、长为 10 000 mm 的被测件,仿真结果的平均值与理论值相等,X 轴质心测量的标准不确定度为 0.4 mm($k=1$),97.5% 置信概率对应的质心误差分布区间为 [4 999.2 mm,5 000.8 mm];Y 轴、Z 轴质心测量的标准不确定度分别为 0.4 mm($k=1$) 和 0.2 mm($k=1$),97.5% 置信概率对应的质心误差分布区间分别为 [−300.7 mm,−299.3 mm] 和 [299.6 mm,300.4 mm]。被测件的理论质心坐标为(5 000 mm,－300 mm,300 mm)。

表 5.4　基于蒙特卡洛法的柔性质心测量方法的不确定度评定结果　　mm

待测项	X 轴	Y 轴	Z 轴
理论质心坐标(平均值)	5 000.0	－300.0	300.0
标准不确定度	0.4	0.4	0.2
97.5% 概率包含区间	[4 999.2,5 000.8]	[－300.7,－299.3]	[299.6,300.4]

由于激光跟踪仪的坐标测量精度与测量距离有关,因此随着两套子系统间距离的增大,柔性质心测量方法的测量精度将相应地降低。

针对采用多点称重法测量大尺寸飞行器的质量、质心,本节需要设计专用的设备,并且针对通用性较差、需要精确的机械定位、测量精度低、自动化程度低、测量系统精度难以准确评定等问题,提出了一种柔性质心测量方法。首先介绍了多点称重法测量质心的原理,并分析了该方法用于大尺寸飞行器测量时存在的主要问题。然后分析了某一测量姿态下重力作用线的建立方法,给出了仪器坐标系与产品坐标系的转换矩阵,并将该姿态下重力作用线转换到产品坐标系中。改变被测件姿态,求得该姿态下的另一条重力作用线,通过求解两条重力作用线的交点确定被测件质心的坐标。最后采用蒙特卡洛方法对该测量方法进行不确定度分析。

5.3.2　质心柔性测量系统

1.质心柔性测量系统总体方案

(1)被测件特点及技术指标。

某大尺寸回转类飞行器外形如图 5.35 所示,其外形为轴对称结构。该回转类飞行器具有不同型号、长度及直径,单段长为 10 000 ～ 50 000 mm,直径为 5 000 mm 左右,质量为 10 000 ～ 60 000 kg。

图 5.35　某大尺寸回转类飞行器外形(被测件)

质心柔性测量系统应具有质量测量及 X 轴、Y 轴、Z 轴质心测量的功能,质心柔性测量系统技术指标(测量范围及精度)见表 5.5。

表 5.5　质心柔性测量系统技术指标

设备参数	指标要求
质量测量范围 /kg	10 000 ～ 60 000
质量测量不确定度	≤ 0.1% F.S.
长度测量范围 /mm	1 000 ～ 50 000
质心 X 轴坐标测量不确定度 /mm	≤ 3
质心 Y 轴坐标和 Z 轴坐标测量不确定度 /mm	≤ 3

图 5.36 所示为质心柔性测量系统示意图,该系统由两套子系统组成,分别为子系统 1 和子系统 2,这两套子系统放置于地面的轨道上,其间距由被测件的长度决定,每套子系统均有 4 个高精度称重传感器,并且每套子系统的支撑部分设计了两个电动滚轮,用于驱动被测件绕其回转轴旋转。

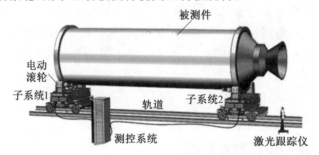

图 5.36　质心柔性测量系统示意图

本节介绍的质心柔性测量系统具有以下功能及特点。

① 单台子系统具有质量、质心测量功能,两套子系统组合可以用来测量十几米甚至几十米长的被测件,针对不同长度的被测件具有一定的通用性。

② 测量过程实现自动化。子系统具有自动调平、升降、驱动被测件绕回转轴 360°旋转的功能,并且实时采集称重传感器的数据。对被测件一次吊装即可完成质量及质心的测量。

质心柔性测量系统主要分为三部分:机械系统、电气系统和软件系统。这三部分相互配合,可实现高效、高精度的测量。

(2) 机械系统与电气系统设计。

① 自动调平策略。子系统的称重传感器所在平面为水平面是保证整个测量系统测量精度的前提条件,因此子系统需要具有调平功能,为了提高效率,需对子系统的调平策略进行研究。自动调平的传动方式主要分为两种,分别为机电传动方式和液压传动方式。液压传动方式以液体为工作介质,具有无法避免液体泄漏及需要液压泵等缺点,因此质心柔性测量系统采用机电传动方式,即采用

多个电动推杆控制子系统的调平和升降,电动推杆的动作由步进电机及驱动器控制。

无论是液压传动式还是机电传动式,根据支腿数量的不同,把常用的调平系统分为三点式、四点式和六点式等。调平系统模型图如图 5.37 所示,若 A、B、C、D 分别为四点式调平系统的 4 个支腿,A、B、E 为三点式调平系统的 3 个支腿,则三点式调平系统的抗倾覆力矩为

$$M_{G3} = Gl_{GE} \tag{5.135}$$

四点式调平系统的抗倾覆力矩为

$$M_{G4} = Gl_{GF} \tag{5.136}$$

由于 $l_{GF} > l_{GE}$,因此 $M_{G4} > M_{G3}$,即相同的条件下,四点式调平系统的抗倾覆能力优于三点式调平系统。根据"三点确定一个平面"的原理,三点式调平系统不会出现虚腿现象,调平算法相对简单,但由于支腿少,抗倾覆能力差,承载力较小;四点式调平系统的稳定性与抗倾覆能力较强,同时支撑点增多,在单腿载荷相同的情况下,四点式调平系统的承载能力更大,综合考虑被测件及两种支撑方式的特点,两套子系统均采用四点式调平系统。

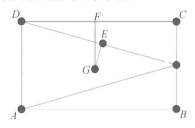

图 5.37 调平系统模型图

通常调平控制策略主要分为两种:位置误差调平法和角度误差调平法。位置误差调平法根据双轴倾角传感器的测量结果,以及支腿的安装位置,以某一个支腿的支撑点为参考点保持不动,计算出其他支腿相对于该参考点上升或下降距离达到调平的目的。该方法适用于任意数量支腿的调平系统,调平时间短,但软件算法复杂,调平精度受到系统刚性、传动间隙及安装尺寸误差等因素的影响。角度误差调平法根据双轴倾角传感器的数值大小,通过对多个支腿的循环调整使双轴倾角传感器的数值逐渐趋于零,该方法无须掌握支腿的几何位置,也无须计算每个支腿的升降行程,算法简单,但调平时间长。综合考虑两种调平方法的优缺点,本节提出将两种方法相结合的方法——四点式位置误差调平法。

图 5.38 所示为四点式调平系统非水平状态模型图。假设坐标系 $O-X_0Y_0Z_0$ 的 X_0OY_0 面为水平面,并设 A、B、C、D 为四点式调平系统的 4 个支点位置,$ABCD$ 所在的平面为实际平面,该平面为坐标系 $O-XYZ$ 的 XOY 面。此外,B、C、D 在 X_0OY_0 面的投影点分别为 B_0、C_0、D_0,因此确定 BB_0、CC_0、DD_0 的距离

就可以确定每个支腿的运动距离。因此建立起坐标系 $O-X_0Y_0Z_0$ 与坐标系 $O-XYZ$ 的转换矩阵就可以确定每个支腿的运动距离。

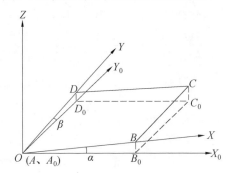

图 5.38　四点式调平系统非水平状态模型图

$$\begin{bmatrix} x_A \\ y_A \\ z_A \end{bmatrix} = \begin{bmatrix} \cos\alpha & 0 & -\sin\alpha \\ 0 & 1 & 0 \\ \sin\alpha & 0 & \cos\alpha \end{bmatrix} \begin{bmatrix} 1 & 0 & 0 \\ 0 & \cos\beta & \sin\beta \\ 0 & -\sin\beta & \cos\beta \end{bmatrix} \begin{bmatrix} x_{A0} \\ y_{A0} \\ z_{A0} \end{bmatrix} \qquad (5.137)$$

根据式(5.137),可以得到 4 个支点在两个坐标体系中的关系为

$$\begin{bmatrix} x_A & x_B & x_C & x_D \\ y_A & y_B & y_C & y_D \\ z_A & z_B & z_C & z_D \end{bmatrix} = \begin{bmatrix} \cos\alpha & \sin\alpha\sin\beta & -\sin\alpha\cos\beta \\ 0 & \cos\beta & \sin\beta \\ \sin\alpha & -\cos\alpha\sin\beta & \cos\alpha\cos\beta \end{bmatrix} \begin{bmatrix} x_{A0} & x_{B0} & x_{C0} & x_{D0} \\ y_{A0} & y_{B0} & y_{C0} & y_{D0} \\ z_{A0} & z_{B0} & z_{C0} & z_{D0} \end{bmatrix}$$

$$(5.138)$$

式(5.138)可简写为

$$\boldsymbol{S} = \boldsymbol{M}\boldsymbol{S} \qquad (5.139)$$

直接将 A、B、C、D 四点在两个坐标系中的坐标进行对比,就能得到各个支腿上升或下降的距离。虚腿判定及约束方法研究文献较多,本节重点分析两套子系统的 8 个称重传感器如何调整到同一水平面上。

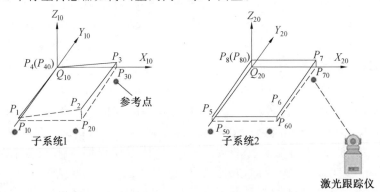

图 5.39　质心柔性测量系统调平模型图

通过以上分析可知,自动调平系统共由4组相互独立的电动推杆组成,主要包括步进电机、减速器和电动推杆,电动推杆的升降由步进电机及驱动器控制,每个电动推杆可单独升降或多个联合升降。水平装置的每个电动推杆上均安装有上、下限位开关,用来限制电动推杆的升降行程。

自动调平的测控系统包括工控机、多轴运动控制卡、步进电机、驱动器等。调平时,倾角传感器实时将测量系统的倾斜角度传输给上位机,上位机将数据进行处理后分别计算出4个螺旋升降机的位移量,并控制4个步进电机的正反转实现螺旋升降机的运动,最终调平。调平后,若两套子系统存在高度差,则可同时控制某一套子系统上的4个步进电机实现系统整体升降,最后使两套子系统在同一高度上。

控制步进电机时,软件系统将指令发送给多轴运动控制卡,多轴运动控制卡再将控制指令发给电机驱动器,最后电机驱动器将指令转换为电机控制信号进而控制步进电机旋转,图5.40所示为自动调平模块电气连接示意图。

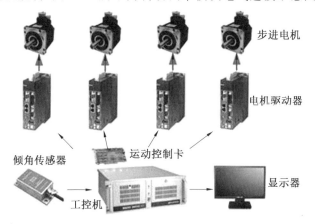

图5.40 自动调平模块电气连接示意图

② 称重传感器侧向力消除方法与数据采集。四点式调平系统的抗倾覆能力强于三点式调平系统,因此单台子系统上均设计了4个称重传感器。测量状态时,上层台的所有质量均由4个称重传感器承担,由于上层台与下层台为分离的结构,为了保证多次测量时有较高的测量重复性,可对称重传感器的支撑结构进行优化设计。测控系统还包括升降与滚转控制模块,该模块用于控制被测件绕轴滚转,此外,还可以控制工作台面的上升和下降,以使工作台面脱离或落于称重传感器上。

测量机构与升降机构示意图如图5.41所示,升降机构采用1个电机控制4个螺旋升降机,电机与螺旋升降机通过减速器、联轴器、换向器等组成一个整体,可以由1个电机控制4个螺旋升降机同步升降。非测量状态时,升降机构使上层台脱离称重传感器,使传感器不受力;测量时,升降机构使上层台下降并完全落在4个称重传感器上。

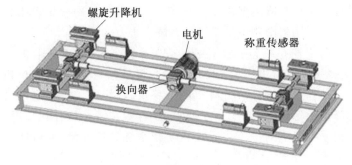

图 5.41　测量机构与升降机构示意图

由于需要反复对上层台进行升降,因此对上层台每次下降时的位置重复性具有较高的要求。称重传感器在使用过程中不能存在侧向力,因此设计了耦合支撑结构。对于4个称重传感器耦合使用的情况,为了防止第4个称重传感器支承增加额外的约束,将第4个支承设计为平面。如图 5.42(a)所示,称重传感器的支撑结构从下至上依次为下支承、球、上支承。4个称重传感器的下支承均为球窝结构,而4个上支承(对应4个称重传感器)分别设计为球窝、平面、柱窝、平面。第4个称重传感器的支撑结构设计为平面的目的是防止过定位。平面、球窝、柱窝结构分别如图 5.42(b)~(d)所示。

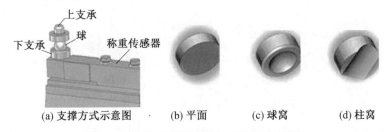

(a) 支撑方式示意图　　(b) 平面　　(c) 球窝　　(d) 柱窝

图 5.42　称重传感器支撑方式及附件示意图

图 5.43 所示为数据采集模块电气连接示意图,该模块为测量系统的核心部分,包括称重传感器信号的采集、处理与显示单元,该模块直接影响到测量结果的准确性与可靠性。单个子系统有4个称重传感器,称重传感器采集到的模拟信号经过称重仪表转换为数字信号,并通过RS232串口实现与上位机的通信。

测量机构为柔性测量系统最核心的机构,位于下层台,如图 5.41 所示。该机构包含4个称重传感器,而3个称重传感器即可实现对上层台的稳定支撑,由于被测件尺寸较大并且质量较大,从安全角度考虑增加一个冗余的称重传感器。

③ 支撑与驱动机构。支撑与驱动机构用来支撑被测件,并且驱动被测件绕回转轴旋转,以现实空间 X 轴、Y 轴、Z 轴方向的质心测量。该机构由主动滚转

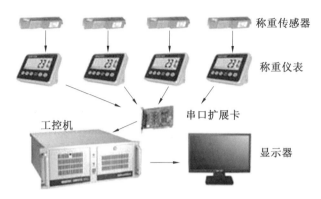

图 5.43　数据采集模块电气连接示意图

机构与从动滚转机构组成,两套子系统共有 4 个滚转机构,因此可以稳定地支撑被测件,并且该支撑方式可以兼容不同直径的被测件,被测件的回转通过主动滚转机构上的电机来控制。主动滚转机构主要包含电机、减速器、滚轮等。

主动滚转机构中的电机由变频器控制,以实现缓慢启动、停止及转速控制,电机输出的转速和扭矩通过减速器降速、增加扭矩后,传递给主动滚轮,主动滚轮通过摩擦力传递给被测件,使被测件按预定的转速绕回转轴转动。从动滚动装置对被测件起到辅助支撑的作用,当被测件转动时,从动滚转轮跟随被测件转动。

每套子系统均有 4 个轮毂,用于驱动两套子系统在轨道上移动,根据被测件长度不同,调整好两测量系统位置后,可以通过锁紧机构将两套子系统的位置固定,可以通过电动推杆控制子系统整体升降,使得轮毂脱离地面。此外,每套子系统均设计了限位装置,起定位被测件的作用,并且防止被测件在旋转过程中窜动。

(3) 软件系统分析与设计。测控软件是针对质心柔性测量系统设计的专用软件,需要实现对电机的控制与传感器信号的采集、测量结果的计算与显示,因此要求集控制、采集、计算、报表于一体。此外,需要集成柔性测量算法,能够在一定程度上补偿测量误差,得到高精度的质量、质心的测量结果。

通过以上分析可知,本节介绍的软件系统主要分为三部分,分别为运动控制、产品测量与系统设置。其中运动控制包括升降及调平控制,系统设置包括传感器系数标定及系统标校。

(1) 运动控制。运动控制部分包括限位开关触发显示、倾角传感器数据显示、单个电动推杆升降控制及一键调平,可以实现手动调平或自动调平,也可以控制子系统 1 或子系统 2 整体升降。

(2) 产品测量。产品测量部分可以实时显示 8 个称重传感器的数据,通过采集空载、加载两种状态的称重传感器数据,以及输入激光跟踪仪采集到的坐标数据,计算出被测件的质量、质心并显示于测量界面上。

(3)系统设置。对两套子系统分别进行标定,分为称重传感器位置标定、称重传感器系数标定以及系统误差标定。

2. 质心柔性测量方法实验验证

为了验证 5.3.1 节提出的质心柔性测量方法,这里对标准件和样件的质量、质心进行测量。

(1)子系统质量测量实验。测量系统针对的被测件质量约 3 000 kg,考虑工装的质量,单台测量系统工作时称量值约为 2 200 kg,由此确定质量测量实验的最大质量。对标准件的质量进行测量,标准件质量为 1 597.4 kg,以其作为基本质量,并累加标准砝码进行多次测量,标准砝码单块质量为 20 kg,每次累加数目不等,共累加 5 次,至 2 197.4 kg 后再分多次卸载若干块砝码。该过程共重复了 3 次,取其中一次测量结果列入表 5.6 中,表中传感器 1~4 分别代表 4 个称重传感器。

表 5.6 标准砝码质量测量数据(子系统 1) kg

序号	标准砝码质量	传感器				总质量(含工装)	测量值	误差
		1	2	3	4			
1	0	235.7	231.9	236.2	230.4	934.2	934.2	
2	1 597.4	707.0	645.8	547.7	631.1	2 531.6	1 597.4	0.0
3	1 697.4	716.4	653.5	589.4	672.4	2 631.6	1 697.4	0.0
4	1 777.4	716.5	671.7	636.7	686.9	2 711.7	1 777.5	0.1
5	1 897.4	775.0	691.7	646.5	718.6	2 831.8	1 897.6	0.2
6	2 017.4	806.1	755.5	665.6	724.4	2 951.7	2 017.5	0.1
7	2 137.4	807.1	748.0	678.3	838.3	3 071.7	2 137.5	0.1
8	2 197.4	846.2	759.5	676.9	849.2	3 131.8	2 197.6	0.2
9	2 077.4	836.1	745.9	624.2	805.2	3 011.7	2 077.5	0.1
10	1 977.4	828.3	733.8	578.2	771.6	2 911.8	1 977.6	0.2
11	1 877.4	829.8	740.2	571.5	670.3	2 811.7	1 877.5	0.1
12	1 737.4	749.3	717.4	565.0	640.1	2 671.7	1 737.5	0.1
13	1 597.4	704.8	648.1	545.7	633.1	2 531.6	1 597.4	0.0

由表 5.6 可知,子系统 1 的质量测量误差的最大值为 0.2 kg,相对误差小于 0.05%。采用同样的方法对后台设备进行实验,测量结果见表 5.7。

表 5.7　标准砝码质量测量数据（子系统 2）　　　　　　kg

序号	标准砝码质量	传感器				总质量（含工装）	测量值	误差
		1	2	3	4			
1	0	210.2	206.4	211.6	206.8	835.0	835.0	
2	1 597.4	636.2	643.3	609.8	543.1	2 432.4	1 597.4	0.0
3	1 697.4	646.2	652.5	651.7	582.1	2 532.5	1 697.5	0.1
4	1 817.4	648.5	673.8	725.8	604.4	2 652.5	1 817.5	0.1
5	1 917.4	646.2	680.6	813.6	612.3	2 752.7	1 917.7	0.3
6	2 037.4	679.3	748.2	821.9	623.2	2 872.6	2 037.6	0.2
7	2 117.4	760.8	755.7	816.0	620.0	2 952.5	2 117.5	0.1
8	2 197.4	770.2	753.9	827.6	681.0	3 032.7	2 197.7	0.3
9	2 077.4	712.5	741.6	809.3	649.2	2 912.6	2 077.6	0.2
10	1 957.4	670.0	738.7	790.0	593.9	2 792.6	1 957.6	0.2
11	1 817.4	658.8	668.0	742.7	583.0	2 652.5	1 817.5	0.1
12	1 697.4	641.7	641.7	694.9	554.1	2 532.4	1 697.4	0.0
13	1 597.4	636.6	642.9	610.4	542.6	2 432.5	1 597.5	0.1

由表 5.6、表 5.7 所示的两套子系统的质量测量结果可知，质量测量误差均在 0.3 kg 以下，相对误差均小于 0.05%。

(2) 子系统质心测量实验。为了验证测量系统的质心测量精度，对标准件的质心进行多次测量，示意图如图 5.44 所示。测量方法是：首先，圆柱形标准件的形心位置为其质心的约定真值（经过计量部门检定，其质心与形心的偏差在 0.05 mm 以下），将标准件放置在测量系统上多个不同的位置，并用激光跟踪仪测量其形心坐标；同时，用激光跟踪仪测量子系统上 3 个参考点的坐标，将形心坐标转换到仪器坐标系下；然后，将测量系统测得的质心坐标与转换过来的形心坐标进行比对。

图 5.44　子系统质心测量实验示意图

两套子系统的质心测量误差如图 5.45、图 5.46 所示,10 次测量结果表明,质心测量误差的绝对值在 0.5 mm 以下,且质心测量的标准差在 0.2 mm 以下。

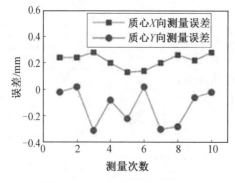
图 5.45　子系统 1 的质心测量误差

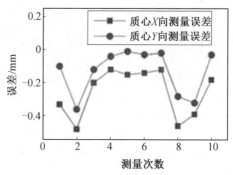
图 5.46　子系统 2 的质心测量误差

(3)质心柔性测量方法验证实验。采用质心柔性测量方法对某样件进行测量,该被测件质量约 3 000 kg,长约 10 000 mm,对相同的被测件共进行 5 次重复性测量实验,质心柔性测量方法的质量、质心测量数据见表 5.8,并且这 5 次实验的平均值见表 5.9。

表 5.8　质心柔性测量方法的质量、质心测量数据

序号	质量/kg	质心/mm		
		X 轴	Y 轴	Z 轴
1	2 858.1	6 392.3	32.7	−2.1
2	2 858.1	6 392.1	32.7	−2.2
3	2 858.1	6 392.3	32.7	−2.2
4	2 858.0	6 392.4	32.6	−2.2
5	2 858.2	6 392.4	32.7	−2.2

采用传统测量方法对该被测件的质量、质心进行测量,将传统测量方法的测量结果同样列于表 5.9 中,可以得到两种测量方法的对比数据。

表 5.9　质心柔性测量方法与传统测量方法测量结果对比

方法	质量/kg	质心/mm		
		X 轴	Y 轴	Z 轴
质心柔性测量方法	2 858.1	6 392.3	32.7	−2.2
传统测量方法	2 859.2	6 391.4	33.1	−2.4
偏差	−1.1	0.9	−0.4	0.2

由表 5.8 及表 5.9 的数据可知,质心柔性测量方法的质量测量平均值为 2 858.1 kg,标准差为 0.07 kg,X 轴、Y 轴、Z 轴质心测量平均值分别为 6 392.3 mm、32.7 mm、−2.2 mm,标准差为 0.12 mm、0.09 mm、0.07 mm,测量结果的标准差表明该方法具有较高的测量重复性。通过质心柔性测量方法与传统测量方法测量结果的对比,可以发现轴向质心测量偏差在 1.0 mm 以下,径向质心测量偏差在 0.5 mm 以下,说明质心柔性测量方法具有可行性,并且具有较高的测量精度。

测量结果表明,质心柔性测量系统具有较高的测量精度,且可以兼容多种型号的被测件。

5.3.3 测量系统误差修正方法研究及实验

1. 必要性

质心柔性测量方法借助高精度的坐标测量设备(如激光跟踪仪)来确定两套子系统间的位置关系,以及两套子系统与被测件的位置关系,但不局限于采用坐标测量设备。在实际测量过程中,即使没有坐标测量设备,也可以采用机械定位确定两套子系统与被测件之间的关系。此时要求两套子系统的高度相同,且要求两套子系统只存在被测件长度方向的平移,即不存在空间角度的偏移。然而在实际使用过程中,导轨精度有限,导轨与测量系统的轮毂之间存在间隙,且由于测量系统较大,难以精确调整位姿状态,两套子系统难免会存在其他方向的平移及空间角度偏差。

利用该方法测量质心时,测量精度要求不高时,可以忽略一些误差因素,如被测件倾斜、安装偏心等。随着被测件尺寸的增大,微小的输入误差可能会使测量误差放大数倍,随着被测件高度的增加,被测件竖直方向倾斜引入的误差将增大,因此需要对误差修正方法进行研究。

接下来主要研究提高测量精度的方法:称重传感器实际受力点与理想位置不重合的修正方法;被测件安装倾斜、偏心造成测量误差的修正方法;同时,对两套子系统组合测量时空间位置偏差进行研究,分析两套子系统间存在的误差源、对测量结果造成的影响及误差修正方法。

2. 称重传感器的坐标修正方法

称重传感器的位置坐标通常由机械加工和装配确定。在使用过程中,特别是加载的质量较大时,因上层平台的形变、称重传感器上的承压部分结构的误差、球窝的尺寸偏差等问题,称重传感器实际受力点与理想受力点间会存在偏移。通常飞行器对质心测量精度要求较高,有些型号质心测量不确定度要求在 0.1 mm 以下,因此修正称重传感器的坐标尤为重要。

(1)称重传感器坐标修正基本原理。称重传感器受力点坐标 $S_i(x_i,y_i)(i=1,2,3)$ 的准确程度成为影响测量结果的关键因素。若已知被测件质量和仪器坐标系下被测件的质心坐标 (x,y) 及称重传感器测得的质量 $\Delta m_i(i=1,2,3)$,即可以反算出称重传感器受力点的坐标 $S_i(x_i,y_i)(i=1,2,3)$。

称重传感器坐标修正方法示意图如图 5.47 所示,该方法采用圆柱形标准件作为被测件,其质量已知,其形心作为质心的约定真值。采用激光跟踪仪精确测量其形心坐标,并同时采集设备上 3 个以上的参考点坐标,参考点与称重传感器位置关系确定且预先测量完成,因此可以将形心坐标转换到仪器坐标系下得到 (G_x,G_y)。

图 5.47 称重传感器坐标修正方法示意图

将标准件放置于测量平台上不同的位置,通过采集不同位置时称重传感器的测量数据,由静力矩平衡原理,可以分别得到

$$\begin{bmatrix} G_{x1} \\ G_{x2} \\ \vdots \\ G_{xn} \end{bmatrix} = \frac{1}{M} \begin{bmatrix} m_{11} & m_{12} & \cdots & m_{1p} \\ m_{21} & m_{22} & \cdots & m_{2p} \\ \vdots & \vdots & & \vdots \\ m_{n1} & m_{n2} & \cdots & m_{np} \end{bmatrix} \begin{bmatrix} S_{x1} \\ S_{x2} \\ \vdots \\ S_{xp} \end{bmatrix} \qquad (5.140)$$

$$\begin{bmatrix} G_{y1} \\ G_{y2} \\ \vdots \\ G_{yn} \end{bmatrix} = \frac{1}{M} \begin{bmatrix} m_{11} & m_{12} & \cdots & m_{1p} \\ m_{21} & m_{22} & \cdots & m_{2p} \\ \vdots & \vdots & & \vdots \\ m_{n1} & m_{n2} & \cdots & m_{np} \end{bmatrix} \begin{bmatrix} S_{y1} \\ S_{y2} \\ \vdots \\ S_{yp} \end{bmatrix} \qquad (5.141)$$

式中　　M——标准件的质量;

$(S_{xi},S_{yi})(i=1,2,\cdots,p)$——仪器坐标系下称重传感器受力点的坐标;

p——称重传感器的数量;

$(G_{xj},G_{yj})(j=1,2,\cdots,n)$——标准件在仪器坐标系下的质心坐标;

n——不同的位置;

m_{np}——标准件位于第 n 个位置时,第 p 个称重传感器空载与加载状态

时测得值的差值。

式(5.140)可写为

$$G_x = MS_x \tag{5.142}$$

同理,式(5.141)可写为

$$G_y = MS_y \tag{5.143}$$

当 $n \geqslant p$ 时,分别求解式(5.142)、式(5.143)中的 S_x、S_y,即为修正后的称重传感器受力点的坐标。求解式(5.142)、式(5.143)为典型的矩阵求解问题。

(2) 基于总体最小二乘法的修正方法。应用数学模型对测量数据进行处理是提高测量精度的有效方法,随着数学模型与方法的不断发展与更新,测量数据处理的精度也在不断提高。近年来,能够同时顾及观测误差与系数矩阵中含有的误差的总体最小二乘法受到关注。区别于传统的最小二乘准则,应用总体最小二乘法建立参数估计模型的算法一直是人们讨论的焦点。

最小二乘法在求解式(5.3)、式(5.4)时认为只有观测向量 G_x、G_y 存在误差,由于矩阵 M 和 G_x、G_y 均为实测数据计算所得,均存在噪声干扰误差,因此最小二乘估计从统计学观点不再最优,其偏差的协方差将因受到噪声干扰误差的影响而增加,本节应用总体最小二乘法进行解算。

将式(5.142)改写为

$$\begin{bmatrix} M & G_x \end{bmatrix} \begin{bmatrix} S_x \\ -1 \end{bmatrix} = 0 \tag{5.144}$$

式中　S_x——$p \times 1$ 阶待估参数,即 p 个称重传感器的 X 向坐标组成的矩阵;

　　　M——$n \times p$ 阶系数矩阵($n \geqslant p$),且 $\text{rank}(M) = p$,与标准件在 n 个不同位置时,p 个称重传感器各自采集到的质量有关;

　　　G_x——$n \times 1$ 阶观测向量,即被测件在 n 个不同位置时,测量坐标系下 X 轴形心坐标组成的矩阵。

设增广矩阵 $Z = \begin{bmatrix} M & G_x \end{bmatrix}$,则 $\text{rank}(Z) = p + 1$,对矩阵 Z 进行奇异值分解,得到

$$Z = U \Sigma V^{\mathrm{T}} \tag{5.145}$$

式中　$U = [u_1, u_2, \cdots, u_n] \in \mathbf{R}^{n \times n}$;

　　　$V = [v_1, v_2, \cdots, v_{p+1}] \in \mathbf{R}^{(p+1) \times (p+1)}$;

　　　$\Sigma = \text{diag}(\sigma_1, \sigma_2, \cdots, \sigma_{p+1})$,$\sigma_1 \geqslant \sigma_2 \geqslant \cdots \geqslant \sigma_{p+1} \geqslant 0$。

当 $v_{p+1, p+1} \neq 0$ 时,系数矩阵和观测值的总体最小二乘估计为

$$\hat{Z} = U \hat{\Sigma} V^{\mathrm{T}} \tag{5.146}$$

式中　$U = [u_1, u_2, \cdots, u_n] \in \mathbf{R}^{n \times n}$;

　　　$V = [v_1, v_2, \cdots, v_{p+1}] \in \mathbf{R}^{(p+1) \times (p+1)}$;

$$\hat{\boldsymbol{\Sigma}} = \mathrm{diag}(\sigma_1, \sigma_2, \cdots, \sigma_{p+1}), \sigma_1 \geqslant \sigma_2 \geqslant \cdots \geqslant \sigma_{p+1} \geqslant 0.$$

此时有

$$\min \| [\boldsymbol{M} \;\; \boldsymbol{G}_x] - [\hat{\boldsymbol{M}} \;\; \hat{\boldsymbol{G}}_x] \|_2 = \sigma_{p+1} \tag{5.147}$$

并且

$$[\boldsymbol{M} \;\; \boldsymbol{G}_x] - [\hat{\boldsymbol{M}} \;\; \hat{\boldsymbol{G}}_x] = [\boldsymbol{e} \;\; \boldsymbol{v}] = \sigma_{p+1} \boldsymbol{u}_{p+1} \boldsymbol{v}_{p+1}^{\mathrm{T}} \tag{5.148}$$

式中 $\boldsymbol{e}$、$\boldsymbol{v}$ —— 矩阵 $\boldsymbol{M}$ 与 $\boldsymbol{G}_x$ 含有的误差矩阵与向量；

$\boldsymbol{u}_{p+1}$、$\boldsymbol{v}_{p+1}$ —— 矩阵 $\boldsymbol{U}$ 与 $\boldsymbol{V}$ 的第 $p+1$ 列。

参数向量的总体最小二乘估计值满足下列关系：

$$\begin{bmatrix} \hat{\boldsymbol{S}}_x \\ -1 \end{bmatrix} = \frac{-1}{v_{p+1,p+1}} \boldsymbol{v}_{p+1} \tag{5.149}$$

由式(5.149)可得，基于奇异值分解的参数向量总体最小二乘解为

$$\hat{\boldsymbol{S}}_x = \frac{-1}{v_{p+1,p+1}} [v_{1,p+1}, \cdots, v_{p,p+1}]^{\mathrm{T}} \tag{5.150}$$

参数向量 $\begin{bmatrix} \hat{\boldsymbol{S}}_x^{\mathrm{T}} & -1 \end{bmatrix}^{\mathrm{T}}$ 为矩阵 $[\boldsymbol{M} \;\; \boldsymbol{G}_x]^{\mathrm{T}} [\boldsymbol{M} \;\; \boldsymbol{G}_x]$ 最小特征值对应的特征向量，因此可得如下方程：

$$[\boldsymbol{M} \;\; \boldsymbol{G}_x]^{\mathrm{T}} [\boldsymbol{M} \;\; \boldsymbol{G}_x] \begin{bmatrix} \hat{\boldsymbol{S}}_x \\ -1 \end{bmatrix} = \begin{bmatrix} \boldsymbol{M}^{\mathrm{T}} \boldsymbol{M} \hat{\boldsymbol{S}}_x - \boldsymbol{M}^{\mathrm{T}} \boldsymbol{G}_x \\ \boldsymbol{G}_x^{\mathrm{T}} \boldsymbol{M} \hat{\boldsymbol{S}}_x - \boldsymbol{G}_x^{\mathrm{T}} \boldsymbol{G}_x \end{bmatrix} = \sigma_{p+1}^2 \begin{bmatrix} \hat{\boldsymbol{S}}_x \\ -1 \end{bmatrix} \tag{5.151}$$

由式(5.151)可得

$$(\boldsymbol{M}^{\mathrm{T}} \boldsymbol{M} - \sigma_{p+1}^2 \boldsymbol{I}_p) \hat{\boldsymbol{S}}_x = \boldsymbol{M}^{\mathrm{T}} \boldsymbol{G}_x \tag{5.152}$$

因此，n 个称重传感器 X 向坐标矩阵 $\boldsymbol{S}_x$ 的总体最小二乘估计为

$$\hat{\boldsymbol{S}}_x = (\boldsymbol{M}^{\mathrm{T}} \boldsymbol{M} - \sigma_{p+1}^2 \boldsymbol{I}_p)^{-1} \boldsymbol{M}^{\mathrm{T}} \boldsymbol{G}_x \tag{5.153}$$

同理，可得 n 个称重传感器 Y 向坐标矩阵 $\boldsymbol{S}_y$ 的最优估计值为

$$\hat{\boldsymbol{S}}_y = (\boldsymbol{M}^{\mathrm{T}} \boldsymbol{M} - \sigma_{p+1}^2 \boldsymbol{I}_p)^{-1} \boldsymbol{M}^{\mathrm{T}} \boldsymbol{G}_y \tag{5.154}$$

（3）称重传感器坐标修正实验。实验中共采用两个标准件，分别用于修正测量设备和验证修正后的结果，标准件为圆柱形，材料为不锈钢，表面发黑处理，其质量及质心经过计量部门检定，具体检定结果见表5.10。其质心与形心偏差小于 0.05 mm，因此将形心视为标准件质心的约定真值。

表 5.10　标准件的质量及质心与形心的偏差

编号	质量 /kg	质心与形心的偏差	
		x/mm	y/mm
1	779.43	<0.05	<0.05
2	529.94	<0.05	<0.05

实验中共测量了 10 组数据。分别将 1 号、2 号标准件放置于设备上 5 个不同的位置并测量其质心,采用激光跟踪仪测量其形心作为约定真值,并将该约定真值转换到仪器坐标系下。表 5.11 所示为设备测得的质心结果与激光跟踪仪测得的形心转换到仪器坐标系中的结果,两种结果偏差的最大值为 0.24 mm。

表 5.11　标准件质心测量数据　　　　　　　　　　　　　　mm

序号	标准件质心投影（设备测得）		标准件形心（跟踪仪测得,转换到仪器坐标系下）		偏差	
	X 轴	Y 轴	X 轴	Y 轴	X 轴	Y 轴
1	123.85	93.57	123.78	93.52	0.07	0.05
2	−100.69	−40.23	−100.93	−40.15	0.24	−0.08
3	75.41	10.61	75.48	10.41	−0.07	0.20
4	70.20	30.35	70.26	30.41	−0.06	−0.06
5	63.18	75.97	63.14	76.04	0.04	−0.07
6	−61.87	−23.28	−61.7	−23.38	−0.17	0.10
7	40.45	−24.03	40.40	−23.98	0.05	−0.05
8	20.03	−32.03	20.01	−32.11	−0.01	0.08
9	−4.04	15.20	−4.20	15.33	0.16	−0.13
10	−40.32	−30.98	−40.17	−31.01	−0.15	0.03

采用基于总体最小二乘法的修正方法,对 3 个称重传感器的坐标进行修正。修正前后称重传感器坐标见表 5.12。通过表 5.12 可知,称重传感器坐标修正值最高为 1.19 mm。

表 5.12　修正前后称重传感器坐标

传感器序号	坐标	修正前 /mm	修正后 /mm	差值 /mm
1	X 轴	392.97	394.16	−1.19
	Y 轴	0.00	0.03	−0.03

续表 5.12

传感器序号	坐标	修正前/mm	修正后/mm	差值/mm
2	X轴	−196.41	−196.87	0.46
	Y轴	339.75	339.43	0.32
3	X轴	−196.56	−196.63	0.07
	Y轴	−339.75	−340.08	0.33

采用表 5.12 中修正后的称重传感器坐标作为新的坐标值,对 1 号、2 号标准件再次进行测量,以验证修正后的质心测量结果。分别将标准件放置于设备上 5 个不同的位置,采用激光跟踪仪测量其形心并转换到仪器坐标系下,作为约定真值。修正前后标准件质心测量误差对比图如图 5.48 所示。

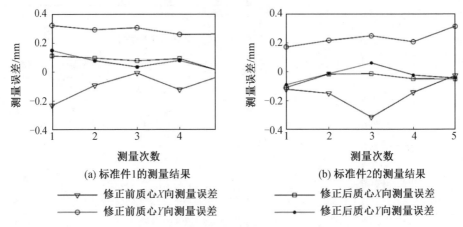

图 5.48 修正前后标准件质心测量误差对比图

修正前后标准件质心测量误差的标准差与平均值见表 5.13。由图 5.49 及表 5.13 可知,修正前后标准件质心测量误差的标准差没有明显变化,但修正后标准件质心测量误差的平均值明显减小,误差的平均值由 0.3 mm 以内缩小至 0.1 mm 以内。实验结果表明,经过该方法修正的测量系统,可以明显地提高测量精度。

表 5.13 修正前后标准件质心测量误差的标准差及平均值

值	标准件序号	修正前		修正后	
		x/mm	y/mm	x/mm	y/mm
平均值	1	−0.09	0.29	0.08	0.07
	2	−0.15	0.23	−0.05	−0.02
标准差	1	0.09	0.03	0.04	0.05
	2	0.09	0.06	0.09	0.09

3. 主要误差源及误差分离方法

本节提出的测量方法在借助高精度的坐标测量设备时,不严格要求被测件相对于两套子系统的位置及角度。该方法也可以采用机械定位,但此时被测件安装偏心及倾斜将会影响测量结果的准确性,特别是对于尺寸较大、测量精度要求高的飞行器,测量误差将会更大。

大尺寸回转类被测件的 Y 轴、Z 轴质心测量精度主要受被测件安装偏心的影响,而 X 轴的质心测量精度主要受安装倾斜的影响。本节分别分析被测件安装偏心和倾斜两种情况时的误差分离。

误差分离技术在主轴回转误差分离领域的研究较多。1972年,Donaldson 和 Estler 首次提出反向法误差分离技术,对主轴回转误差和被测件的形状误差进行分离,反向法后来也发展成为一种广泛应用的误差分离技术。目前主轴回转误差分离领域技术比较成熟,常用的误差分离方法有反向法、多步法、多点法等,此外根据被测对象的实际情况还提出了许多改进方法。而质心测量领域研究则较少,本节借鉴主轴回转误差分离方法,根据实际情况用于质心测量结果的误差分离。

(1) 偏心引入的误差及误差分离方法。图 5.49 所示为安装偏心示意图,理想情况下被测件的 Z_S 轴与仪器坐标系的 Z_{M1} 轴在竖直方向重合,Z_{M1} 为被测件的理想位置,由于加工、装配误差等因素的影响,被测件的 Z_S 轴与 Z_{M1} 轴存在偏移量 $S(e)$。

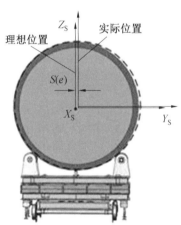

图 5.49 安装偏心示意图

当被测件轴心偏离理想轴心时,测量 Y_S 轴或 Z_S 轴质心时,测量结果中将含有偏移量 $S(e)$ 引入的测量误差。如图 5.50 所示,若使被测件绕 X_S 轴旋转 360°,则其质心的运动轨迹如图 5.50(a)所示,而其在仪器坐标系中的 Y_{M1} 轴方向的坐标投影点与旋转角度的关系如图 5.50(b)所示,虚线为理想情况,实线为实际情

况。理想情况下,不存在偏心时,其投影点在仪器坐标系中的 Y_{M1} 轴方向坐标与旋转角度的数学表达式为

$$y = \sqrt{y_0^2 + z_0^2} \sin(\theta + \varphi) \tag{5.155}$$

式中　　y —— 被测件质心在仪器坐标系中投影点的 Y_{M1} 轴方向坐标;

　　　　y_0 —— 被测件在自身所在坐标系(产品坐标系)中的质心 Y_S 轴方向坐标;

　　　　z_0 —— 被测件在自身所在坐标系(产品坐标系)中的质心 Z_S 轴方向坐标;

　　　　θ —— 被测件绕回转轴的旋转角度,$\theta \in [0, 2\pi]$;

　　　　φ —— 被测件绕回转轴旋转的起始角度,φ 为定值,且 $\varphi \in [0, 2\pi]$。

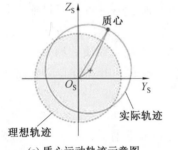
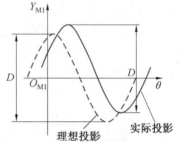

(a) 质心运动轨迹示意图　　(b) Y_{M1} 坐标投影点与旋转角度关系图

图 5.50　被测件绕回转轴旋转 360° 的数学模型

当偏心时,式(5.155)改写为

$$y_{m1} = \sqrt{y_0^2 + z_0^2} \sin(\theta + \varphi) + S(e) \tag{5.156}$$

式中　　y_{m1} —— 被测件质心在仪器坐标系中投影点坐标(Y_{M1} 轴方向)的实际值;

　　　　$S(e)$ —— 被测件理想回转轴位置与实际回转轴位置的偏移量。

即存在一个常数项,常数项大小与偏移量 $S(e)$ 相同。

无论是理想情况,还是偏心情况,投影点 Y_{M1} 坐标与旋转角度的关系曲线形状一致,均为正弦波,且波峰与波谷间的距离满足

$$D = 2\sqrt{y_0^2 + z_0^2} \tag{5.157}$$

式中　　D —— 正弦波峰 − 峰值。

由图 5.50 可知,仪器坐标系下质心投影点的 Y_{M1} 轴方向坐标的误差为常数项,即误差为 $S(e)$,因此通过测得被测件两个状态下的数据并且相减即可消除偏移量的影响。将被测件旋转起始角度设为被测件的 $X_S O_S Y_S$ 面与水平面平行,质心投影点的 Y_{M1} 轴方向坐标 y_{m1} 与产品坐标系下质心 y_0 的关系为

$$y_{m1} = S(e) + y_0 \tag{5.158}$$

令被测件绕回转轴旋转 180°,则此时仪器坐标系下,质心投影点 Y_{M1} 轴方向

坐标 y_{m2} 与产品坐标系下质心 y_0 的关系为

$$y_{m2} = S(e) - y_0 \tag{5.159}$$

则由式(5.158)和式(5.159)可得,产品坐标系下 Y_S 轴质心为

$$y_0 = \frac{y_{m1} - y_{m2}}{2} \tag{5.160}$$

式(5.158)和式(5.159)相加消除 y_0,可得安装偏心量 $S(e)$ 为

$$S(e) = \frac{y_{m1} + y_{m2}}{2} \tag{5.161}$$

同理,将被测件的起始位置定为 $X_S O_S Z_S$ 平面,产品坐标系下 Z_S 轴质心为

$$z_0 = \frac{z_{m1} - z_{m2}}{2} \tag{5.162}$$

式中 z_{m1} ——被测件旋转起始位置为 $X_S O_S Z_S$ 平面时,质心投影点在仪器坐标系中的坐标(Y_{M1} 轴方向);

z_{m2} ——被测件旋转180°后,质心投影点在仪器坐标系中的坐标(Y_{M1} 轴方向);

z_0 ——被测件的 Z_S 轴方向质心修正后的坐标。

该测量方法可以消除 Y_S 轴和 Z_S 轴的质心测量误差,但当被测件倾斜时,X_S 轴的测量误差无法消除。

(2)倾斜引入的误差及误差分离方法。对于大尺寸的被测件,若体积达到一定的范围,当存在微小倾斜时,如图5.51所示,将会给 X_S 轴质心测量结果引入较大误差。若进一步减小倾斜角度将极大地提高制造成本与技术难度,因此本节提出一种针对被测件安装倾斜的误差修正方法。

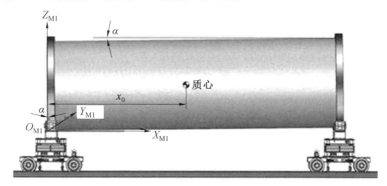

图 5.51 被测件安装倾斜示意图

如图5.52(a)所示,当被测件安装倾斜角为 α 时,根据图中所示的几何关系,则可以得到 x_0 与 x_1 之间的关系为

$$x_0 \cos \alpha - \left(\frac{D}{2} + z\right) \sin \alpha = x_1 \tag{5.163}$$

式中　　D——被测件的直径；

　　　　α——倾斜角度；

　　　　x_0——产品坐标系下的真实质心；

　　　　x_1——该姿态下测量得到的质心；

　　　　z——该姿态下被测件的 Z_S 轴质心，由于被测件为对称结构，且直径较大，因此该项的影响可以忽略。

将被测件按图 5.51 中所示的 Z_{M1} 轴旋转 180°，局部放大图如图 5.52(b) 所示，再次测量此时 X_{M1} 轴质心为 x_2，则可以得到 x_0 与 x_2 之间关系为

$$(L-x_0)\cos\alpha - \left(\frac{D}{2}+z\right)\sin\alpha = x_2 \tag{5.164}$$

式中　　L——被测件的总长度。

(a) 局部放大图　　　　(b) 被测件绕 Z_{M1} 轴旋转 180° 后局部放大图

图 5.52　被测件安装倾斜时误差补偿模型

根据麦克劳林级数，可以得到

$$\sin x = x - \frac{x^3}{3!} + \cdots + \frac{(-1)^n x^{2n+1}}{(2n+1)!} + \cdots \tag{5.165}$$

$$\cos x = 1 - \frac{x^2}{2!} + \cdots + \frac{(-1)^n x^{2n}}{(2n)!} + \cdots \tag{5.166}$$

由于倾斜角度较小，因此可以将式(5.165)和式(5.166)近似为

$$\sin\alpha \approx \alpha \tag{5.167}$$

$$\cos\alpha \approx 1 - \frac{\alpha^2}{2!} \tag{5.168}$$

将式(5.167)、式(5.168)代入式(5.163)和式(5.164)进行简化，可以得到倾斜角度 α 为

$$\alpha = \sqrt{\left(\frac{D}{L}\right)^2 + 2 - \frac{2}{L}(x_1 + x_2)} - \frac{D}{L} \tag{5.169}$$

被测件的 X_S 轴质心 x_0 为

$$x_0 = \frac{2x_1 + D\alpha}{2 - \alpha^2} \tag{5.170}$$

由于 L、D 均为已知量，x_1、x_2 通过测量可以获得，因此可以求得 α 及 x_0。采用该方法不需要编制复杂代码就可以准确获得 X_S 轴质心。

（3）被测件安装姿态误差分离实验。为了验证被测件安装偏心及倾斜时的误差分离方法,对某宽度为 200 mm、直径为 3 000 mm 的回转类被测件进行测量。依次使回转类被测件绕回转轴旋转 0°、90°、180° 及 270°,并在这 4 个状态下分别测量质心,将测量结果列于表 5.14 中。之后按图 5.52 中所示姿态将回转类被测件绕 Z_{M1} 轴旋转 180° 后,重复上述 4 个姿态测量,测得数据见表 5.15。按前面所述方法对表 5.14 及表 5.15 中所列数据进行分析,并将分析后所得结果列于表 5.16 中,倾斜角度及回转轴偏移量大小列于表 5.17 中。测量结果表明,被测件倾斜角度为 0.2°,回转体偏移为 −2.2 mm,补偿后 X 轴、Y 轴与 Z 轴质心与理论值偏差均小于 0.2 mm。

表 5.14　回转类被测件正向测量结果

绕 X 轴旋转角度 /(°)	X/mm	Y/mm	Z/mm
0	104.1	−2.4	—
90	104.3	—	0.5
180	103.2	−2.0	—
270	103.9	—	−4.8

表 5.15　回转类被测件反向测量结果（绕 Z_{M1} 轴旋转 180°）

绕 X 轴旋转角度 /(°)	X/mm	Y/mm	Z/mm
0	137.4	−2.0	—
90	137.9	—	−4.9
180	137.7	−2.3	—
270	138.5	—	0.5

表 5.16　回转类被测件修正后质心测量结果

质心	X/mm	Y/mm	Z/mm
修正后结果	101.9	−0.2	−2.7
真值	102.0	0.0	−2.6
误差	−0.1	−0.2	−0.1

表 5.17　回转类被测件倾斜角度及回转轴偏移量

倾斜角度 /(°)	回转轴偏移量 /mm
−0.07°	−2.2 mm

4. 组合测量方法存在的误差源及误差修正

实际测量过程中,除了被测件安装倾斜和偏心的情况外,还存在一个重要的误差源:两套子系统组合使用时,在空间中的位置关系除了 X_{M1} 轴方向平移外,还可能存在 Y_{M1} 轴、Z_{M1} 轴方向的平移,此外还有空间位置的角度偏差。

前面分析了被测件安装偏心和倾斜时的误差修正方法,这里将对两套子系统空间中的位置关系进行分析。

(1) 组合测量基本原理。图 5.53 所示为组合测量系统模型,其中子系统 1、子系统 2 上均存在两个轴向定位装置,将其与被测件的定位部分(转环)贴合。轴向定位装置在仪器坐标系的坐标预先标定完成,因此通过被测件的长度及轴向定位的坐标等参数,可以确定两套子系统与被测件之间的位置关系,完成质心的合成。

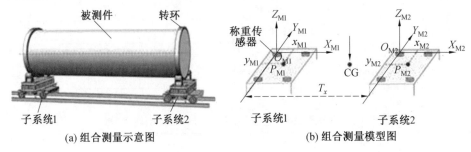

图 5.53 组合测量系统模型

如图 5.53(b) 所示,两套子系统可以分别测得一个合力作用点,子系统 1 测得的合力点坐标为

$$x_{Mj} = \frac{\sum_{i=1}^{4}(x_{ji}\Delta m_{ji})}{\sum_{i=1}^{4}\Delta m_{ji}} \tag{5.171}$$

$$y_{Mj} = \frac{\sum_{i=1}^{4}(y_{ji}\Delta m_{ji})}{\sum_{i=1}^{4}\Delta m_{ji}} \tag{5.172}$$

式中 (x_{ji}, y_{ji}) ——子系统 1 和子系统 2 所在坐标系下 4 个称重传感器的坐标 $(i=1,2,3,4; j=1,2)$;

(x_{Mj}, y_{Mj})——子系统 1 和子系统 2 测得的力的合力作用点坐标$(j=1,2)$;

Δm_{ji}——测量系统 j 中的 4 个称重传感器在加载被测件前后读数的差值(约掉重力加速度 g)$(j=1,2; i=1,2,3,4)$。

理想情况下,子系统 2 与子系统 1 在竖直方向高度相同,如图 5.54(a) 所示,即 Z_M 轴方向高度相同;水平方向子系统 2 相对于子系统 1 仅存在 X_{M1} 轴方向的平移,如图 5.54(b) 所示。

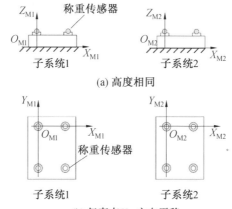

图 5.54　理想情况两套子系统的位置关系

将 (x_{M2}, y_{M2}) 与 (x_{M1}, y_{M1}) 在子系统 1 所在的坐标系(仪器坐标系 $O_{M1} - X_{M1}Y_{M1}Z_{M1}$)中合成,即可求得图 5.54 所示的状态下,被测件在仪器坐标系 $O_{M1} - X_{M1}Y_{M1}Z_{M1}$ 中的 X 轴、Y 轴质心,表示为

$$\begin{bmatrix} x \\ y \end{bmatrix} = \frac{1}{m_1 + m_2} \begin{bmatrix} x_{M1} & x'_{M2} \\ y_{M1} & y'_{M2} \end{bmatrix} \begin{bmatrix} m_1 \\ m_2 \end{bmatrix} \tag{5.173}$$

式中　m_1——子系统 1 测得的质量大小;

m_2——子系统 2 测得的质量大小;

x——被测件在 X 轴方向的质心(子系统 1 所在的仪器坐标系 $O_{M1} - X_{M1}Y_{M1}Z_{M1}$);

y——被测件在 Y 轴方向的质心(子系统 1 所在的仪器坐标系 $O_{M1} - X_{M1}Y_{M1}Z_{M1}$)。

此外,(x'_{M2}, y'_{M2}) 为子系统 2 所在坐标系下测得的合力作用点坐标 (x_{M2}, y_{M2}) 转换到子系统 1(仪器坐标系 $O_{M1} - X_{M1}Y_{M1}Z_{M1}$)中,表示为

$$\begin{cases} x'_{M2} = \dfrac{x_{21}m_{21} + x_{22}m_{22} + x_{23}m_{23} + x_{24}m_{24}}{m_{21} + m_{22} + m_{23} + m_{24}} + T_x \\ y'_{M2} = \dfrac{y_{21}m_{21} + y_{22}m_{22} + y_{23}m_{23} + y_{24}m_{24}}{m_{21} + m_{22} + m_{23} + m_{24}} \end{cases} \tag{5.174}$$

式中　(x'_{M2}, y'_{M2})——(x_{M2}, y_{M2}) 在子系统 1(仪器坐标系 $O_{M1} - X_{M1}Y_{M1}Z_{M1}$)中的表示;

T_x——仪器坐标系 $O_{M1} - X_{M1}Y_{M1}Z_{M1}$ 与仪器坐标系 $O_{M2} - X_{M2}Y_{M2}Z_{M2}$ 的

平移量大小。

即理想情况下，由式(5.173)、式(5.174)可以得到被测件的 X 轴质心为

$$x = \frac{\sum_{i=1}^{4}(x_{1i}\Delta m_{1i}) + \left[\dfrac{\sum_{i=1}^{4}(x_{2i}\Delta m_{2i})}{\sum_{i=1}^{4}\Delta m_{2i}} + T_x\right]m_2}{m_1 + m_2} \quad (5.175)$$

理想情况下，Y 轴质心为

$$y = \frac{\sum_{i=1}^{4}(y_{2i}\Delta m_{2i}) + \sum_{i=1}^{4}(y_{2i}\Delta m_{2i})}{m_1 + m_2} \quad (5.176)$$

将式(5.175)及式(5.176)分别简写为

$$x = \frac{x_{M1}m_1 + (x_{M2} + T_x)m_2}{m_1 + m_2} \quad (5.177)$$

$$y = \frac{y_{M1}m_1 + y_{M2}m_2}{m_1 + m_2} \quad (5.178)$$

式中　T_x——仪器坐标系 $O_{M1}-X_{M1}Y_{M1}Z_{M1}$ 与仪器坐标系 $O_{M2}-X_{M2}Y_{M2}Z_{M2}$ 的平移量大小。

同理，将被测件绕 X 轴正时针或逆时针旋转 $90°$，即可得到 Z 轴方向的质心。上述 X 轴、Y 轴、Z 轴的质心均为子系统1所在的仪器坐标系 $O_{M1}-X_{M1}Y_{M1}Z_{M1}$ 的值，将其平移到被测件所在坐标系（产品坐标系）即为最终测量结果。

(2) 误差因素及其对测量结果的影响。

① 误差因素的来源。实际使用过程中，两套子系统的实际位置关系如图5.55所示。图5.55(a)所示子系统2相对于子系统1的高度相同；图5.55(b)所示子系统2相对于子系统1存在角度偏差，即子系统2相对于子系统1存在 X_{M1} 轴、Y_{M1} 轴、Z_{M1} 轴方向的平移量以及绕 X_{M1} 轴、Y_{M1} 轴、Z_{M1} 轴的微小转动。

则子系统2(仪器坐标系 $O_{M2}-X_{M2}Y_{M2}Z_{M2}$)中测得的合力作用点坐标 $(x_{M2}, y_{M2}, 0)$ 转换到子系统1(仪器坐标系 $O_{M1}-X_{M1}Y_{M1}Z_{M1}$)中为

$$\begin{bmatrix} x'_{M2} \\ y'_{M2} \\ z'_{M2} \end{bmatrix} = \begin{bmatrix} 1 & 0 & 0 \\ 0 & \cos\varphi_x & \sin\varphi_x \\ 0 & -\sin\varphi_x & \cos\varphi_x \end{bmatrix} \begin{bmatrix} \cos\varphi_y & 0 & -\sin\varphi_y \\ 0 & 1 & 0 \\ \sin\varphi_y & 0 & \cos\varphi_y \end{bmatrix}$$
$$\begin{bmatrix} \cos\varphi_z & \sin\varphi_z & 0 \\ -\sin\varphi_z & \cos\varphi_z & 0 \\ 0 & 0 & 1 \end{bmatrix} \begin{bmatrix} x_{M2} \\ y_{M2} \\ 0 \end{bmatrix} + \begin{bmatrix} T_x \\ \delta_y \\ \delta_z \end{bmatrix} \quad (5.179)$$

当 φ_x、φ_y、φ_z 均为小角度时，将 $\cos\varphi_x$、$\cos\varphi_y$、$\cos\varphi_z$、$\sin\varphi_x$、$\sin\varphi_y$、$\sin\varphi_z$ 分

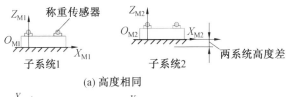

(a) 高度相同

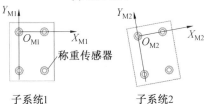

(b) 存在角度偏差

图 5.55 两套子系统的实际位置关系

别展开成泰勒级数,并且仅保留一阶项,则式(5.179)可以简化为

$$\begin{bmatrix} x'_{M2} \\ y'_{M2} \\ z'_{M2} \\ 1 \end{bmatrix} = \begin{bmatrix} 1 & \varphi_z & -\varphi_y & T_x \\ -\varphi_z & 1 & \varphi_x & \delta_y \\ \varphi_y & -\varphi_x & 1 & \delta_z \\ 0 & 0 & 0 & 1 \end{bmatrix} \begin{bmatrix} x_{M2} \\ y_{M2} \\ 0 \\ 1 \end{bmatrix} \quad (5.180)$$

式中 φ_x——仪器坐标系 $O_{M2}-X_{M2}Y_{M2}Z_{M2}$ 相对于仪器坐标系 $O_{M1}-X_{M1}Y_{M1}Z_{M1}$ 绕 X_{M1} 轴的旋转角度;

φ_y——仪器坐标系 $O_{M2}-X_{M2}Y_{M2}Z_{M2}$ 相对于仪器坐标系 $O_{M1}-X_{M1}Y_{M1}Z_{M1}$ 绕 Y_{M1} 轴的旋转角度;

φ_z——仪器坐标系 $O_{M2}-X_{M2}Y_{M2}Z_{M2}$ 相对于仪器坐标系 $O_{M1}-X_{M1}Y_{M1}Z_{M1}$ 绕 Z_{M1} 轴的旋转角度;

T_x——仪器坐标系 $O_{M2}-X_{M2}Y_{M2}Z_{M2}$ 相对于仪器坐标系 $O_{M1}-X_{M1}Y_{M1}Z_{M1}$ 在 X_{M1} 轴方向的平移量;

δ_y——仪器坐标系 $O_{M2}-X_{M2}Y_{M2}Z_{M2}$ 相对于仪器坐标系 $O_{M1}-X_{M1}Y_{M1}Z_{M1}$ 在 Y_{M1} 轴方向的平移量;

δ_z——仪器坐标系 $O_{M2}-X_{M2}Y_{M2}Z_{M2}$ 相对于仪器坐标系 $O_{M1}-X_{M1}Y_{M1}Z_{M1}$ 在 Z_{M1} 轴方向的平移量。

多点称重法的基本原理是要求称重传感器所在平面水平,即在测量前需要将测量台调为水平状态,因此 φ_y、φ_z 近似为零,由式(5.177)~(5.180)可得,X_{M1} 轴、Y_{M1} 轴方向质心的理论值为

$$x_{true} = \frac{x_{M1}m_1 + (x_{M2}+T_x)m_2 + (\delta_x + \varphi_z y_{M2})m_2}{M} \quad (5.181)$$

$$y_{true} = \frac{y_{M1}m_1 + y_{M2}m_2 + (\delta_y - \varphi_z x_{M2})m_2}{M} \quad (5.182)$$

若在实际测量中,采用式(5.177)、式(5.178)所示的方法对测量结果进行合成,则由式(5.181)、式(5.182)可知,X_{M1}轴、Y_{M1}轴方向质心的测量误差分别为

$$x_{err} = -\frac{(\delta_x + \varphi_z y_{M2})m_2}{M} \tag{5.183}$$

$$y_{err} = -\frac{(\delta_y - \varphi_z x_{M2})m_2}{M} \tag{5.184}$$

其中,x_{M1}、y_{M1}、x_{M2}、y_{M2}、m_1、m_2、M均可以通过两套子系统测量得到,T_x与被测件长度有关且为已知量,但会存在误差ΔT_x;而φ_z、δ_y、δ_z均为未知量。

② 误差源对测量结果影响的大小。根据实际情况,如导轨的间隙、机械定位引入的误差的大小、两套子系统的高度差等确定误差源的分类和大小,并列于表5.18中,其中两套子系统在Y_{M1}向的平移量可以达到10 mm。

表 5.18 误差源的分类与大小

序号	符号	说明	大小
1	ΔT_x	X_{M1}方向平移量误差	[−0.5 mm, +0.5 mm]
2	δ_y	Y_{M1}方向平移量误差	[−10 mm, +10 mm]
3	δ_z	Z_{M1}方向平移量误差	[−10 mm, +10 mm]
4	φ_x	X_{M1}方向旋转角度误差	[−0.05°, +0.05°]
5	φ_y	Y_{M1}方向旋转角度误差	[−0.05°, +0.05°]
6	φ_z	Z_{M1}方向旋转角度误差	[−0.2°, +0.2°]

由表5.18可知,影响测量结果的误差因素较多,而且对测量结果的影响难以准确评估。在实际应用过程中,只能尽可能减小误差源的大小,因此修正测量结果非常必要。

(3) 误差修正方法研究。在测量之前,调整好子系统1、子系统2的位置后,将两套子系统的位置固定,因此在测量时,φ_x、φ_y、φ_z、δ_y、δ_z始终为定值。当被测件绕回转轴旋转时,测量误差将为周期信号,且周期为2π。因此,本节从误差的周期性出发,研究误差分离方法。

反向法和多步法在主轴回转误差领域有广泛的应用,能够有效地分离主轴回转误差和圆度误差。本节对这两种方法加以分析,用来分离两套子系统间因空间位置关系而引入的测量误差。

如图5.56所示,将被测件从固定的起点旋转一周,测量旋转一周时其质心在仪器坐标系的$X_{M1}O_{M1}Y_{M1}$面的投影。其中投影点的X_{M1}坐标即为被测件X轴的质心,而投影点的Y_{M1}坐标与被测件的Y轴、Z轴质心相关。由于两套子系统使用过程中位置固定,因此旋转一周时,$X_{M1}O_{M1}Y_{M1}$面的投影点的坐标呈周期性变化,分离出投影点的X_{M1}、Y_{M1}轴方向的坐标即可分离出测量误差。本节对X_{M1}、

Y_{M1} 轴方向的测量误差分别进行分离。

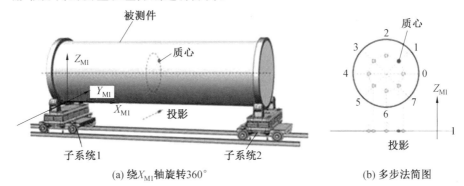

(a) 绕 X_{M1} 轴旋转 360°　　　　　　　(b) 多步法简图

图 5.56　误差分离操作过程示意图

① 轴向质心测量误差分离。在被测件旋转一周的过程中,采集 X_{M1} 轴质心坐标, X_{M1} 轴质心坐标真值与误差间的关系为

$$x_M(\theta) = x_T(\theta) + x_E(\theta) \tag{5.185}$$

式中　$x_M(\theta)$——X_{M1} 轴质心在 θ 度时的测得值;

　　　$x_T(\theta)$——X_{M1} 轴质心在 θ 度时的真值;

　　　$x_E(\theta)$——测量误差。

旋转一圈共采集 N 次数据,从基准起始点算起每步转位 $iN/m(i=0,1,\cdots,m-1)$,得到 m 步的联立方程为

$$\begin{bmatrix} x_{M0}(n) \\ x_{M1}(n) \\ \vdots \\ x_{M(m-1)}(n) \end{bmatrix} = \begin{bmatrix} 1 & 0 & \cdots & 0 \\ 0 & 1 & \cdots & 0 \\ \vdots & \vdots & & \vdots \\ 0 & 0 & \cdots & 1 \end{bmatrix} \begin{bmatrix} x_{E0}(n) \\ x_{E1}(n+N/M) \\ \vdots \\ x_{E(m-1)}\left[n+\dfrac{m-1}{m}N\right] \end{bmatrix} + \begin{bmatrix} 1 & 0 \\ 1 & 0 \\ 1 & 0 \\ 1 & 0 \end{bmatrix} \begin{bmatrix} x_T(n) \\ Z_x(n) \end{bmatrix} \tag{5.186}$$

式中　$x_{Mi}(n)$——X_{M1} 轴质心的测得值;

　　　$x_T(n)$——X_{M1} 轴质心的真值;

　　　$x_{Ei}(n+iN/m)$——不可忽略的测量误差;

　　　$Z_x(n)$——可以忽略的其他误差;

　　　n——离散转角变量, $n=0,1,\cdots,N-1$(N 为每个整圆周的采样点数);

　　　i——第 i 步,并且 $i=0,1,\cdots,m-1$(m 为多步法的步数),其中第 1 步测量在"0 号测位"处开始。

a. 频域法求解。

首次分离操作。定义权值系数行向量 C 为

$$C = (c_0, c_1, c_2, \cdots, c_{n-1}) = \left(1, -\frac{1}{m-1}, -\frac{1}{m-1}, \cdots, -\frac{1}{m-1}\right) \quad (5.187)$$

用式(5.179)乘式(5.178)，由于 $\sum c_i x_T(n) = x_T(n) \sum c_i = x_T(n)\left(1 - \frac{m-1}{m-1}\right) = 0$，并且令 $x(n) = \sum_{i=0}^{m-1} c_i x_{Mi}(n)$，因此实现了分离操作，即分离出的误差为

$$\begin{aligned} x(n) = CX &= \sum_{i=0}^{m-1} c_i x_{Mi}(n) = \sum_{i=0}^{m-1} c_i x_{Ei}\left(n + i\frac{N}{m}\right) \\ &= c(n) + c_0 x_{E1}\left(n + \frac{N}{m}\right) + \cdots + c_{m-1} x_{E(m-1)}\left[n + \frac{(m-1)N}{m}\right] \end{aligned} \quad (5.188)$$

二次分离操作。式(5.188)为通过多次测量得到的已知量，但不是最终需要的测量结果，即不是 X_{M1} 轴质心测量结果，因此需要进行二次分离操作。对式(5.188)两边进行离散傅里叶变换(DFT)，并应用 DFT 的"时延－相移"性质进行解算，可得

$$X(n) = E(n) X_{E0}(n) \quad (5.189)$$

式中 $E(n) = \sum_{i=0}^{m-1} c_i e^{j2\pi n/m \cdot i}$；

$X(n)$——$x(n)$ 的傅里叶变换；

$X_{E0}(n)$——$x_E(n)$ 的傅里叶变换。

则由式(5.189)可得

$$X_{E0}(n) = X(n)/E(n) \quad (5.190)$$

将式(5.190)进行傅里叶反变换即可分离出测量误差 $x_{E0}(n)$，将测量值减去测量误差即可得到修正后的 X_{M1} 轴质心。

b. 时域法求解。令式(5.188)中的 $c_0 = c_1 = c_2 = \cdots = c_{n-1} = 1$，由于旋转时，不同测位的误差会周期性出现，即 $x_E(n)$ 具有周期性，因此其在全周各等分测位上采集到的数据之和会因为相应的基频和谐频的旋转矢量呈圆对称状而对消，即

$$\begin{aligned} x(n) &= \sum_{i=0}^{m-1} x_{Ei}\left(n + i\frac{N}{m}\right) \\ &= x_{E0}(n) + x_{E1}\left(n + \frac{N}{m}\right) + \cdots + x_{E(m-1)}\left[n + \frac{(m-1)N}{m}\right] = 0 \end{aligned} \quad (5.191)$$

因此式(5.191)在 $c_0 = c_1 = c_2 = \cdots = c_{m-1} = 1$ 时可以改写为

$$\begin{aligned} x(n) = CX &= \sum_{i=0}^{m-1} c_i x_{Mi}(n) = \sum_{i=0}^{m-1} c_i x_{Ei}\left(n + i\frac{N}{m}\right) + \sum_{i=0}^{m-1} c_i x_T(n) \\ &= x_T(n) \sum_{i=0}^{m-1} c_i = m x_T(n) \end{aligned} \quad (5.192)$$

即通过使被测件绕回转轴等角度旋转后测量多组 X_{M1} 轴方向质心,并求得平均值,可以提高测量精度。

② 径向质心测量误差分离。

被测件以某一固定的旋转起点旋转一周,旋转角为 θ,并且 $\theta \in (0, 2\pi)$,Y_{M1} 轴质心投影点坐标真值与误差间的关系式为

$$y_M(\theta) = y_T(\theta) + y_E(\theta) \tag{5.193}$$

式中　$y_M(\theta)$——Y_{M1} 轴质心在 θ 度时的测得值;

　　　$y_T(\theta)$——Y_{M1} 轴质心在 θ 度时的真值;

　　　$y_E(\theta)$——测量误差。

将式(5.193)离散化,可得仪器坐标系中质心投影在 Y_{M1} 轴的坐标为

$$y_M(n) = y_T(n) + y_E(n) + Z_y(n) \tag{5.194}$$

式中　$y_M(n)$——Y_{M1} 轴质心的测得值;

　　　$y_T(n)$——Y_{M1} 轴质心的真值,为被测件质心在仪器坐标系投影的 Y_{M1} 轴方向坐标,由式(5.155)可知,该值符合正弦规律;

　　　$y_E(n)$——不可忽略的测量误差;

　　　$Z_y(n)$——可以忽略的其他误差;

　　　n——离散转角变量,$n = 0, 1, \cdots, N-1$(N 为每个整圆周的采样点数)。

即旋转一周时,被测件的质心运动轨迹及质心投影点在仪器坐标系中的 Y_{M1} 轴方向坐标与旋转角度关系如图 5.57 所示,理想情况下为正弦信号,当存在误差时,仍然符合正弦信号规律,但存在相移。

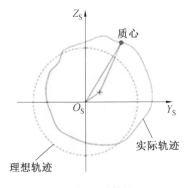
(a) 质心运动轨迹

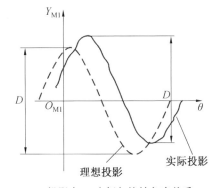
(b) 投影点 Y_{M1} 坐标与旋转角度关系

图 5.57　被测件绕轴旋转 360° 的数学模型

由于 δ_y、φ_z、M 为定值,因此在被测件旋转一周的过程中,x_{M2}、m_2 即子系统 2 测得的合力作用点的 X_{M2} 轴方向坐标及合力大小都变化不大,式(5.194)可近似看作定值,因此可以采用反向法分离 Y_{M1} 轴质心测量误差。将被测件绕回转轴旋转 180°,并且忽略 $Z_y(n)$,则得到

$$y_M(n+\pi) = -y_T(n) + y_E(n+\pi) \tag{5.195}$$

由于 $y_E(n+\pi) \approx y_E(n)$，因此式(5.195)可改写为

$$y_M(n+\pi) = -y_T(n) + y_E(n) \tag{5.196}$$

由式(5.196)与式(5.194)相减，忽略 $Z_y(n)$ 可得

$$y_M(n) - y_M(n+\pi) = 2y_T(n) \tag{5.197}$$

因此 Y_S 轴质心真值为

$$y_T(n) = \frac{y_M(n) - y_M(n+\pi)}{2} \tag{5.198}$$

即将被测件 $0°$ 时、绕 X 轴旋转 $180°$ 时的两组测试数据相减，并求得平均值即为 Y_S 轴坐标的真值。而由式(5.196)与式(5.194)相加，则得到误差为

$$y_E(n) = \frac{y_M(n+\pi) + y_M(n)}{2} \tag{5.199}$$

③ 误差修正方法仿真分析。采用 Matlab 编程，对本节中提出的方法进行仿真分析，仿真实验参数设置如下：被测件质量为 3 000 kg，两套子系统相距为 10 000 mm，假设被测件理论质心 X 轴方向为 5 000 mm，Y 轴方向为 0 mm，Z 轴方向为 40 mm。令被测件绕 X 轴旋转 $360°$，则质心在 $X_{M1}O_{M1}Y_{M1}$ 所在平面的投影为一条直线。每隔 $22.5°$ 采集一次子系统 1、2 的数据，共有 16 组数据。

假设子系统 2 相对于子系统 1 的 Y_{M1} 轴、Z_{M1} 轴分别平移 10 mm、2 mm，φ_x、φ_y、φ_z 分别为 $0.1°$、$0.1°$、$0.7°$，误差修正仿真分析结果如图 5.58 所示。图 5.58(a) 所示为修正前后 X_{M1} 轴的误差值。从图中可以看出，本节所提的方法修正后残余误差为常量，其原因在于式(5.182)中，当 $n=0$ 时，$E(n)=0$。说明该方法将产生零阶谐波抑制，即该方法原理上存在零阶谐波失真，不能分离出常数项的测量误差，即本节所提出的方法可以修正误差中的谐波成分，不能修正直流分量，即 X_{M1} 轴方向的误差为 ΔT_x。图 5.58(b) 所示为修正前后 Y_{M1} 轴的误差值，说明本节所提的方法可以较好地修正 Y_{M1} 轴的质心测量误差，但是 Y_{M1} 轴方向质心测量值随着角度 φ_z 的增大，残余误差将增大。

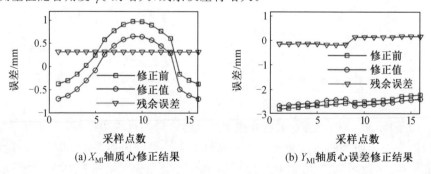

图 5.58 误差修正仿真分析结果

(4) 组合测量方法的误差分离实验。为了验证本节所提出的误差分离分法，对某型号回转类飞行器（大尺寸回转体）的质量、质心进行测量。该被测件质量为3 000 kg，长为10 000 mm，测量过程中采用机械定位，即通过测量系统上的定位装置限制被测件的轴向位置，通过被测件的长度确定两套子系统的距离。共进行5次重复性测量，每次测量均使被测件绕轴旋转360°，且每隔30°采集一次数据，即每次测量共采集12组数据，取其中一次测量数据列于表5.19中。

表 5.19 大尺寸回转体质量、质心测量结果

序号	质量/kg	质心投影/mm	
		X 坐标	Y 坐标
1	2 858.5	6 393.1	−2.2
2	2 858.1	6 392.9	−18.7
3	2 858.0	6 392.5	−30.7
4	2 858.0	6 391.4	−38.8
5	2 858.2	6 391.0	−33.9
6	2 858.4	6 391.5	−23.0
7	2 858.1	6 392.4	−6.6
8	2 858.1	6 393.2	11.6
9	2 858.1	6 393.0	21.2
10	2 858.1	6 392.8	26.7
11	2 858.2	6 392.2	23.9
12	2 858.1	6 392.6	13.9

由表5.19可知，被测件旋转一周时，其质量波动在0.5 kg以内，满足质量测量需求，而对于质心在仪器坐标系中的投影，其 X 坐标波动较大，峰—峰值达到2.2 mm，Y 坐标先减小后增大，呈正弦规律分布，与理论分析一致。采用本节所述的方法，对表5.19中所列的测量结果进行修正，并列于表5.20中。

表 5.20 大尺寸回转体质心测量结果修正前后对比　　　　　　mm

质心坐标		X	Y	Z
测量值	修正前	6 392.9	26.7	−6.6
	修正后	6 392.4	32.7	−2.2
质心柔性测量方法		6 392.3	32.7	−2.2

两套子系统的空间位置误差是 X 轴质心测量误差的主要影响因素,同时也是 Y 轴、Z 轴质心测量误差的主要影响因素,随着两套子系统倾斜角度的增大,采用本节中所述的方法消除 Y 轴、Z 轴的残余误差将增大。

综上所述,本节针对采用多点称重法测量质心时,称重传感器实际受力点的坐标与理想坐标不重合的问题,提出了采用标准件形心坐标作为已知量,采用整体最小二乘估计进行修正的方法。

通过分析被测件安装倾斜及偏心时的误差修正方法可知,被测件的 Y 轴、Z 轴质心测量精度主要受其安装偏心的影响,而 X 轴的质心测量精度主要受安装倾斜的影响。被测件的 Y 轴、Z 轴质心可以通过反向法进行修正,而 X 轴的质心测量误差可以将被测件反向安装再次测量进行修正。

本节分析了两套子系统的空间位置误差,并且分析了该误差对测量结果的影响,以及误差修正方法,其中两套子系统在水平方向的错位给 Y 轴、Z 轴质心测量结果引入较大的误差,两套子系统高度不同给 X 轴质心测量结果引入较大的误差。本节所提的 X 轴方向的误差修正方法修正后残余误差为常量,即该方法可以修正误差中的谐波成分,不能修正直流分量。所提方法可以较好地修正 Y 轴、Z 轴的质心测量误差,但是该结果随着角度 φ_z 的增大,残余误差将增大。

5.4 转动惯量测量设备

随着对转动惯量测量研究的不断深入与技术的不断提升,国内的转动惯量测量技术水平不断提高,从测量方法、测量工装、测量流程和转动惯量计算等各角度出发,国内很多单位研制出了各种类型的转动惯量测量设备,广泛应用于航空航天和汽车工业等领域。本节以哈尔滨工业大学精密仪器研究所研制的典型转动惯量测量设备为例,介绍转动惯量测量设备的相关知识。

5.4.1 转动惯量测量原理

转动惯量的测量方法主要有落体法、复摆法、线摆法和扭摆法。本节介绍的转动惯量测量设备利用扭摆法实现对待测产品转动惯量的测量。

将待测产品固定在扭摆工作台上,如图 5.59 所示,利用轴承支撑扭摆台和待测产品,通过扭杆迫使扭摆台、工装及待测产品做扭摆振动,利用建立的测量系统数学模型对扭摆振动进行分析,计算得到待测产品的转动惯量。

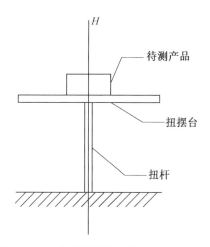

图 5.59　扭摆法测量转动惯量原理示意图

1. 线性系统模型

根据动力学和滚珠振动理论,刚体绕某一定轴转动时,其运动的角加速度与转动惯量之积等于刚体所受全部外力相对于这一定轴力矩的代数和,因此刚体绕某一定轴转动的微分方程为

$$J\frac{\mathrm{d}^2\theta}{\mathrm{d}t^2} = \sum M_\mathrm{s}(F_i^{(e)}) \tag{5.200}$$

式中　J——系统对扭摆轴的转动惯量;

　　　θ——扭摆转角;

　　　t——时间;

　　　M_s——轴力矩;

　　　F——轴力矩所对应的外力。

刚体在运动过程中受到的外力矩主要有扭杆的恢复力矩、空气摩擦力矩和轴承摩擦力矩。当仅考虑外力矩为线性影响因素时,建立转动惯量测量的线性系统模型为

$$J\frac{\mathrm{d}^2\theta}{\mathrm{d}t^2} + C\frac{\mathrm{d}\theta}{\mathrm{d}t} + K\theta = 0 \tag{5.201}$$

式中　C——系统线性阻尼系数;

　　　K——扭杆线性刚度系数。

为了计算方便,定义 ω_n 为无阻尼自振频率,$\omega_\mathrm{n}=\sqrt{\dfrac{K}{J}}$;定义 ζ 为系统阻尼比,$\zeta=\dfrac{C}{2\sqrt{KJ}}$,则式(5.201)可变形为

$$\frac{d^2\theta}{dt^2} + 2\zeta\omega_n \frac{d\theta}{dt} + \omega_n^2 \theta = 0 \tag{5.202}$$

当 $\zeta < 1$ 时,扭摆台做欠阻尼运动,式(5.202)的解为

$$\theta(t) = \frac{\theta_0}{\sqrt{1-\zeta^2}} e^{-\zeta\omega_n t} \cos \omega_n t \sqrt{1-\zeta^2} \tag{5.203}$$

由此可得到转动惯量的计算公式为

$$J = \frac{K}{\omega_n^2} = \frac{K}{(2\pi)^2} T_n^2 = \frac{K}{(2\pi)^2} (1-\zeta^2) T_d^2 \tag{5.204}$$

当阻尼很小时,对转动惯量的测量结果基本没有影响,一般可以忽略,此时一般认为转动惯量与扭摆周期的平方成正比,转动惯量的计算公式为

$$J = \frac{K}{4\pi^2} T^2 \tag{5.205}$$

在扭摆法测转动惯量的实际测量中,K 值可以利用已知转动惯量的标准件进行标定,所以只需要精确测出扭摆台的扭摆周期,就可以计算出待测产品的转动惯量。

当考虑阻尼时,在 K 值标定的前提下,只需要获得扭摆系统的阻尼比和扭摆周期,就可以利用公式计算出待测产品的转动惯量。

2. 非线性系统模型

在一些情况下,如待测产品的形状不规则,受到的空气阻尼对测量结果影响较大或采用滚珠扭摆台,扭摆过程中干摩擦力影响较大,线性系统模型已经不能很好地描述系统实际运动,就需要在数学模型中考虑干摩擦力、非线性空气阻尼和非线性恢复力等非线性影响因素。

根据非线性影响因素的影响程度,建立与系统实际运动情况接近的数学模型,通过系统辨识的方法,对模型中的非线性因素进行验证,获得非线性系统模型的参数,通过对数学模型的求解,得到转动惯量。

表 5.21 中,C_0 为干摩擦力的力矩系数,C_1 为线性阻尼力矩系数,C_2 为非线性阻尼力矩系数,K_1 为扭杆的线性刚度系数,K_3 为扭杆的非线性刚度系数,θ 为系统扭摆角度,$\dot{\theta}$ 为系统扭摆角速度,$\ddot{\theta}$ 为系统扭摆角加速度。

表 5.21 常用的非线性数学模型及适用测量场合

序号	非线性数学模型	非线性影响因素	适用测量场合
1	$J\ddot{\theta} + C_1\dot{\theta} + C_2\dot{\theta}|\dot{\theta}| + K_1\theta = 0$	非线性阻尼	中小型尺寸非回转体、气浮扭摆台
2	$J\ddot{\theta} + C_1\dot{\theta} + C_2\dot{\theta}|\dot{\theta}| + K_1\theta + K_3\theta^3 = 0$	非线性阻尼、非线性恢复力、	大尺寸非回转体、气浮扭摆台

续表 5.21

序号	非线性数学模型	非线性影响因素	适用测量场合
3	$J\ddot{\theta} + C_0 \text{sgn}(\dot{\theta}) + K_1\theta = 0$	干摩擦力	中小型回转体、滚珠扭摆台
4	$J\ddot{\theta} + C_0 \text{sgn}(\dot{\theta}) + C_1\dot{\theta} + K_1\theta + K_3\theta^3 = 0$	干摩擦力、非线性恢复力	中小型回转体、滚珠扭摆台（精度要求更高）

下面以序号 4 非线性模型

$$J\ddot{\theta} + C_0 \text{sgn}(\dot{\theta}) + C_1\dot{\theta} + K_1\theta + K_3\theta^3 = 0 \tag{5.206}$$

为例，介绍转动惯量推导公式。

将式(5.206)左右两边同时除以 J，可以得到转动惯量归一化的扭摆运动方程：

$$\ddot{\theta} + c_0 \text{sgn}(\dot{\theta}) + c_1\dot{\theta} + k_1\theta + k_3\theta^3 = 0 \tag{5.207}$$

式中　$c_0 = \dfrac{C_0}{J}, c_1 = \dfrac{C_1}{J}, k_1 = \dfrac{K_1}{J}, k_3 = \dfrac{K_3}{J}$。

通过系统辨识方式，如 Hilbert 变换、小波变换等，确定数学模型的参数，即可通过标定后的 K_1 和 K_3 得到转动惯量的值。

5.4.2　转动惯量测量设备基本组成

转动惯量测量设备包括测量台和控制台，测量台主要包括扭摆台、U 型工装、激励装置及传感器。控制台的主要功能包括对扭摆台运动的控制，对周期、角位移信号的采集与处理和对转动惯量的计算。

1. 扭摆台

扭摆台是转动惯量测量设备的重要组成部分，用以实现扭摆振动。轴承作为扭摆台的核心部件，是决定测量精度和使用寿命的关键性部件。根据支撑结构所选用轴承的不同，扭摆台可分为滚珠扭摆台和气浮扭摆台。

（1）滚珠扭摆台。滚珠扭摆台结构示意图如图 5.60 所示，其采用单向推力球轴承作为支撑结构，采用扭杆作为扭摆结构。

扭摆台利用扭杆的弹性储能功能实现扭摆振动，扭杆设计为圆柱形。扭杆的直径大小直接影响扭摆周期的长短，直径越大，周期越短；反之，周期越长。由于待测产品质量和体积一般较大，扭摆频率过高会增加测量过程的危险性，而且高速扭摆会导致待测产品四周气流变化，影响转动惯量的测量。扭杆的直径如

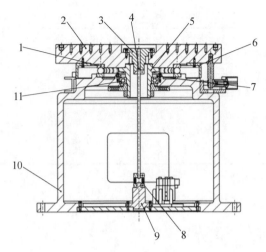

图 5.60 滚珠扭摆台结构示意图

1—单向推力球轴承；2—台面；3—上夹头；4—扭杆；5—中心定位套；6—套筒；
7—轴承压盖；8—联轴器；9—下夹头；10—底座；11—深沟球轴承

果太小，又会导致扭摆周期过长，测量效率降低。建立线性模型分析待测产品的转动惯量时，转动惯量与扭摆周期的平方成正比，因此周期越大，其不确定度引起的转动惯量测量不确定度的分量就越大。综合目前常用的弹性元件材料，一般选择的扭杆材料为 $65Si_2Mn$ 弹性钢，其刚度系数计算公式为

$$K = \frac{\pi d^4 G}{32L} \tag{5.208}$$

式中　　d——扭杆直径；

　　　　L——扭杆长度；

　　　　G——材料剪切模量。

以待测产品转动惯量为 2 000 kg·m² ，测量误差要求在 0.5% 以内，建立忽略阻尼的线性模型情况为例，介绍扭杆设计思路。根据转动惯量的计算公式得到其关于周期的误差传递函数为

$$\Delta J \approx 2 \times \frac{K}{(2\pi)^2} \times T \times \Delta T = \frac{d^4 GT}{64\pi L} \times \Delta T < 10 \text{ kg·m}^2 \tag{5.209}$$

根据测量经验，当待测产品转动惯量在几十到几百 kg·m² 之间时周期在 1~3 s 左右较为适宜，当待测产品转动惯量为 1 000 kg·m² 量级时，周期在 10~20 s 左右较为合适，因此设计时令周期 T 为 20 s，$\Delta T < 0.002$ s。根据扭摆台内部的实际尺寸，确定扭杆有效长度 $L = 570$ mm，再通过式(5.209)，得到扭杆直径 $d < 24.5$ mm，最终确定扭杆直径为 20 mm。

扭摆台在工作和非工作状态时中心定位轴的位置沿轴向要产生一定量的位移，因此扭杆与主轴和底座的连接不能采用固连方式，而要求能够实现轴向微动

同时径向是刚性的,并且径向无间隙。综合考虑各种方案,采用波纹管联轴器结构,波纹管联轴器的一端与扭杆连接,另一端与箱体底座连接,实现扭杆的固定。扭杆的上端与上夹头连接,通过内六角圆柱头螺钉与台面连接。

台面与工装连接,用于待测产品的定位安装。台面材料使用 HT300 珠光体类型的灰铸铁,强度高,耐磨性好,进行热处理,去应力回火。台面上外圈有 4 个定位孔,用于工装的定位,有 5 圈 8 条分布辐射状的螺纹孔用于与工装连接,台面可与适用于不同产品的不同工装连接。

轴承是转台的关键部件之一,轴承的精度、支撑刚度、摩擦力矩会直接影响扭摆台的扭摆振动。扭摆台扭摆振动过程中,轴承要具有很高的承载能力和较高的倾覆能力,综合考虑多种轴承方案,采用单向推力球轴承与深沟球轴承组合的轴承方案。

单向推力球轴承能承受一定的轴向力,所以该轴承主要用于承受台面、工装和待测产品的质量。单向推力球轴承是一种分离型轴承,轴圈、座圈、钢球－保持架组件都可以单独安装,轴圈是与轴相配合的套圈,座圈是与轴承座孔相配合的套圈,与轴之间有间隙。单向推力球轴承的座圈始终靠在静止不动的底座上,轴圈与运动件台面配合。单向推力球轴承选用内径为 360 mm、外径为 440 mm 的 51172 推力球轴承。

单向推力球轴承本身只能承受轴向载荷,不能承受径向载荷,且因其属于分离型轴承,更易因待测产品质量分配不均而产生整体倾覆现象,为了避免这种现象的发生,使用深沟球轴承与单向推力球轴承配合的方案。深沟球轴承是最具代表性的滚动轴承,用途广泛,摩擦力小,该轴承除了可在双向做轴向定位外,还具备一定的调心能力,在相对于外壳孔倾斜一定角度的情况下,仍能正常工作。深沟球轴承内圈与中心定位套紧配合,外圈靠在静止不动的底座上,承载径向载荷,选用内径为 130 mm、外径为 200 mm 的 6026 深沟球轴承。

滚珠扭摆台的初始激励由气缸提供,在安装工装以及装卡待测产品过程中,需要保证扭摆台保持锁定状态,防止出现危险,因此需要添加一个定位气缸,用于扭摆台整体的定位。根据待测产品特点,对气缸进行选择,重点考虑气缸的缸径与行程,推力大小与气源压力及缸径有关。

滚珠扭摆台制造经费较低,在转动惯量测量精度要求不高的测量中应用非常广泛。但是在待测产品形状不规则、质心和几何形心偏移大的情况下,需要通过增大轴承的径向尺寸来提高扭摆台的抗倾覆能力,会使得设备摩擦阻力增大,导致设备扭摆运动衰减变快,转动惯量测量精度变低,因此在一些转动惯量测量精度要求较高的场合,滚珠扭摆台不能满足测量要求。

(2) 气浮扭摆台。空气轴承(又称为气浮轴承)指的是用气体(通常是空气,但也有可能是其他气体)作为润滑剂的滑动轴承。气浮轴承因气体黏度低、黏度随温度变化小、化学性能稳定性好等特点,而具有摩擦小、精度高、速度高、温升低、寿命长、耐高温及辐射、对主机和环境无污染等优点。为了克服滚珠扭摆台摩擦阻力大、易倾覆等缺点,将扭摆台的支撑轴承替换为气浮轴承,利用气浮扭摆台进行转动惯量的测量,精度更高。气浮扭摆台结构示意图如图 5.61 所示。

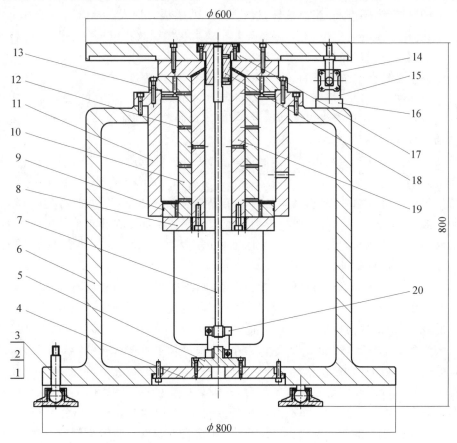

图 5.61 气浮扭摆台结构示意图

1—螺钉;2—挡板;3—联轴器;4—扭杆;5—下机体;6—气浮套;7—气浮轴;
8—上机体;9—下气浮板;10—主台面;11—台面;12—夹紧法兰

扭杆的设计与滚珠扭摆台中扭杆的设计思路相同,气浮轴承是气浮扭摆台的关键。目前,气浮轴承不能像滚珠轴承一样有现成的商品,而是需要考虑设备运转条件,完成气浮轴承的设计。本节以某设备为例,介绍气浮轴承的设计。

气浮轴承设计需满足的技术指标如下。

① 最大承载质量为 500 kg;

② 最大被测齿轮直径为 650 mm;

③ 回转精度不低于 0.2 μm;

④ 偏心距为 15 kg·m。

气浮轴承设计步骤如下。

(1) 分析技术指标，提出气浮轴承总体设计思路。

气浮轴承根据压力产生的原理，分为静压型、动压型和压膜型。静压型气浮轴承一般用于两个面的相对速度不太高，或者需要高负载、高刚度的条件下，本设备根据齿轮检测系统的实际需要，选用静压型气浮轴承。

静压型气浮轴承根据节流器的不同可以分为孔式、狭缝和多孔质等形式。孔式节流的综合性能较好，易于制作，得到了广泛应用。孔式节流可分为小孔节流和环面节流，与环面节流相比，小孔节流具有承载能力高、刚度大、流量小等优点，因此本轴承采用小孔节流设计。

当设计气浮轴承时需要把握轴承的性能——轴承的承载能力、刚度、流量和稳定性。轴承间隙内气体压力的分布状态能决定轴承的性能。决定压力分布的方程可由气体运动方程、连续性方程、气体的状态方程和能量方程导出。经过一系列公式推导和微积分变换定理，可以得到压缩性流体的非定常雷诺方程式：

$$\frac{\partial}{\partial x}\left(\frac{\rho h^3}{\mu}\frac{\partial p}{\partial x}\right) + \frac{\partial}{\partial y}\left(\frac{\rho h^3}{\mu}\frac{\partial p}{\partial y}\right) = 6\left(U\frac{\partial}{\partial x}(\rho h) + 2\frac{\partial}{\partial t}(\rho h)\right) \quad (5.210)$$

式(5.210)是有关轴承间隙内气体压力分布的基本方程式。雷诺方程式是气体轴承性能计算、设计的基点。

静压型气浮轴承设计大致包括下列内容：计算最大承数能力、最佳刚度、角刚度、流量及摩擦功耗等；确定轴承几何尺寸；选择节流器类型及其结构参数；判断轴承稳定性，确定临界速度或气锤振动条件；针对实际存在的各种影响因素进行修正。根据实际需求，为满足轴承具有较大承载和偏心矩要求，尽可能使结构紧凑，采用径向轴承和推力轴承组合设计。

常用气体压缩机或气瓶作为轴承气源，供气压力通常为 20～100 N/cm²，压力稳定度应为供气压力的±5% 左右。气体有清洁度要求，必须有较精密的稳压器和过滤器。本设备采用空气作为润滑气体。

(2) 设计静压径向轴承。设计的径向轴承分为两组，每一组是两列进气孔，每一列沿着圆周方向均匀布置若干小孔，以 Z 代表每列孔数。气体静压轴承基本图示如图 5.62 所示。

① 确定压力比。压力比的表达式为

$$\overline{p}_0 = \frac{p_0 - p_a}{p_s - p_a} \quad (5.211)$$

如果按照最大承载设计，则取压力比为 0.4；如果按照最大刚度设计，则取压力比为 0.8。当用空气作为润滑剂时，若压力比大于 0.528，则无论为任何值时，节流器都不会出现阻塞现象。

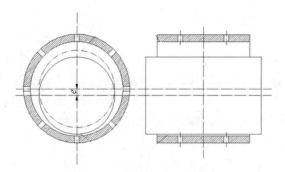

图 5.62　气体静压轴承基本图示

供气压力 p_s 按照 70 N/cm² 选取。

环境压力 p_a 按照 10 N/cm² 选取。

压力比 $\bar{p}_0$ 按照 0.69 选取。

② 确定节流器参数与间隙的关系。对于孔式节流,满足

$$\bar{p}_0 = \frac{2}{1+(1+4/Y^2)^{1/2}} \tag{5.212}$$

$$Y = \frac{p_a/p_s}{(1+p_a/p_s)(1-p_a/p_s)^{1/2}} \times \frac{24\eta(2RT)^{1/2}}{p_a} \times \frac{aZAjb}{\pi D h_0^3} \tag{5.213}$$

式中　η——气体黏度；

D——轴径；

Z——供气孔数；

R——气体常数；

b——供气孔位置参数；

h_0——间隙。

当用钻头钻孔时,节流孔直径应符合标准钻头直径；间隙与轴径的比值应满足 $h_0/D = 0.000\ 25 \sim 0.000\ 50$。

③ 静态性能计算。静态性能计算主要指承载能力、刚度和流量的计算。对于孔式节流,承载能力满足

$$F = (p_s - p_a)BD\bar{F} \tag{5.214}$$

$\bar{F}$ 为载荷系数,BD 为修正系数。对于本设计,理论修正系数为 0.42,实际修正系数为 0.81。单个轴承的承载力 W 为 2 450 N,两个轴承的承载力为 4 900 N。

同时承载力的大小还受轴承间隙、供气孔直径大小的影响,如图 5.63 和图 5.64 所示。

对于大多数气体静压轴承来说,偏心率在 0.5 以内时,刚度近似为常量,表达

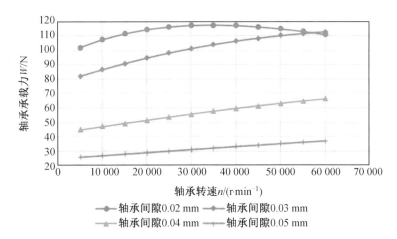

图 5.63 不同轴承间隙下空气轴承承载力与转速的关系

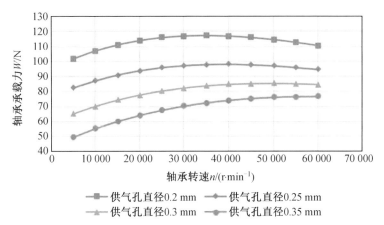

图 5.64 不同供气孔直径下空气轴承承载力与转速的关系

式为

$$G = \frac{2F}{h_0} \tag{5.215}$$

流量表达式为

$$Q_j = \frac{\pi h_0^3 (p_0^2 - p_a^2)}{12\eta(b/D)p_a} \tag{5.216}$$

（3）设计气体静压推力轴承。孔式节流型气体静压推力轴承常用的有单孔圆形和多孔环形两种，其结构示意图如图 5.65、图 5.66 所示。

承载力、刚度、流量等参数表达式分别为

$$Q_j = \frac{\pi h_0^3 (p_0^2 - p_a^2)}{12\eta(b/D)p_a} \tag{5.217}$$

$$F = \pi(R_2^2 - R_1^2)(P_s - P_a)F \tag{5.218}$$

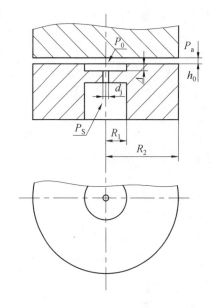
图 5.65　单孔圆形推力轴承结构示意图

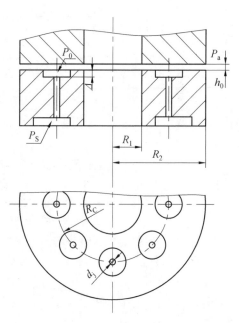
图 5.66　多孔环形推力轴承结构示意图

$$\bar{G} = \frac{\dfrac{\mathrm{d}\bar{p}_0}{\mathrm{d}h}h_0}{\ln(\bar{R})}\frac{\bar{R}-1}{\bar{R}+1} \tag{5.219}$$

$$Q_t = \frac{\pi h_0^3 (p_0^2 - p_a^2)}{3\eta p_a \ln \bar{R}} \tag{5.220}$$

(4)设计气浮轴承。由于气浮轴承所支承的轴浮动在可压缩的气膜上,因而气浮轴承与油轴承相比,具有运转稳定性差、容易产生振动的缺点。静压型气浮轴承的不稳定现象主要是气锤现象。

气锤是因气体的可压缩性而引起的不稳定现象。主要产生在供气孔部位带有气囊的静压气体轴承中,在节流器气腔中出现,与旋转速度几乎无关,径向轴承和止推轴承都可能出现。防止气锤振动的措施是控制气腔容积,尽量采用无气腔结构,采用小孔多孔数,轴承平面度误差不允许有凹进,两个轴承面应彼此平行安装,采用阻尼腔或控制排气等。

(5)设计供气装置。静压型气浮轴承的气源大多数是空气,该设备采用空气作为气源。由于空气中含有固体杂质和水分,而且空气经过压缩机压缩后,气缸的润滑油蒸气又带入压缩空气中,同时活塞式空气压缩机所供给的气体压力很不稳定,使轴承的承载能力和刚度有波动,因此供给轴承的加压气体必须进行净化和稳压。供气装置通常包括粗过滤、空气压缩机、冷却器、过滤器、干燥器和稳压器等,常用的过滤元件有烧结青铜或烧结陶瓷、不锈钢丝滤网、多孔泡沫、玻璃棉、硅胶、过滤纸及活性炭等。图5.67所示为气体静压轴承供气装置示意图。

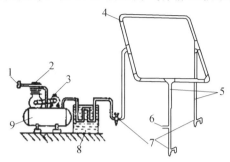

图 5.67 气体静压轴承供气装置示意图
1—进口空气过滤;2—压缩机;3—电机;4—环形导管;5—导管;
6—空气供入;7—排泄阀门;8—冷却器;9—储气罐

气浮扭摆台除激励气缸、定位气缸外,还需要配备一个阻尼气缸。由于气浮扭摆台轴承摩擦阻力较小,扭摆振动几乎不衰减,当完成转动惯量测量后,需要为气浮扭摆台施加阻尼,确保设备可以平稳地停止扭摆振动。

气浮扭摆台相比较滚珠扭摆台,精度有了较大提升,同时制造成本也大幅提高,适用于高精度、高洁净度的场合。

2. U型工装

在转动惯量实际测量中,待测产品必须有支撑,即待测产品必须有工装。转动惯量测量设备发展初期,待测产品完成单轴转动惯量的测量需要一个位姿,实际测量中,往往需要获得待测产品质心坐标系下对于3个坐标轴的转动惯量,需多次装卡待测产品,改变待测产品的位姿。待测产品的质量和体积一般较大,直接调整待测产品位姿难度较大且多次装卡对转动惯量测量的精度产生较大影响,因此需要一个工装能够将待测产品与测量设备连接,通过调整工装的位姿达到待测产品3个坐标轴分别与扭摆台的中心扭摆轴平行的目的,再利用平行轴定理计算得到待测产品对质心坐标系下3个坐标轴的转动惯量。

根据待测产品的外形尺寸等实际情况,选择不同的方案,常见的工装方案有L型工装方案、U型工装方案等。

典型工装——U型工装适用于尺寸较大、端面无突出且易于固定的待测产品,通过蜗轮蜗杆带动载物台翻转90°,可实现待测产品3个位姿的调整,使用U型工装转动惯量测量细节在5.4.3中具体介绍。U型工装结构示意图如图5.68所示。

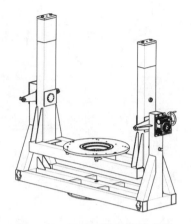

图 5.68　U 型工装结构示意图

3. 控制台

控制台主要由扭摆台运动控制单元、扭摆信号采集与处理单元和上位机测量软件组成。

(1) 扭摆台运动控制单元。扭摆台运动控制单元主要完成对激励气缸、定位气缸和阻尼气缸的控制,包括电磁阀、磁性开关(控制气缸加速位置)和控制卡。本节以亚德客的 4V210－06B 电磁阀、磁性开关及研华的 PCI－1761 控制卡为例,进行简单介绍。

4V210－06B 电磁阀属于两位五通电磁阀,具有两个切换状态和 5 个通路(包括进气口、排气口和出气口),其实物图如图 5.69 所示。

图 5.69　4V210－06B 电磁阀实物图

PCI－1761 控制卡是一款 PCI 总线的继电器输出及隔离数字量输入卡,提供 8 路光隔离数字量输入通道,8 路继电器输出通道(4 路 SPDT,4 路 SPST),其实物图如图 5.70 所示。

扭摆的激励过程需要控制气缸先缓慢收回,收回到一定位置后检测到磁性开关时,气缸迅速收回,也就是在激励时气缸动作先慢后快;当扭摆完毕需要定位时,气缸缓慢推出。气缸控制的激励过程气路图如图 5.71 所示,当电磁阀 1、2 都不通电时,气体缓慢地将气缸内的活塞推出,此时扭摆台处于定位状态。当开

图 5.70　PCI－1761 控制卡实物图

始激励时,首先电磁阀 1 通电,此时气缸缓慢地收回,当检测到磁性开关信号时,电磁阀 2 通电,此时气缸会迅速收回,完成整个激励过程。

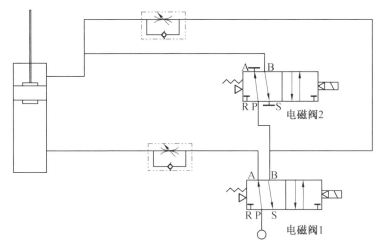

图 5.71　气缸控制的激励过程气路图

定位气缸和阻尼气缸的控制与激励气缸类似,只是不需要设置磁性开关。

(2)扭摆信号采集与处理单元。采用线性模型作为系统运动数学模型时,根据转动惯量计算公式,完成转动惯量的计算,需要精确测出扭摆台的扭摆周期。转动惯量测量初期采用霍尔开关或光电开关测量扭摆周期,在阻尼影响较大时,输出的方波周期将逐渐减小,如果仍然将多个周期的平均值作为扭摆周期会产生较大误差且扭摆周期受到开关的时间常数影响。因此,针对以上缺陷,采用光栅测角法获得扭摆振动角位移信号,同时该方法也适用于采用非线性模型作为系统运动数学模型的情况。

光栅测角法如图 5.72 所示,将标尺光栅粘贴在扭摆台上,光栅头固定,当扭摆台扭摆时,标尺光栅相对光栅读数头运动,记录弧长 l 的变化,根据弧长夹角的

关系

$$\theta = \frac{l}{R} \tag{5.221}$$

可以得到扭摆角度的变化数据。

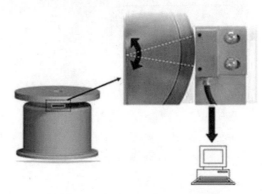

图 5.72　光栅测角法（采用数据采集卡完成光栅信号的处理）

由光电检测器检测到的原始光栅信号一般是幅值较小、相位依次相差 90°的正弦信号。对正弦信号进行放大、整形后，形成相位相差 90°的四路方波信号，这部分的信号处理电路一般封装在传感器内部，如图 5.73 中虚线所示，从而方便设计者使用。

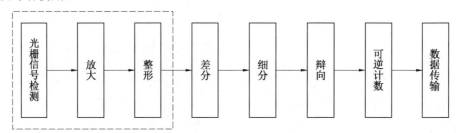

图 5.73　光栅信号处理流程图

对于光栅读数头输出的四路方波信号，需要用差分接收电路将其转换为两路相位相差 90°的正交方波信号。为了提高角位移测量的精度，需要对光栅信号进行细分处理，在通过辨向、可逆计数获得相应的角位移信号后，这部分处理由自主设计的光栅数据采集卡实现，其实物图如图 5.74 所示。

数据采集卡以 FPGA 作为主控芯片，完成光栅信号的处理，由计算机程序通过 PCI 总线进行采集，实现与上位机的通信。为了消除光栅信号的抖动和噪声，利用 D 触发器与 JK 触发器组合的方式进行滤波处理；细分与辨向整体实现通过行为级描述，不再分为单独的模块，根据两路相位相差 90°的正交方波信号的特点构造两组可实现辨向功能的状态机；根据光栅尺的行程，构造可逆计数器，对经过细分及辨向处理的脉冲信号进行加减计数。

图5.74 光栅数据采集卡实物图

数据采集卡具有6种采样频率可控,等时和等距两种采样模式可选择,多种光栅尺可通用的优质特点。

(3)上位机测量软件。上位机测量软件采用C♯与Matlab混合编程,利用Winform窗体,方便灵活地设计操作界面。由于转动惯量测量系统中还涉及线性、非线性模型的求解,这需要大量的矩阵运算和数值计算,借助Matlab的强大计算功能可以方便地实现复杂算法,并且易于对算法进行调试和修改,将Matlab中编写的程序编译成.dll给VS调用即可。

5.4.3 转动惯量测量流程

转动惯量测量中,待测产品必须在工装的支撑下进行摆动,工装自身有转动惯量,因此转动惯量测量中,需要对空载情况进行测量。同时,采用线性模型作为系统运动数学模型时,需要根据转动惯量计算公式获得扭杆刚度系数。本节以使用U型工装完成待测产品转动惯量测量为例,详细介绍转动惯量测量流程。

已知待测产品的质量m、质心位置以及工装和扭摆台的几何尺寸。

1. 标准件标定

标准件标定的具体步骤如下。

(1)测量空载情况下扭摆台的摆动周期,即

$$J_{台} = AT_{台}^2 \tag{5.222}$$

式中 A—— 系数。

(2)将标准样件放置于扭摆台上,测得的摆动周期与扭摆台和样件共同的转动惯量有关,即

$$J_{标+台} = AT_{标+台}^2 = J_{标} + J_{台} \tag{5.223}$$

由于标准样件对于当前轴的转动惯量值是已知的,因此可得到系数A。

2. 工装转动惯量测量

(1) 将工装（支撑托架）安装到扭摆台上，测量扭摆台和工装共同的转动惯量，如图 5.75 所示，即

$$J_{台+工装1} = AT^2_{台+工装1} = J_台 + J_{工装1} \tag{5.224}$$

图 5.75　测量工装转动惯量（状态 1）

(2) 将工装、扭摆台旋转 90°，再次测量二者的转动惯量，如图 5.76 所示，即

$$J_{台+工装2} = AT^2_{台+工装2} = J_台 + J_{工装2} \tag{5.225}$$

图 5.76　测量工装转动惯量（状态 2）

3. 测量待测产品

(1) 将待测产品放置在托架上，并使其底部几何中心与托盘中心尽量重合，使待测产品的 X 轴方向与扭摆台转轴方向一致，测量 X 轴的转动惯量，如图5.77 所示，即

$$J_{台+工装1+X轴} = AT^2_{台+工装1+X轴} = J_台 + J_{工装1} + J_{X'} \tag{5.226}$$

式中　$J_{X'}$ ——位姿 1 待测产品对扭摆轴的转动惯量。

同时考虑平行轴定理，所以有

图 5.77　测量 X 轴的转动惯量（位姿 1）

$$J_X = AT^2_{台+工装1+X轴} - J_{台+工装1} - m(Y_1^2 + Z_1^2) \quad (5.227)$$

式中　J_X——待测产品对质心坐标系下 X 轴的转动惯量，(X_1,Y_1,Z_1) 为位姿 1 约定坐标原点在质心坐标系下的坐标。

（2）旋转工装，使待测产品的 Y 轴方向与扭摆台转轴方向一致，测量 Y 轴的转动惯量，如图 5.78 所示，即

$$J_{台+工装2+Y轴} = AT^2_{台+工装2+Y轴} = J_台 + J_{工装2} + J_{Y'} \quad (5.228)$$

式中　$J_{Y'}$——位姿 2 待测产品对扭摆轴的转动惯量。

图 5.78　测量 Y 轴的转动惯量（位姿 2）

同时考虑平行轴定理，所以有

$$J_Y = AT^2_{台+工装2+X轴} - J_{台+工装2} - m(X_2^2 + Z_2^2) \quad (5.229)$$

式中　J_Y——待测产品对质心坐标系下 Y 轴的转动惯量，(X_2,Y_2,Z_2) 为位姿 2 约定坐标原点在质心坐标系下的坐标。

（3）将待测产品旋转 90°，使待测产品的 Z 轴方向与测量台转轴方向一致，测量 Z 轴的转动惯，如图 5.79 所示，即

$$J_{台+工装2+Z轴} = AT^2_{台+工装2+Z轴} = J_{台} + J_{工装2} + J_{Z'} \quad (5.230)$$

式中　$J_{Z'}$——位姿 3 待测产品对扭摆轴的转动惯量。

同时考虑平行轴定理,所以有

$$J_Z = AT^2_{台+工装2+X轴} - J_{台+工装2} - m(X_3^2 + Y_3^2) \quad (5.231)$$

式中　J_Z——待测产品对质心坐标系下 Z 轴的转动惯量,(X_3, Y_3, Z_3) 为位姿 3 约定坐标原点在质心坐标系下的坐标。

图 5.79　测量 Z 轴的转动惯量(位姿 3)

5.5　惯性积测量设备

5.5.1　惯性积测量原理

惯性积的测量常采用动平衡法,利用电机带动产品旋转产生不平衡惯性力和惯性力偶矩计算惯性积。但是该方法一般适用于中小型转子或回转体结构零件,测量大型非回转体则较为困难。

惯性椭球又称惯量椭球,它能够完整地描述刚体绕 Oa 轴(该轴线通过质心)的转动惯量。根据转动惯量的定义,有

$$J = \sum_i m_i R_i^2 = \sum_i m_i (|\mathbf{r}_i| \sin \theta_i)^2 = \sum_i m_i |\mathbf{r}_i \times \mathbf{n}|^2 \quad (5.232)$$

式中　$\mathbf{r}_i$——质量微元 m_i 的位置矢量;
　　　$\mathbf{n}$——轴的单位方向向量。

设

$$\begin{cases} \mathbf{r}_i = x_i \mathbf{i} + y_i \mathbf{j} + z_i \mathbf{k} \\ \mathbf{n} = \cos \alpha \mathbf{i} + \cos \beta \mathbf{j} + \cos \gamma \mathbf{k} \end{cases} \quad (5.233)$$

将式(5.233)代入式(5.232)得

$$J_{Oa} = \sum_i m_i \begin{bmatrix} y_i\cos\gamma - z_i\cos\beta \\ z_i\cos\alpha - x_i\cos\gamma \\ x_i\cos\beta - y_i\cos\alpha \end{bmatrix} \begin{bmatrix} y_i\cos\gamma - z_i\cos\beta \\ z_i\cos\alpha - x_i\cos\gamma \\ x_i\cos\beta - y_i\cos\alpha \end{bmatrix}$$

$$= \sum_i m_i \left[(y_i\cos\gamma - z_i\cos\beta)^2 + (z_i\cos\alpha - x_i\cos\gamma)^2 + (x_i\cos\beta - y_i\cos\alpha)^2 \right]$$

$$= J_{xx}\cos^2\alpha + J_{yy}\cos^2\beta + J_{zz}\cos^2\gamma -$$
$$2J_{xy}\cos\alpha\cos\beta - 2J_{yz}\cos\beta\cos\gamma - 2J_{zx}\cos\gamma\cos\alpha \tag{5.234}$$

式中　　J_{xx}、J_{yy}、J_{zz}——刚体质心坐标系下3个转动惯量；

J_{xy}、J_{yz}、J_{zx}——刚体质心坐标系下3个惯性积；

α、β、γ——刚体的3个坐标轴与Oa轴的夹角。

式(5.234)即为惯性椭球方程,根据该方程将转动惯量与惯性积联系来,因此若要得到待测产品在质心坐标系下的转动惯量和惯性积,则Oa轴至少发生6次变化,并分别测量每次变化后刚体绕Oa轴的转动惯量J_{Oa},那么就可以通过解方程组得到待测产品的转动惯量和惯性积。但是利用扭摆法测量时,扭摆轴是固定不变的,因此只能变换待测产品的位姿使Oa轴发生相对变化。

测量设备要获得的是待测产品在质心坐标系下的转动惯量及惯性积,通过扭摆法测量直接获得的是待测产品关于约定坐标系下的转动惯量及惯性积,因此必须将待测产品对于约定坐标系下的转动惯量转化到质心坐标系中,转化过程在第5.5.3节中详细介绍。

5.5.2　惯性积测量设备基本组成

柯西惯性椭球法测量待测产品惯性积时,因转动惯量和惯性积在数学上是相关的,利用这个关系,变换待测产品位姿,联立方程组,可以同时获得待测产品质心坐标系下三个轴的转动惯量和惯性积,因此柯西惯性椭球法惯性积测量设备与转动惯量测量设备在测量台的设计中,只有用于待测产品位姿调整的工装不同,扭摆台完全相同;控制台只有上位机测量软件的操作界面设计与相应算法不同。

完成待测产品惯性积的测量,工装需要实现待测产品6个位姿的调整,且为了保证测量精度,应尽可能避免多次装卡,旋转臂结构工装满足以上所有要求,可适用于惯性积测量场合。

旋转臂结构示意图如图5.80所示。该结构通过两个转动装置改变待测产品位姿,旋转臂展开前载物台的纵向轴线与扭摆台的扭摆轴平行,展开后两轴线成30°夹角,定义θ为旋转臂展开后与水平方向的夹角,φ为转环转动的角度,坐标系角度关系示意图如图5.81所示。

图5.81中,Oa轴为扭摆台的扭摆轴,$O-X'Y'Z'$为约定坐标系。其中Oa轴

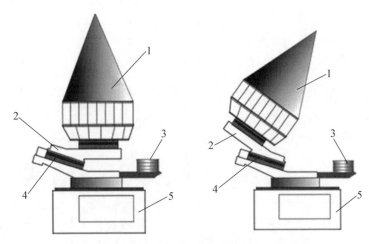

图 5.80　旋转臂结构示意图
1—被测弹头；2—旋转臂；3—配重模块；4—转环；5—扭摆台柜

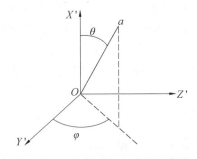

图 5.81　坐标系角度关系示意图

与 Y' 轴的夹角 β 满足

$$\cos\beta = \sin\theta\cos\varphi \tag{5.235}$$

Oa 轴与 Z' 轴的夹角 γ 满足

$$\cos\gamma = \sin\theta\sin\varphi \tag{5.236}$$

测量惯性积时，通过调整旋转臂和转环旋转角度可实现待测产品 6 个位姿的调整。

5.5.3　惯性积测量流程

柯西惯性椭球法测量待测产品惯性积时，测量流程与第 5.4.3 节转动惯量测量流程基本相同，在测量时，需要测量 6 个位姿下待测产品对扭摆台转轴的转动惯量，再利用平行轴定理完成约定坐标系到质心坐标系下转动惯量及惯性积的转化。本节以使用旋转臂结构工装完成待测产品转动惯量及惯性积测量为例，介绍测量流程，重点介绍测量过程。

已知待测产品的质量 m、质心位置及工装和扭摆台几何尺寸。

（1）标准件标定。具体步骤与转动惯量测量步骤相同。

（2）工装转动惯量测量。具体步骤与转动惯量测量步骤相同。

（3）测量待测产品。测量待测产品时，选取 6 个任意转轴的角度，角度说明见表 5.22。

表 5.22　6 个任意转轴的角度说明

轴序号	轴 1	轴 2	轴 3	轴 4	轴 5	轴 6
θ_i	0°	30°	30°	30°	30°	30°
φ_i	0°	0°	45°	90°	180°	270°

根据定义的 6 个转轴的状态，可以得到 6 个方程：

$$J_{X'}\alpha_1^2 + J_{Y'}\beta_1^2 + J_{Z'}\gamma_1^2 - 2J_{X'Y'}\alpha_1\beta_1 - 2J_{Y'Z'}\beta_1\gamma_1 - 2J_{X'Z'}\alpha_1\gamma_1 = J_1 \tag{5.237}$$

$$J_{X'}\alpha_2^2 + J_{Y'}\beta_2^2 + J_{Z'}\gamma_2^2 - 2J_{X'Y'}\alpha_2\beta_2 - 2J_{Y'Z'}\beta_2\gamma_2 - 2J_{X'Z'}\alpha_2\gamma_2 = J_2 \tag{5.238}$$

$$J_{X'}\alpha_3^2 + J_{Y'}\beta_3^2 + J_{Z'}\gamma_3^2 - 2J_{X'Y'}\alpha_3\beta_3 - 2J_{Y'Z'}\beta_3\gamma_3 - 2J_{X'Z'}\alpha_3\gamma_3 = J_3 \tag{5.239}$$

$$J_{X'}\alpha_4^2 + J_{Y'}\beta_4^2 + J_{Z'}\gamma_4^2 - 2J_{X'Y'}\alpha_4\beta_4 - 2J_{Y'Z'}\beta_4\gamma_4 - 2J_{X'Z'}\alpha_4\gamma_4 = J_4 \tag{5.240}$$

$$J_{X'}\alpha_5^2 + J_{Y'}\beta_5^2 + J_{Z'}\gamma_5^2 - 2J_{X'Y'}\alpha_5\beta_5 - 2J_{Y'Z'}\beta_5\gamma_5 - 2J_{X'Z'}\alpha_5\gamma_5 = J_5 \tag{5.241}$$

$$J_{X'}\alpha_6^2 + J_{Y'}\beta_6^2 + J_{Z'}\gamma_6^2 - 2J_{X'Y'}\alpha_6\beta_6 - 2J_{Y'Z'}\beta_6\gamma_6 - 2J_{X'Z'}\alpha_6\gamma_6 = J_6 \tag{5.242}$$

式中　　$\alpha_i = \cos\theta_i$，$\beta_i = \sin\theta_i\cos\varphi_i$，$\gamma_i = \sin\theta_i\sin\varphi_i$；

J_i——在 6 个任意转轴下，待测产品对于该转轴的转动惯量；

$J_{X'}$、$J_{Y'}$、$J_{Z'}$、$J_{X'Y'}$、$J_{Y'Z'}$、$J_{X'Z'}$——在约定坐标系下产品对于 3 个坐标轴的转动惯量和惯性积。

利用平行轴定理完成约定坐标系到质心坐标系下转动惯量及惯性积的转化。

5.6 通用质量特性测试系统

5.6.1 总体介绍

本节将以一套通用质量特性测试系统为例对质量特性参数测量技术进行具体阐述。系统同时具有质量、质心测量功能以及转动惯量测量功能,并满足产品一次装吊即可获得质量特性要求,具有较强的通用性和拓展性。

系统包括质量特性综合测量台、控制平台、配套软件、与工装匹配的转接环标准样等部分。质量特性综合测量台设计有多工位转接装置,多工位转接装置提供拓展性接口,可以配合不同的工装(L型支架、U型支架)或转接环,实现不同产品的装夹,满足不同型号多种外形产品的测量需求,被测产品不受自身长度、质量局限。配套软件提供单独的质量、质心、转动惯量测量模块,可进行单项测量。这是一套通用性的质量特性测试系统,可以分别或者综合实现产品质量、质心和转动惯量的测量。

通用性质量特性测试系统的测试项目可以达到的技术指标见表5.23。

表 5.23 测试项目及技术指标

序号	设备参数	技术指标
1	质量测量精度	$\leqslant 0.03\%$
2	纵向质心精度	$\leqslant \pm 0.5$ mm
3	横向质心精度	$\leqslant \pm 0.15$ mm
4	纵向转动惯量	$\leqslant \pm 0.5\%$
5	横向转动惯量	$\leqslant \pm 0.2\%$

1. 系统具备的功能

(1)具备水平和垂直状态测量功能,装卡过程简单方便,可兼容不同形式的工装。

(2)测量过程采用计算机控制,可实现自动测量和数据处理,自动完成质量、质心和转动惯量测量过程。同时提供单步骤单模块的测量功能,并可实现手动测量。

(3)测量软件可根据用户选择的测量方式满足不同待测产品的不同测量需求,如专项质量特性测量、通用质量质心测量、通用转动惯量测量等,给出最终测量结果。打印报表可采用用户提供的模板。

(4)软件采用中文友好界面,程序简洁、易操作,全面考虑参数输入和输出,程序模块化、易扩展,便于后续升级。

(5)设备具有安全防护措施,在测量过程中可保证产品安全和防护传感器过载损坏,保证设备在厂房内变换测量地点的过程中不损坏设备自身。

2. 系统主要优势

(1)设备具有高可靠性,系统稳定,操作、检定、维修方便,便于用户使用。

(2)质心测量中,采用具有自主知识产权的自动对心技术,可消除侧向力影响,测量精度高。

(3)转动惯量测量采用国际通用的气浮技术,克服了机械轴承扭摆台摩擦大影响测量精度的问题。

(4)转动惯量测量中,采用具有自主知识产权的空气阻尼补偿技术和扭杆温度补偿技术,可实现高精度测量。

(5)系统通用性强,通过质量特性综合测量台上的多工位转接装置提供的拓展性接口,可完成不同产品的测试任务。

3. 设备安全保障

(1)设计升降系统时为每台升降机专门设计定制了升降定位组件,大幅提升了整个升降系统的抗偏载能力,确保升降系统安全、平稳、准确地完成支撑—升降功能。

(2)质心测量时,升降定位锥与定位锥窝脱开距离较小,使升降定位锥虽然脱开但仍然对多工位转接装置起到保护作用。

(3)升降系统的上升和下降除由行程开关进行限位外,自身也设置了极限限位功能,可保证升降过程中产品及设备安全。

(4)专门设置了钢球安放"球巢",避免钢球遗失或损坏。

5.6.2 机械及电气系统方案设计

1. 机械结构总体介绍

目前广泛应用的质量、质心与转动惯量测量是采用"不同设备'分体式'测量"的方法,而通用质量特性测试系统是集成了质量、质心及转动惯量测量功能的综合性一体化测量设备。两者比较,后者具有设备占地面积小、产品加载次数少、操作省时、测量精度高等显著优势。由此可见,质量特性参数测量技术是未来质量特性测量的发展趋势。

通用质量特性测试系统的机械结构主要包括质量特性综合测量台、设备标定用标准件等。其中质量特性综合测量台尺寸为 1 900 mm(长)×1 680 mm(宽)×1 052 mm(高)。通用质量特性测试系统的机械结构图如图 5.82 所示。

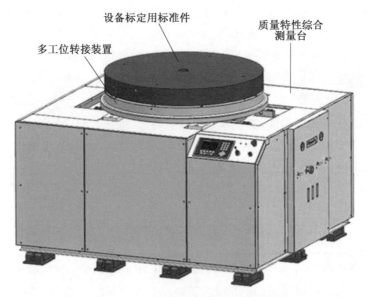

图 5.82　通用质量特性测试系统的机械结构图

其中质量特性综合测量台主要由转动惯量测量组件(气浮转台、激励总成、锁紧装置、光栅传感器等)，质量、质心测量组件(高精度数字称重传感器、辅助装置等)，多工位转接装置，基座，升降传动系统，升降系统安装座，测量台外围围板等部分组成。本系统设计的多工位转接装置可以搭配不同工装，以 L 型支架和 U 型工装为例，如图 5.83 所示，满足产品现有配套工装的使用要求，通过计算机可自动完成数据采集和计算，实现不同长度和质量的产品的质量特性测量。

(a) L 型支架放置示意图

图 5.83　不同工装放置示意图

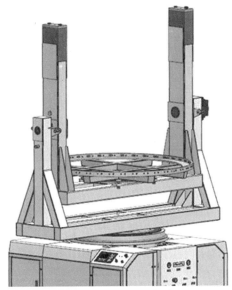

(b) U型工装放置示意图

续图 5.83

（1）多工位转接装置。多工位转接装置的作用在于，通过其与测量工装及产品连接，实现测量工装、产品与质量特性综合测量台之间的定位及转接；多工位转接装置可以使产品分别在质量特性综合测量台 4 个象限方向上定位并锁定，以消除质心测量的系统误差，提高测量精度；同时也减少了测量过程中重复吊装及安装环节。多工位转接装置主体由内盘、推力球轴承、外环三部分组成，内盘上设计了多组同心的安装螺孔、一个中心定位孔、一个象限定位销孔及 8 个定位销孔，以兼容不同工装和待测产品的安装需求。

多工位转接装置三维模型如图 5.84 所示。

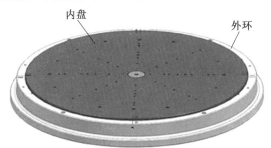

(a) 多工位转接装置三维模型(顶部视图)

图 5.84 多工位转接装置三维模型

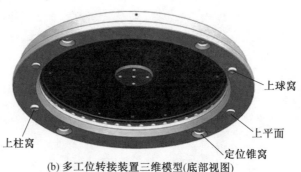

(b) 多工位转接装置三维模型(底部视图)

续图 5.84

多工位转接装置外环上的 4 个定位锥窝与升降机顶部定位锥配合,保证多工位转接装置准确定位。上球窝、上柱窝、上平面(2 个)是传感器组件中的钢球定位件。

在进行质心测量时,转动内盘可以带动其上待测产品旋转,转到固定象限点时,内盘及待测产品定位,即可以进行待测产品质心测量;而在转动惯量测量时,升降机带动多工位转接装置下降,当内盘及待测产品落在气浮转台上,外环继续下降并与内盘脱离时,即可以进行待测产品转动惯量测量。

(2)质量特性综合测量台。质量特性综合测量台是测量系统的主体部分,其三维模型如图 5.85 所示,外部可见部分包括设备外罩、气浮转台、4 个传感器及 2 个陶瓷球存放座等。

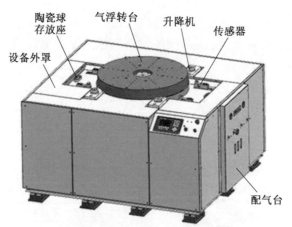

(a) 质量特性综合测量台三维模型(正面视图)

图 5.85　质量特性综合测量台三维模型

(b) 质量特性综合测量台三维模型(背面视图)

续图 5.85

质量特性综合测量台内部结构如图 5.86 所示,包括基座、升降传动系统、质量和质心测量系统、转动惯量测量系统、升降系统安装座、电气柜、调平装置等。

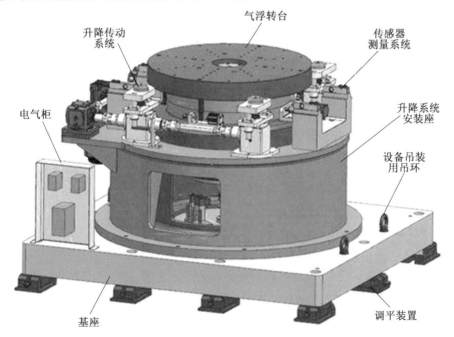

图 5.86 质量特性综合测量台内部结构

① 基座。基座是质量特性综合测量台的基础安装部分,基座底部装有 10 套调平装置,可以通过调平装置对设备进行调平。由于气浮转台、升降传动系统以及传感器测量系统等都安装在基座上,因此其结构刚度及稳定性直接关系到设

备测量精度的稳定性。

②升降传动系统(图 5.87)。升降传动系统的作用是支撑并升降多工位转接装置、测试工装及待测产品,即在非产品测量状态、产品安装状态、质量和质心测量状态以及转动惯量测量状态时,起到支撑和升降作用。

升降传动系统组成包括锥齿轮升降机、换向器、电机、减速机、(高精度)升降定位组件、传动轴及联轴器等。设计升降传动系统时为每台升降机专门定制了防偏结构,大幅提升了整个升降系统的抗偏载能力,避免了待测产品安装过程中产生的侧向力对升降定位精度的影响。

③质量和质心测量系统(图 5.88)。质量和质心测量系统的功能是完成产品质量和质心的测量。它由高精度传感器、称重仪、传感器自动对心组件(图5.89)、称重系统安装座等部分组成。

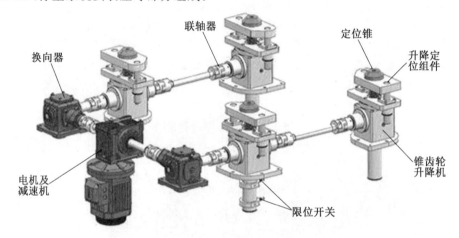

图 5.87 升降传动系统

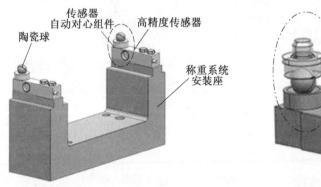

图 5.88 质量和质心测量系统

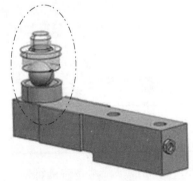

图 5.89 传感器自对心组件

④转动惯量测量系统(图 5.90)。转动惯量测量系统由气浮转台、激励装

置、锁紧定位装置、光栅传感系统、阻尼装置、配气系统等部分组成,主要作用是完成产品转动惯量的测量。转动惯量测量过程是:通过气缸给气浮台面施加初始激励,由扭杆的刚度使气浮转台带动其上的工装及待测产品完成周期性扭摆运动,同时通过数据采集卡采集由光栅传感系统所获取的振荡周期信号,系统根据扭摆周期计算出产品的转动惯量。光栅传感系统的作用是用来测量气浮转台、工装及待测产品的扭摆周期。

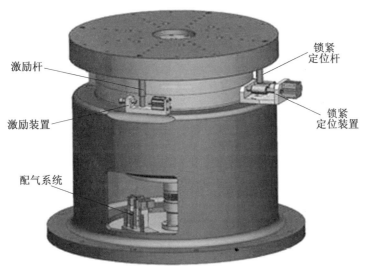

(a) 转动惯量测量系统三维模型(顶部视图)

(b) 转动惯量测量系统三维模型(底部视图)

图 5.90　转动惯量测量系统

气浮转台内部结构如图 5.91 所示。激励装置的作用是由激励气缸触发气浮转台,使其带动工装及待测产品产生周期性扭摆运动,扭摆周期结束后阻尼气缸触发,产生阻尼摩擦使气浮转台逐渐停止摆动。非转动惯量测量状态下,气浮转台均处于锁紧定位装置"锁紧"状态。只有在转动惯量测量时,气缸带动滑块缩回,锁紧定位装置(图 5.92)使锁紧定位杆处于非夹紧状态,气浮转台才可以自由摆动。

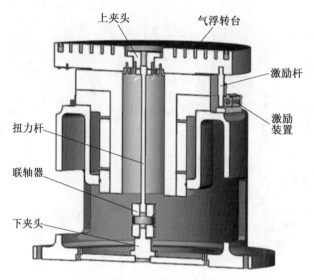

图 5.91 气浮转台内部结构

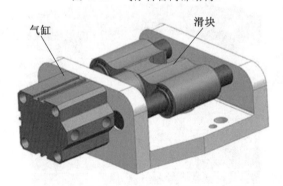

图 5.92 锁紧定位装置

⑤ 设备外罩。设备外罩的作用:一方面,配气台、操作面板、电源插座、气缸及光栅接口等装置安装在设备外罩上;另一方面,设备外罩对设备内部气浮转台、升降传动系统、质量和质心测量系统、电气柜等主要装置具有保护作用。

(3)设备标定用标准件。圆饼型标准件(图 5.93)采用 45 # 优质碳素钢精加工制成。设计质量与待测产品理论质量类似,中心设有一个固定尺寸定位孔,以便多工位转接装置安装和定位使用。

图 5.93　圆饼型标准件

(4) 设备吊装。质量特性测量装置转运及搬迁设备用吊环安装在设备基座上,因此转运及搬迁设备时应拆下设备外罩顶面中间位置的两块盖板,通过基座上的 4 个吊环螺钉吊装,如图 5.94 所示。

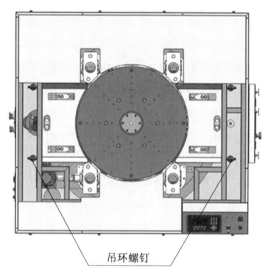

图 5.94　设备吊环位置

(5) U 型工装。U 型工装可分为固定测量架、旋转测量架、回转台三部分,如图 5.95 所示。

通过 U 型工装中心定位孔、菱形销定位孔分别与测量台内盘中的"中心定位销"及"菱形定位销"配合将 U 型工装安装在测量台上,然后用 8 个 M12 内六角螺钉将 U 型工装与质量特性综合测量台锁紧,如图 5.96 所示。

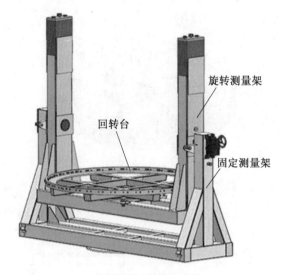

图 5.95 U 型工装

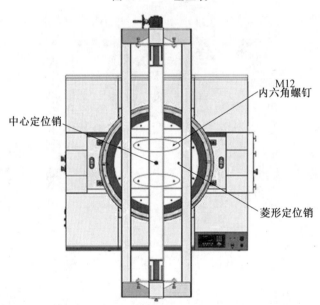

图 5.96 U 型工装与质量特性综合测量台连接示意图

2. 电气系统总体介绍

质量特性综合测量台电气系统主要包含配电模块、运动控制模块、数据采集模块和气动控制模块等,电气系统可以实现质量特性综合测量台操作的控制,系统原理总体框图如图 5.97 所示。

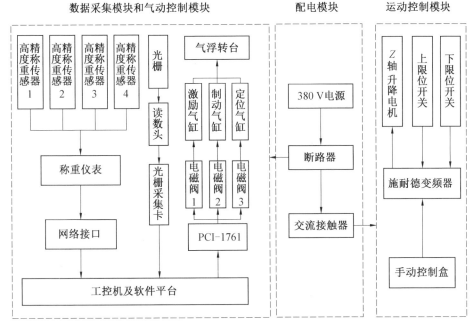

图 5.97 电气系统原理总体框图

(1)配电模块主要完成系统配电功能和保护功能,将输入的强电进行合理分配,为主控计算机、电机、电源稳压块和传感器等部件供电。

(2)运动控制模块主要通过变频器控制升降电机升降运动,实现质量特性综合测量台不同位置功能的切换,确保设备的稳定运行,并通过上下限位开关控制设备上下运行的极限位置,确保设备的安全。

(3)数据采集模块主要包含称重传感器数据采集和光栅数据采集,通过相应的数据采集卡实现数据采集,并通过上位机软件进行数据处理。

(4)气动控制模块主要通过继电器控制卡实现对激励气缸、定位气缸和锁紧气缸的控制。

5.6.3 软件功能及测试流程

质量特性测量工装配套的测量软件具有如下功能。

(1)可使测量过程自动化,根据采集的传感器数据自动计算质量、质心、转动惯量数据,并可形成报表,具有打印、存储、检索、回看等功能。

(2)可以满足批量测量要求,单独保存和调用工装皮重数据。

(3)测量过程配合提示,包括文字提示和示意图提示,方便操作者使用。

(4)软件单独设置标校程序模块,存储必需的参数,方便调用。

(5)软件可以在同一模块下同时对待测产品的质量、质心及转动惯量参数进行测量,也可以根据用户需求进行单一功能测试。

(6)软件采用中文界面,配有帮助文件,方便用户使用。

图 5.98 所示为质量特性测量工装配套的测量软件的操作界面,该测量软件是采用 Microsoft Visual Studio 开发平台研制的基于 Win32 操作系统平台的科学计算软件,具有传感器信号读取、质量特性综合测量台动作控制、系统标定、质量特性参数测量、系统误差标校等功能。

图 5.98 质量特性测量工装配套的测量软件的操作界面

1. 传感器信号读取

在质量、质心参数测量过程中,单击测量按钮可以读取到当前状态下每个称重传感器的信号以及所有称重传感器承重。同时在主菜单页面单击"称重仪表"按钮,即可调出传感器读数实时显示窗口。该窗口可以实现对每个称重传感器进行不间断实时读数,并对所有称重传感器读数进行求和。使用者可以根据该窗口读数判断传感器及待测产品状态,在进行产品测量过程中,也可以根据该窗口示数是否稳定确定是否可以进行读数测量操作,以免产生不必要的误差。传感器实时读数窗口如图 5.99 所示。

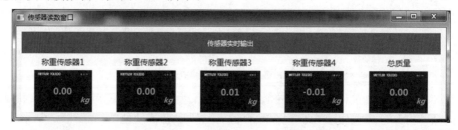

图 5.99 传感器实时读数窗口

2. 质量特性综合测量台动作控制

在转动惯量参数测量过程中,需要通过控制气缸完成激励、定位以及刹车的伸出和缩回动作，从而使气浮转台带动其上的工装及待测产品完成周期性扭摆运动。在测量过程中，单击测量按钮会产生一套完整动作以测量振荡周期信号。

如果在测量过程中遇到意外情况，或者需要测量某一单独动作，只需单击"动作控制"按钮，调出气浮转台动作控制窗口（图 5.100），单击对应功能，即可对相应动作进行控制。例如，如果在转动惯量测量过程中出现意外中断的情况，可以单击该页面上"全部缩回"，将全部动作复位后单击"定位伸出"恢复默认状态，以免在下次测量时造成气浮转台的磨损破坏。

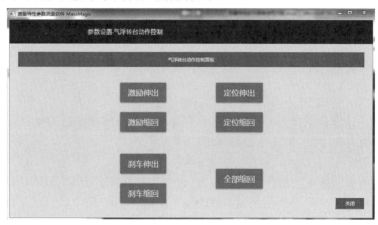

图 5.100　气浮转台动作控制窗口

3. 系统标定

(1) 传感器系数标定。

本系统在质量、质心测量过程中，采用了多个称重传感器共同感知一个负载质量的方式。这种情况下，称重传感器在使用前需要进行标定。称重传感器的标定就是要找到其输出信号 U 与力负荷 G 的关系，一般来说 $U-G$ 关系满足线性模型

$$G = U\mu \tag{5.243}$$

式中　μ——称重传感器的输出线性比例系数。

理论上，相同规格的称重传感器具有相同的 μ，但实际上相同规格的称重传感器之间 μ 会有差别，尤其是在高精度测量中，如果忽略这些微小的差别就会降低测量精度。本系统采用多点称重法测量质量、质心，因此称重传感器标定的精度直接影响质量、质心的测量精度，而质量、质心测量又是其他质量特性参数测量的前提和基础，可见称重传感器标定的重要性。

数字量求和标定法就是将各个称重传感器的输出信号进行信号调理、A/D 转换，再由计算机采集各路数字信号，对数据进行累加，得到带有称重传感器输出线性比例系数的方程组，最后解算标定方程组得到各个称重传感器的线性比

例系数。因此可将多个称重传感器在线标定问题看作是一个线性回归问题。以3个称重传感器组成的测量系统为例,对数字量求和标定法的步骤进行简要说明:

①测量工装空载时的质量,即系统皮重 G_0 为

$$G_0 = \mu_1 U_1 + \mu_2 U_2 + \mu_3 U_3 \tag{5.244}$$

式中　μ_i ——第 i 个称重传感器输出的线性比例系数;
　　　U_i ——工装空载时,第 i 个称重传感器输出的电压值。

②依次在托盘上放置总质量为 $G_1, G_2, \cdots, G_n$ 的砝码,$n \geqslant 3$,得到

$$\begin{cases} \mu_1 U_1^1 + \mu_2 U_2^1 + \mu_3 U_3^1 = G_0 + G_1 \\ \mu_1 U_1^2 + \mu_2 U_2^2 + \mu_3 U_3^2 = G_0 + G_2 \\ \vdots \\ \mu_1 U_1^n + \mu_2 U_2^n + \mu_3 U_3^n = G_0 + G_n \end{cases} \tag{5.245}$$

式中　U_i^j ——加载质量为 G_j 的砝码时,第 i 个称重传感器输出的电压值。

③根据式(5.244)和式(5.245)得到方程:

$$U\boldsymbol{\mu} = \boldsymbol{G} \tag{5.246}$$

④最后采用最小二乘估计进行解算,得到参数估计值为

$$\boldsymbol{\mu} = (U^{\mathrm{T}} U)^{-1} U^{\mathrm{T}} \boldsymbol{G} \tag{5.247}$$

在系统测量软件中,称重传感器标定算法用于计算称重传感器输出与质量之间的线性系数,根据所采用称重传感器个数的不同编制了三点法称重传感器标定算法 Sensors_Dem(3) 和四点法称重传感器标定算法 Sensors_Dem(4)。称重传感器斜率系数的标定算法基于最小二乘原理来实现。

在实际操作过程中,标定分为以下几步。

第一步,在设备安装前,用标准测力计对每个称重传感器进行系数标定,根据测力计给出的标准值校准称重传感器系数。这个系数存储在称重仪表中,如果仪表恢复出厂设置,则需要将称重传感器拆卸重新标定。

第二步,设备安装完毕,利用标准砝码对设备进行整体标定,如果满足测量精度则每个称重传感器修正系数为1,如果不满足则需要根据标准件质量修正每个称重传感器系数直到满足设计要求,这个系数存储在测量软件系统参数中。标定时应注意标定范围,保证设备在标定全量程满足设计精度指标。

第三步,质量精度验证,将圆饼标准件放置在测量设备任意处(4个称重传感器合围区域),利用测量软件读取质量数据,与标准值进行比较,如果满足测量精度指标则设备质量精度合格,如果不满足则对称重传感器系数重新进行标定和调整直到满足要求。

第四步,质心精度验证,将哑铃型标准件按照设备操作要求垂直放置在设备固定点处(固定点坐标已经过标定),利用软件计算此时标准件质心坐标,与理论

值进行比较,如果满足质心精度指标则设备质心精度合格,如果不满足则重新验证质量精度和重新标定设备工装参数,直至质心精度满足要求。

利用标准砝码对设备进行整体标定主要是对 4 个称重传感器系数进行修正,基本流程如图 5.101 所示,具体步骤如下。

图 5.101 称重传感器系数修正基本流程

第一步,将台面落到称重传感器上,在砝码质量文本框中输入第一组砝码的质量(图 5.102)。第一组砝码质量可以填"0"kg,即只称量工装空载时的质量,单击"读数"后系统开始自动采集第一组数据,等待 3 s 左右,第一组数据采集完毕,并自动弹出对话框,要求输入第二组砝码质量。此时需要抬起测量台,第二次可以安放 100 kg 砝码,放置完 100 kg 砝码后,在文本框内填入"100",落下测量台,单击"读数",再单击确定,开始自动采集传感器数据。采集完毕后软件自动弹出对话框。操作过程依此类推,砝码可以按照称重传感器系数修正页面进行放置,大概测量 5~10 组数据即可。

第二步,采集完所有数据之后,可以单击传感器标定界面中的"计算"按钮,此时界面下方的 K1、K2、K3、K4 文本框中会显示计算的结果。

第三步,如果想保存本次标定结果,可以单击"保存"。

如果想对某一次加载砝码重新进行测量(如重新测第三组砝码),可以单击该次测量数据后面的删除按钮,再重新进行测量即可。

(2)扭杆刚度标定。

质量特性测量设备转动惯量测量采用扭摆法进行测量,扭摆法基本原理为
$$J = AT^2 \tag{5.248}$$

式中 $A = \dfrac{K}{4\pi^2}$,其大小与扭摆系统的刚度有关;

K——扭杆刚度系数。

图 5.102 称重传感器系数修正页面

物体转动惯量与扭摆振动周期的关系,即物体的转动惯量与扭摆的摆动周期的平方成正比关系,通过测量扭摆周期即可计算出物体绕摆动轴的转动惯量值。

因此采用扭摆法进行转动惯量测量时,需要用标准件对扭杆刚度系数进行准确标定。扭杆刚度系数标定主要分以下几步,标定流程如图 5.103 所示。

第一步,测量空载状态的摆动周期 T_1,即

$$J_1 = \frac{K}{4\pi^2} T_1^2 \tag{5.249}$$

第二步,将圆饼标准件放置在气浮转台上,测量的扭摆周期为 T_2,即

$$J_1 + J_s = \frac{K}{4\pi^2} T_2^2 \tag{5.250}$$

此时测得的转动惯量值为气浮转台空载转动惯量和标准件转动惯量之和。

第三步,计算刚度系数,由于标准件转动惯量 J_s 已知,因此可计算得到扭杆刚度为

$$K = \frac{J_s 4\pi^2}{T_2^2 - T_1^2} \tag{5.251}$$

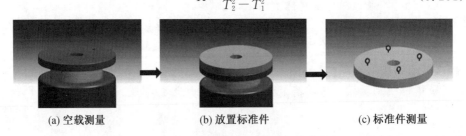

(a) 空载测量　　　　　(b) 放置标准件　　　　　(c) 标准件测量

图 5.103 转动惯量扭杆刚度标定流程

在实际操作过程中,扭杆标定分为以下几步。

图 5.104 所示为扭杆标定界面,标准件的质量以及转动惯量是预先设置好的值,不用进行修改。

第一步,先将工装空载落到气浮转台上,进行空载测量。单击"空载测量"按钮,首先会听到气缸开始运动的声音,然后气浮转台开始扭摆。整个过程从激励扭摆到采集数据时间将近 120 s,需要耐心等待,此时会跳出进度条提示采集进度。等采集结束后,会弹出对话框"点击'确定',停止扭摆"。单击确定后进行定位操作,同时还会弹出对话框"待停止扭摆后点击'确定',继续测量"。

当扭摆停止后,单击确定,弹出对话框"是否进行第二次扭摆测试"。为了提高测试精度,一般都需要进行第二次测量,单击"是",系统自动开始进行第二次测量,请耐心等待。第二次测量结束后会有个判定过程,如果第一次和第二次测量误差大于系统设定的一个误差值,则弹出对话框建议重新测量,如果选择"是"则自动清空前两次测量数据,并且弹出对话框,"点击'确定'停止扭摆",等扭摆彻底停止后,再次单击"开始"按钮,重新测量。如果两次测量的周期在误差范围之内,则会直接弹出对话框,"点击'确定'停止扭摆"。

图 5.104 扭杆标定界面

第二步,标准件(大圆饼)测量。空载测量完毕后,待扭摆彻底停止后,安装标准件,然后单击标准件测量下的"标准件测量"按钮,可以听到气缸动作的声音,接下来就是等待数据采集的过程。

直到弹出提示框,说明第一次采集完毕,"点击'确定'停止扭摆"。马上会弹出对话框,待扭摆停止后,单击"确定",继续测量。软件弹出提示框,选择"是",开始第二次扭摆测量。直到软件弹出提示框,表示第二次测量数据采集完毕,"点击'确定'停止扭摆"。

第三步,计算。单击扭杆刚度系数下的"计算"按钮,利用上述测量数据进行计算,得到扭杆系数 k。

第四步,确认并保存。

标定完毕后单击"返回",关闭标定界面,返回主界面。

4. 质量特性参数测量

测量软件中内置有质量特性参数测量算法模块,在完成测量过程中所有数据的采集后,即可自动实现产品质量特性参数的计算。测量过程如下:

第一步,竖直姿态-空载测量。

单击"竖直姿态-空载(工装)测量"标签,这里是在竖直姿态下的空载(工装)测量,单击"质量质心"标签,进入质量、质心竖直姿态下的空载测量页面(图5.105)。按照操作提示,将陶瓷球放置在称重传感器上,操作摇杆,将台面从"初始状态"下降至"称重状态",根据工装放置方向选择对应姿态(姿态Ⅰ、Ⅱ、Ⅲ、Ⅳ)后,单击对应的"读数"按钮,按提示即可读出对应数值;读完数后,操作摇杆,将台面从"称重状态"上升至"初始状态"。

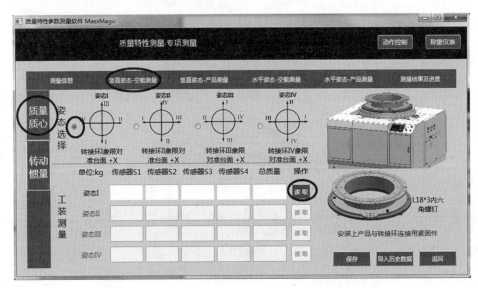

图5.105　竖直姿态-空载(工装)质量、质心测量页面

第 5 章　典型测试设备

单击"转动惯量"标签,进入转动惯量竖直姿态下的空载(工装)测量页面(图5.106)。按照操作提示,将陶瓷球从称重传感器上拿下,并放置在称重传感器旁的盒子中,操作摇杆,将台面从"初始状态"下降至"扭摆状态"。根据工装放置方向选择对应姿态后,单击对应的"测量"按钮,按提示即可读出对应数值。测量完成后,操作摇杆,将台面从"扭摆状态"上升至"初始状态"。

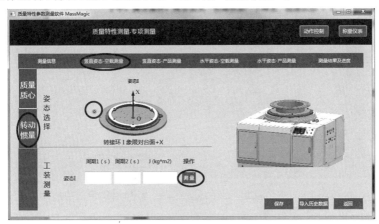

图 5.106　竖直姿态－空载(工装)转动惯量测量页面

第二步,竖直姿态－产品测量。

单击"竖直姿态－产品(工装＋产品)测量"标签,这里是在竖直姿态下的产品(工装＋产品)测量,单击"质量质心"标签,进入质量、质心竖直姿态下的产品(工装＋产品)测量页面(图5.107)。操作步骤与竖直姿态－空载质量、质心测量相同。

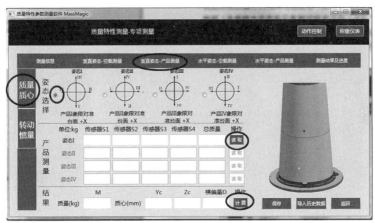

图 5.107　竖直姿态－产品(工装＋产品)质量、质心测量页面

读数操作完成后,单击"计算"按钮,按提示操作,即可得到产品质量、质心

信息。

单击"转动惯量"标签,进入转动惯量竖直姿态下的产品(工装+产品)测量页面(图 5.108)。操作步骤与竖直姿态-空载转动惯量测量相同。

图 5.108　竖直姿态-产品(工装+产品)转动惯量测量页面

单击"同步数据"按钮,同步产品的偏置信息。确认产品信息无误后(偏置距离等),单击"计算/保存"按钮,即可得到产品转动惯量的测量结果。

第三步,水平姿态-空载测量。

单击"水平姿态-空载(工装)测量"标签,这里是在水平姿态下的空载(工装)测量,单击"质量质心"标签,进入质量、质心水平姿态下的空载测量页面(图 5.109)。操作步骤与竖直姿态-空载质量、质心测量相同。

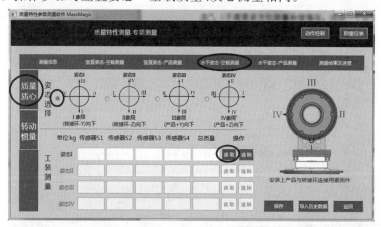

图 5.109　水平姿态-空载(工装)质量、质心测量页面

单击"转动惯量"标签,进入转动惯量水平姿态下的空载(工装)测量页面(图 5.110)。操作步骤与竖直姿态-空载转动惯量测量相同。

第 5 章　典型测试设备

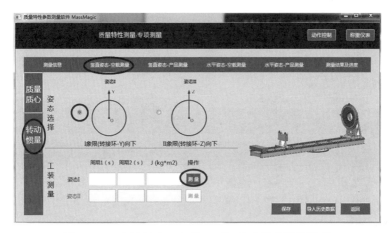

图 5.110　水平姿态－空载(工装)转动惯量测量页面

第四步,水平姿态－产品测量。

单击"水平姿态－产品(工装＋产品)测量"标签,这里是在水平姿态下的产品(工装＋产品)测量,单击"质量质心"标签,进入质量、质心水平姿态下的产品(工装＋产品)测量页面(图5.111)。操作步骤与竖直姿态－空载质量质心测量相同。

如需计算产品长度,则在"长度(mm)"后文本框中添加 L 支架中心距离产品前端长度即可,单击"计算"按钮,产品长度将会在文本框中显示,若无此需求忽略即可。

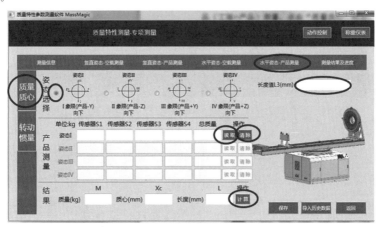

图 5.111　水平姿态－产品(工装＋产品)质量质心测量页面

读数操作完成后,单击"计算"按钮,按提示操作,即可得到产品质量、质心信息。

单击"转动惯量"标签,进入转动惯量水平姿态下的产品(工装＋产品)测量页面(图5.112)。操作步骤与竖直姿态－空载转动惯量测量相同。

单击"同步数据"按钮,同步产品的偏置信息。

确认产品信息无误后(偏置距离等),单击"计算/保存"按钮,即可得到产品转动惯量的测量结果。

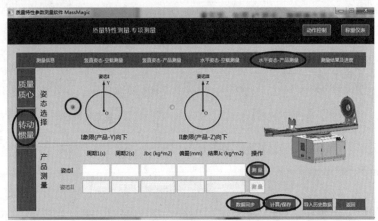

图5.112 水平姿态－产品(工装＋产品)转动惯量测量页面

5. 系统误差标校

系统误差标校的功能是根据标准样件信息和测量结果计算出实际偏差值,并根据填入的理论偏差值判断质量、质心、转动惯量等参数测量结果是否合格。

(1)质量质心标校。

单击"质量质心标校"标签,进入质量、质心标校页面(图5.113),按照正常竖直姿态质量、质心测量流程对标准样件进行测量。

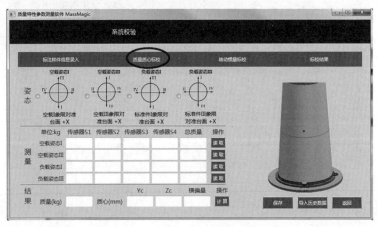

图5.113 质量、质心标校页面

在姿态中选择与实际产品对应的姿态,单击相应的"读取"按钮,按照提示框操作,对相应的姿态进行测量。在所需姿态测量完成后,单击"计算"按钮,即可得到标准样件质量及质心的测量结果。

(2)转动惯量标校。

单击"转动惯量标校"标签,进入转动惯量标校页面(图 5.114),按照正常竖直姿态转动惯量测量流程对标准样件进行测量。

图 5.114　转动惯量标校页面

在姿态中选择与实际产品对应的姿态,单击相应的"测量"按钮,按照提示框操作,对相应的姿态进行测量。在所需姿态测量完成后,单击"计算/保存"按钮,即可得到标准样件转动惯量的测量结果,并对测量结果进行保存。

本系统具有较强的通用性和拓展性,可以实现多种外形产品的测量。多工位转接环提供拓展性接口,配合不同工装或转接环,可以实现不同长度、质量的产品测量。配套软件提供单独的质量、质心、转动惯量测量模块,可进行单项测量。用户相当于具有了一套通用性的质量特性测量系统,可以分别或者综合实现产品质量、质心和转动惯量的测量。

第 6 章

质量特性参数精密测试中的关键技术

6.1 多称重传感器在线标定技术

在称重传感器的实际应用中,经常遇到多个称重传感器共同感知一个负载质量的情况,如汽车衡、轨道衡、皮带秤等。这种测量方式的特点是称量范围广,系统容易搭建。本系统质量、质心测量部分就采用这种方式。称重传感器在使用前需要进行标定,称重传感器的标定就是要找到称重传感器的输出信号 U 与力负荷 G 的关系,一般来说 U-G 关系满足线性模型

$$G = U\mu \tag{6.1}$$

式中 μ——称重传感器的输出线性比例系数。

理论上相同规格的称重传感器具有相同的 μ,但实际上相同规格的称重传感器之间 μ 会有差别,尤其是在高精度测量中,如果忽略这些微小的差别就会降低测量精度。本系统采用多点称重法测量质量、质心,因此称重传感器标定的精度直接影响质量、质心的测量精度,而质量、质心测量又是转动惯量和惯性积测量的前提和基础,可见称重传感器标定的重要性。

常用的称重传感器标定方法有两种。一种方法是利用标准砝码进行标定(传统称重传感器标定法),如图 6.1 所示,将称重传感器固定在水平台面上,其上方装有质量已知的托盘,加载不同质量的砝码,记录称重传感器的输出信号,最后通过平差计算得到称重传感器输出的线性比例系数。由于较大的砝码不易放置在称重传感器上,因此这种方法一般适用于小量程范围标定。

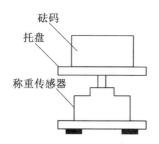

图 6.1 传统称重传感器标定法

另一种方法是利用测力计或者标准力传感器进行标定。以图 6.2 所示的装置为例,该装置是天津理工大学吴秀梅、赵连玉课题组设计的,将标准力传感器与待标定传感器串联,然后利用电机、丝杠、液压缸等传动机构给称重传感器施加一系列压力,压力大小可以直接通过标准测力计得到,再根据待标定传感器的输出信号得到其线性比例系数,这种方法适合大量程范围标定。

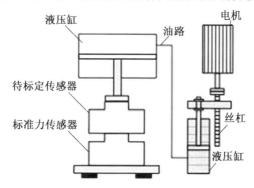

图 6.2 利用测力计标定称重传感器

上述两种标定方法属于单称重传感器离线标定,需要相应的专业标定设备,标定时都需要将称重传感器从测量设备上拆卸下来,标定过程极为不便,而且标定效率低。相比而言,多称重传感器整体在线标定则不需要借助外部设备,也不需要拆卸称重传感器,是一种方便高效的方法,如果能够保证标定精度,那么这种方法则更具有实用价值。

6.1.1 数字量求和标定法

1. 标定原理

数字量求和标定法(digital parameters addition,DPA)是一种多称重传感器在线标定方法,该方法就是将各个称重传感器的输出信号进行信号调理、A/D 转换,再由计算机采集各路数字信号,最后对数据进行累加,得到带有称重传感器输出线性比例系数的方程组,通过解算标定方程组得到各个称重传感器的线性比例系数。因此可将多称重传感器在线标定问题看作是一个线性回归问题。

现以 3 个称重传感器组成的测量系统为例,对数字量求和标定法的步骤进行简要说明。

(1)测量工装空载时的质量,即系统皮重 G_0 为

$$\mu_1 U_1^0 + \mu_2 U_2^0 + \mu_3 U_3^0 = G_0 \tag{6.2}$$

式中　　μ_i——第 i 个称重传感器输出的线性比例系数;

U_i^0——工装空载时,第 i 个称重传感器输出的电压值。

(2)依次在托盘上放置总质量为 $G_1,G_2,\cdots,G_n$ 的砝码($n \geqslant 3$),得到

$$\begin{aligned}
\mu_1 U_1^1 + \mu_2 U_2^1 + \mu_3 U_3^1 &= G_0 + G_1 \\
\mu_1 U_1^2 + \mu_2 U_2^2 + \mu_3 U_3^2 &= G_0 + G_2 \\
&\vdots \\
\mu_1 U_1^n + \mu_2 U_2^n + \mu_3 U_3^n &= G_0 + G_n
\end{aligned} \tag{6.3}$$

式中　　U_i^j——加载质量为 G_j 的砝码时,第 i 个称重传感器输出的电压值。

(3)根据式(6.2)和式(6.3)得到

$$\begin{cases}
\mu_1(U_1^1 - U_1^0) + \mu_2(U_2^1 - U_2^0) + \mu_3(U_3^1 - U_1^0) = G_1 \\
\mu_1(U_1^2 - U_1^0) + \mu_2(U_2^2 - U_2^0) + \mu_3(U_3^2 - U_1^0) = G_2 \\
\vdots \\
\mu_1(U_1^n - U_1^0) + \mu_2(U_2^n - U_2^0) + \mu_3(U_3^n - U_1^0) = G_n
\end{cases}$$

$$\Leftrightarrow \begin{bmatrix}
U_1^1 - U_1^0 & U_2^1 - U_2^0 & U_3^1 - U_1^0 \\
U_1^2 - U_1^0 & U_2^2 - U_2^0 & U_3^2 - U_1^0 \\
\vdots & \vdots & \vdots \\
U_1^n - U_1^0 & U_2^n - U_2^0 & U_3^n - U_1^0
\end{bmatrix} \begin{bmatrix} \mu_1 \\ \mu_2 \\ \mu_3 \end{bmatrix} = \begin{bmatrix} G_1 \\ G_2 \\ \vdots \\ G_n \end{bmatrix} \tag{6.4}$$

式(6.4)可写为

$$\boldsymbol{U\mu} = \boldsymbol{G} \tag{6.5}$$

最后采用最小二乘估计进行解算,得到参数估计值为

$$\boldsymbol{\mu} = (\boldsymbol{U}^{\mathrm{T}} \boldsymbol{U})^{-1} \boldsymbol{U}^{\mathrm{T}} \boldsymbol{G} \tag{6.6}$$

2. 最小二乘估计在解决不适定问题中的局限性

最小二乘估计是回归问题中最经典的参数估计方法之一,一直以来被广泛应用于理论研究和实际应用中。但是 20 世纪初 Hadamard 定义了回归问题中的不适定问题(ill-posed problem),将回归问题分为适定问题和不适定问题,适定问题应满足如下 3 个要求。

(1)问题解是存在的。

(2)问题解是唯一的。

(3)问题解的连续性取决于初值边界条件。

不满足这 3 个要求之一的回归问题就为不适定问题,不适定问题常见表现形式为当数据产生极小扰动时会导致结果产生较大变化。最初人们认为不适定问题是被刻意"创造"出来的,不会存在于实际的物理系统中。但是近年来,在工程领域上却涌现出越来越多的不适定问题。对于适定问题,采用最小二乘估计可以得到很好的结果;而对于不适定问题,利用最小二乘估计得到一个满意的解则较为困难。

本节采用数字量求和标定法经过多次标定后发现,该方法的标定精度很不稳定,具有很强的随机性。究其原因就是这种方法很容易产生不适定问题,而对于多称重传感器在线标定中的不适定问题,主要表现就是标定方程为病态方程。此时若采用最小二乘估计则会产生与实际值偏差较大的估计值。

下面分析利用最小二乘估计解算不适定问题产生局限性的原因。首先分析最小二乘估计的原理。在考虑平差的条件下,可用 Gauss-Markov 模型来表示标定模型,即

$$y = X\beta + e \tag{6.7}$$

式中 e——观测值噪声,且 $E(e)=0, \text{Cov}(e)=\sigma^2$。

根据最小二乘法估计的原理,即求 β_{LS} 使得观测值噪声 e 的 2 范数最小:

$$\beta_{LS} = \arg\min \|e\|_2 = \arg\min \|X\beta - y\|_2 \tag{6.8}$$

对 X 进行奇异值分解,得

$$X = U \begin{bmatrix} \Sigma_r & 0 \\ 0 & 0 \end{bmatrix} V^H \tag{6.9}$$

式中 U——$(u_1, u_2, \cdots, u_n)$,u 称为左奇异值向量;

V——$(v_1, v_2, \cdots, v_n)$,v 称为左奇异值向量;

Σ_r——$\text{diag}(\sigma_1, \sigma_2, \cdots, \sigma_r)$ 矩阵 X 的奇异值,且 $\sigma_1 \geq \sigma_2 \geq \cdots \geq \sigma_r \geq 0$,$r = \text{rank}(X)$。

由于 2 范数具有酉不变性,因此

$$\|X\beta - y\|_2 = \left\| U \begin{bmatrix} \Sigma_r & 0 \\ 0 & 0 \end{bmatrix} V^H \beta - y \right\|_2 = \left\| \begin{bmatrix} \Sigma_r & 0 \\ 0 & 0 \end{bmatrix} V^H \beta - U^H y \right\|_2$$

由此可知式(6.7)的最小二乘估计可以看作是求

$$\begin{bmatrix} \Sigma_r & 0 \\ 0 & 0 \end{bmatrix} V^H \beta = U^H y \tag{6.10}$$

的最小二乘解。

令 $b = V^H \beta$,$c = U^H y$,则式(6.10)可变为

$$\begin{bmatrix} \Sigma_r & 0 \\ 0 & 0 \end{bmatrix} b = c$$

即 $\sigma_1 b_1 = c_1, \sigma_2 b_2 = c_2, \cdots, \sigma_r b_r = c_r$,$c_{r+1} = \cdots = c_m = 0$,可以得到

$$V^H \boldsymbol{\beta}_{LS} = (c_1/\sigma_1, \cdots, c_r/\sigma_r, 0, \cdots, 0)^T$$
$$\Rightarrow \boldsymbol{\beta}_{LS} = V(c_1/\sigma_1, \cdots, c_r/\sigma_r, 0, \cdots, 0)^T$$
$$\Rightarrow \boldsymbol{\beta}_{LS} = \sum_{i=1}^{n} \frac{\boldsymbol{u}_i^T \boldsymbol{y}}{\sigma_i} \boldsymbol{v}_i \tag{6.11}$$

若观测值发生扰动 $\delta \boldsymbol{y}$，通过式(6.11)可以得到扰动后的最小二乘解为

$$\boldsymbol{\beta}'_{LS} = \sum_{i=1}^{n} \frac{\boldsymbol{u}_i^T \boldsymbol{y}}{\sigma_i} \boldsymbol{v}_i + \sum_{i=1}^{n} \frac{\boldsymbol{u}_i^T \delta \boldsymbol{y}}{\sigma_i} \boldsymbol{v}_i = \boldsymbol{\beta}_{LS} + \delta \boldsymbol{\beta}_{LS} \tag{6.12}$$

式(6.12)中，σ_i 值与标定方程病态程度有关，当方程为严重病态时，σ_{min} 接近于 0，此时 $\delta \boldsymbol{\beta}_{LS}$ 会非常大，导致最终的结果产生较大的误差。因此，当多称重传感器标定方程为病态方程时，采用最小二乘估计解算得到的称重传感器线性比例系数将与理论值产生极大的偏差。

6.1.2 基于岭型主成分估计的传感器系数的解算方法

根据标定方程式(6.5)可知，影响标定的因素主要有标准砝码质量误差 ΔG 和称重传感器的误差 ΔU，前者主要是由检定过程中所用到的标准器及其配套设备引起的误差，或者是由测量方法以及理论不完善引起的误差；后者的来源主要是传感器非线性误差、滞后误差、蠕变误差等。目前，提高标定精度的方法一般是采用精度等级更高的标准器或者设备来检定砝码，或者通过对传感器进行补偿来实现，却忽略了解算方法对结果的影响。因此，本节对不适定问题的解算方法进行研究。

1. 岭型主成分估计的原理

通过上面的分析可知，最小二乘估计不能很好地解决不适定问题，解决该类问题的方法一般是利用有偏估计，即通过待估计参数的有偏性来换取稳定性。本节采用岭型主成分估计(combining ridge and principal components estimation, CRPE)来解决标定过程中的不适定问题，此算法包含两部分，第一部分为岭估计，第二部分为主成分估计。

对线性回归模型式(6.7)的回归参数岭估计的定义为

$$\boldsymbol{\beta}_{rid} = \arg\min \{ \| \boldsymbol{X}\boldsymbol{\beta} - \boldsymbol{y} \|^2 + k \| \boldsymbol{\beta} \|^2 \} \tag{6.13}$$

式中 k——岭参数，且 $k > 0$。

通过式(6.13)可知，岭估计一方面要求 $\| \boldsymbol{X}\boldsymbol{\beta} - \boldsymbol{y} \|$ 很小，既保证解的精度，同时还要使得 $\| \boldsymbol{\beta} \|$ 很小，即保证解的稳定性。所以求解岭估计就等价于求解方程

$$(\boldsymbol{X}^T \boldsymbol{X} + k\boldsymbol{I}) \boldsymbol{\beta}_{rid} = \boldsymbol{X}^T \boldsymbol{y}$$
$$\Rightarrow \boldsymbol{\beta}_{rid} = (\boldsymbol{X}^T \boldsymbol{X} + k\boldsymbol{I})^{-1} \boldsymbol{X}^T \boldsymbol{y} \tag{6.14}$$

对 $\boldsymbol{X}$ 进行奇异值分解，最后得到

$$\boldsymbol{\beta}_{\text{rid}} = \sum_{i=1}^{n} f_i \frac{\boldsymbol{u}_i^{\text{T}} \boldsymbol{y}}{\sigma_i} \boldsymbol{v}_i \tag{6.15}$$

式中 f_i——过滤因子,能过滤掉小奇异值对解的影响,达到稳定解的作用。

$$f_i = \frac{\sigma_i^2}{\sigma_i^2 + k} \approx \begin{cases} 1, & k \ll \sigma_i^2 \\ \sigma_i^2/k, & k \gg \sigma_i^2 \end{cases} \tag{6.16}$$

将式(6.16)代入式(6.15)得

$$\boldsymbol{\beta}_{\text{rid}} = \sum_{i=1}^{n} \frac{\sigma_i}{\sigma_i^2 + k} \boldsymbol{u}_i^{\text{T}} \boldsymbol{y} \boldsymbol{v}_i \approx \begin{cases} \sum_{i=1}^{n} \frac{\boldsymbol{u}_i^{\text{T}} \boldsymbol{y}}{\sigma_i} \boldsymbol{v}_i, & k \ll \sigma_i^2 \\ \sum_{i=1}^{n} \frac{\sigma_i}{k} \boldsymbol{u}_i^{\text{T}} \boldsymbol{y} \boldsymbol{v}_i, & k \gg \sigma_i^2 \end{cases} \tag{6.17}$$

根据式(6.17)可知,岭参数 k 越小,岭估计就越接近最小二乘估计;k 越大,岭估计就越能减小小奇异值对解的影响,进而改善原回归模型的病态性。但是 k 太大也会使回归模型不能很好地还原初始信息。

在实际应用中,为了能够尽量还原初始信息,岭估计参数一般都取较小的值,虽然在一定程度上减轻了回归模型的病态性,但是其设计阵的列向量可能还会有较强的复共线性,此时的估计值依然不够稳定。因此需要利用主成分估计来减小设计阵中具有强线性相关性的向量对结果的影响,来达到稳定估计值的目的。

首先将原回归模型中的设计阵所组成的法矩阵进行谱分解,得到

$$\boldsymbol{X}^{\text{T}} \boldsymbol{X} = \boldsymbol{\Phi}_n \boldsymbol{\Lambda}_n \boldsymbol{\Phi}_n^{\text{T}} \tag{6.18}$$

式中 $\boldsymbol{\Lambda}_n$——$\text{diag}(\lambda_1, \lambda_2, \cdots, \lambda_r, \cdots, \lambda_n)$,$\lambda$ 为 $\boldsymbol{X}^{\text{T}} \boldsymbol{X}$ 的特征值;

$\boldsymbol{\Phi}_n$——$(\varphi_1, \varphi_2, \cdots, \varphi_r, \cdots, \varphi_n)$ 为特征根 $(\lambda_1, \lambda_2, \cdots, \lambda_r, \cdots, \lambda_n)$ 对应的标准正交特征向量。

然后将线性回归模型改写成典型形式,即

$$\boldsymbol{y} = \boldsymbol{Z} \boldsymbol{\alpha} + \boldsymbol{e}, \quad E(\boldsymbol{e}) = 0, \quad \text{Cov}(\boldsymbol{e}) = \sigma^2 \boldsymbol{I} \tag{6.19}$$

式中 $\boldsymbol{Z} = \boldsymbol{X} \boldsymbol{\Phi}, \boldsymbol{\alpha} = \boldsymbol{\Phi}^{\text{T}} \boldsymbol{\beta}$,且 $\boldsymbol{Z}^{\text{T}} \boldsymbol{Z} = \boldsymbol{\Lambda}$。

分别将 $\boldsymbol{Z}$、$\boldsymbol{\alpha}$、$\boldsymbol{\Lambda}$、$\boldsymbol{\Phi}$ 做分块处理,则有

$$\boldsymbol{Z} = \begin{bmatrix} \boldsymbol{Z}_r & \boldsymbol{Z}_{n-r} \end{bmatrix}, \quad \boldsymbol{\alpha} = \begin{bmatrix} \boldsymbol{\alpha}_r \\ \boldsymbol{\alpha}_{n-r} \end{bmatrix}, \quad \boldsymbol{\Lambda} = \begin{bmatrix} \boldsymbol{\Lambda}_r & 0 \\ 0 & \boldsymbol{\Lambda}_{n-r} \end{bmatrix}, \quad \boldsymbol{\Phi} = \begin{bmatrix} \boldsymbol{\Phi}_r & \boldsymbol{\Phi}_{n-r} \end{bmatrix}$$

$$\tag{6.20}$$

将式(6.20)代入式(6.19),并剔除 $\boldsymbol{Z}_{n-r}, \boldsymbol{\alpha}_{n-r}$ 项,则回归模型变为

$$\boldsymbol{y} = \boldsymbol{Z}_r \boldsymbol{\alpha}_r + \boldsymbol{e}, \quad E(\boldsymbol{e}) = 0, \quad \text{Cov}(\boldsymbol{e}) = \sigma^2 \boldsymbol{I} \tag{6.21}$$

该模型只保留了对因变量影响较大的前 r 个主成分。实际上就是利用主成分进行了一次回归自变量的选择,然后利用最小二乘法得到 $\boldsymbol{\alpha}_r$ 的最小二乘估

计,即
$$\boldsymbol{\alpha}_r = (\boldsymbol{Z}_r^T \boldsymbol{Z}_r)^{-1} \boldsymbol{Z}_r^T \boldsymbol{y} = \boldsymbol{\Lambda}_r^{-1} \boldsymbol{Z}_r^T \boldsymbol{y} \tag{6.22}$$

最后得到主成分估计为
$$\boldsymbol{\beta}_{PC} = \boldsymbol{\Phi}_r \boldsymbol{\alpha}_r = \boldsymbol{\Phi}_r \boldsymbol{\Lambda}_r^{-1} \boldsymbol{\Phi}_r^T \boldsymbol{y} \tag{6.23}$$

综合岭估计和主成分估计,得到线性回归模型式(6.7)中回归参数的岭型主成分估计为
$$\boldsymbol{\beta}_{CRPE} = \boldsymbol{\Phi}_r (\boldsymbol{\Lambda}_r + k \boldsymbol{I}_r)^{-1} \boldsymbol{\Phi}_r^T \boldsymbol{X}^T \boldsymbol{y} \tag{6.24}$$

为了证明在某些情况下岭型主成分估计优于最小二乘和岭估计,分别将最小二乘估计和岭型主成分估计的典型形式表示如下:
$$\boldsymbol{\alpha}_{LSE} = \boldsymbol{\Lambda}^{-1} \boldsymbol{Z}^T \boldsymbol{y} \tag{6.25}$$
$$\boldsymbol{\alpha}_{CRPE} = (\boldsymbol{\Lambda}_r^{-1} + k \boldsymbol{I}_r)^{-1} \boldsymbol{Z}_r^T \boldsymbol{y} \tag{6.26}$$

一般情况下,评价一个估计方法优劣的标准是看其均方误差(MSE)的大小,因此分别计算上述两种估计的均方误差如下:
$$\text{MSE}(\boldsymbol{\alpha}_{LSE}) = E \|\boldsymbol{\alpha}_{LSE} - \boldsymbol{\alpha}\|^2 = \sigma^2 \sum_{i=1}^{n} \frac{1}{\lambda_i} \tag{6.27}$$
$$\text{MSE}(\boldsymbol{\alpha}_{CRPE}) = E \|\boldsymbol{\alpha}_{CRPE} - \boldsymbol{\alpha}\|^2 = \text{trCov}(\boldsymbol{\alpha}_{CRPE}) + \|E(\boldsymbol{\alpha}_{CRPE}) - \boldsymbol{\alpha}_{CRPE}\|^2 \tag{6.28}$$

式中
$$\begin{aligned}\text{Cov}(\boldsymbol{\alpha}_{CRPE}) &= (\boldsymbol{\Lambda}_r + k \boldsymbol{I}_r)^{-1} \boldsymbol{Z}_r^T \text{Cov}(\boldsymbol{y}) \boldsymbol{Z}_r (\boldsymbol{\Lambda}_r + k \boldsymbol{I}_r)^{-1} \\ &= \sigma^2 (\boldsymbol{\Lambda}_r + k \boldsymbol{I}_r)^{-1} \boldsymbol{\Lambda}_r (\boldsymbol{\Lambda}_r + k \boldsymbol{I}_r)^{-1}\end{aligned} \tag{6.29}$$
$$\begin{aligned}E(\boldsymbol{\alpha}_{CRPE}) &= E[(\boldsymbol{\Lambda}_r + k \boldsymbol{I}_r)^{-1} \boldsymbol{Z}_r^T (\boldsymbol{Z}_r \boldsymbol{\alpha} + \boldsymbol{e})] \\ &= E[(\boldsymbol{\Lambda}_r + k \boldsymbol{I}_r)^{-1} \boldsymbol{Z}_r^T \boldsymbol{Z}_r \boldsymbol{\alpha}] \\ &= (\boldsymbol{\Lambda}_r + k \boldsymbol{I}_r)^{-1} \boldsymbol{Z}_r^T \boldsymbol{Z}_r \boldsymbol{\alpha}\end{aligned} \tag{6.30}$$

将式(6.29)和式(6.30)代入式(6.28)得
$$\begin{aligned}\text{MSE}(\boldsymbol{\alpha}_{CRPE}) &= \sigma^2 \sum_{i=1}^{r} \frac{\lambda_i}{(\lambda_i + k)^2} + \|(\boldsymbol{\Lambda}_r + k \boldsymbol{I}_r)^{-1} \boldsymbol{Z}_r^T \boldsymbol{Z}_r \boldsymbol{\alpha} - \boldsymbol{\alpha}\|^2 \\ &= \sigma^2 \sum_{i=1}^{r} \frac{\lambda_i}{(\lambda_i + k)^2} + \left\| \begin{bmatrix} (\boldsymbol{\Lambda}_r + k \boldsymbol{I}_r)^{-1} \boldsymbol{\Lambda}_r - \boldsymbol{I}_r & 0 \\ 0 & -\boldsymbol{I}_{n-r} \end{bmatrix} \begin{bmatrix} \boldsymbol{\alpha}_r \\ \boldsymbol{\alpha}_{n-r} \end{bmatrix} \right\|^2 \\ &= \sigma^2 \sum_{i=1}^{r} \frac{\lambda_i}{(\lambda_i + k)^2} + k^2 \sum_{i=1}^{r} \frac{\alpha_i^2}{(\lambda_i + k)^2} + \sum_{i=r+1}^{n} \alpha_i^2 = f(k)\end{aligned} \tag{6.31}$$

又因为
$$f(0) = \sigma^2 \sum_{i=1}^{r} \frac{1}{\lambda_i} < \sigma^2 \sum_{i=1}^{n} \frac{1}{\lambda_i} = \text{MSE}(\boldsymbol{\alpha}_{LSE}) \tag{6.32}$$
$$f'(k) = -2\sigma^2 \sum_{i=r+1}^{r} \frac{\lambda_i}{(\lambda_i + k)^3} + 2k \sum_{i=r+1}^{r} \frac{\lambda_i \alpha_i^2}{(\lambda_i + k)^3} \tag{6.33}$$

因此 $f'(0)<0$,根据 $f'(k)$ 的连续性,存在 $k\geq 0$ 使得 $f'(k)<0$,根据单调性的性质能够得到,存在 $k>0$ 使得 $f(k)<f(0)$,即

$$\text{MSE}(\boldsymbol{\alpha}_{\text{CRPE}})<\text{MSE}(\boldsymbol{\alpha}_{\text{LSE}})$$
$$\Rightarrow \text{MSE}(\boldsymbol{\Phi}^{\text{T}}\boldsymbol{\beta}_{\text{CRPE}})<\text{MSE}(\boldsymbol{\Phi}^{\text{T}}\boldsymbol{\beta}_{\text{LSE}})$$
$$\Rightarrow \text{MSE}(\boldsymbol{\beta}_{\text{CRPE}})<\text{MSE}(\boldsymbol{\beta}_{\text{LSE}}) \tag{6.34}$$

式(6.34)说明岭型主成分估计在一定条件下优于最小二乘估计。

2. 岭型主成分估计参数的选择

岭型主成分估计参数的确定十分关键,参数选择得是否合适直接决定最后估计参数的优劣。岭参数 k 选择太小或者主成分参数 r 选择太大都不会明显地改善原回归模型的病态性;相反,若 k 太大或者 r 太小,虽然病态性能得到改善,但是原回归模型的原始信息得不到很好的还原。

(1)岭参数的选择。岭参数的选择可以分为先验和后验两种策略。基于先验性策略的准则便于进行理论分析,但一般难以验证。实际计算中,后验选取策略则使用更为广泛,基于后验策略的方法主要有岭迹法和 L 曲线法。

用岭迹法选择岭参数的步骤是:先对 k 选择一定的范围,然后在这个范围内以一定的步长均匀地选出一系列的 k 值 $(k_1,k_2,\cdots,k_n)$,再将其代入估计模型中,得到对应的估计量 $(\boldsymbol{\beta}_1,\boldsymbol{\beta}_2,\cdots,\boldsymbol{\beta}_n)$,最后画出估计量与 k 值的变化曲线如图6.3所示,通过对曲线的观察,选择估计量稳定时的 k 值作为岭参数。

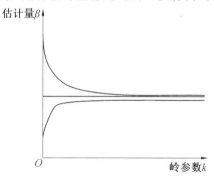

图 6.3 用岭迹法选择岭参数

岭迹法的优点是计算简单,而且能直观地反映出不同 k 值时估计量的稳定程度,但是岭参数的选择最终是依靠主观因素确定的,最优性得不到保证。确定岭参数比较广泛使用的还是 L 曲线法。在使用 L 曲线法之前,首先利用设计阵 $\boldsymbol{X}$ 的奇异值分解的结果分别将解和残余误差的 2 范数的平方表示为

$$\|\boldsymbol{\beta}\|_2^2 = \sum_{i=1}^n \left(f_i \frac{\boldsymbol{u}_i^{\text{T}}\boldsymbol{y}}{\sigma_i}\right)^2 = \eta \tag{6.35}$$

$$\|X\beta - y\|_2^2 = \sum_{i=1}^{n}((1-f_i)u_i^T y)^2 = \rho \tag{6.36}$$

并设 $\hat{\eta} = \lg \eta$ 和 $\hat{\rho} = \lg \rho$，此时 $\hat{\eta}$ 和 $\hat{\rho}$ 都是关于 k 的函数，画出 $\hat{\eta}/2 - \hat{\rho}/2$ 相对于岭参数 k 的曲线，由于在作图时会出现一个明显的 L 型曲线，因此称为 L 曲线法，如图 6.4 所示。在曲线较"陡"部分，岭参数 k 很小，$\|X\beta - y\|$ 也很小，但 $\|\beta\|$ 对岭参数的变化较为敏感，该部分属于欠正则化状态；而在 L 曲线较"平缓"的部分，岭参数 k 较大，$\|\beta_k\|$ 非常稳定。但随着 k 的增大，$\|X\beta - y\|$ 也迅速增大，说明此时解的误差较大，该部分属于过正则化状态。为了平衡欠正

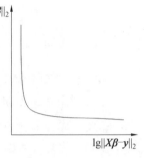

图 6.4 用 L 曲线法选择岭参数

则化与过正则化，可以在 L 曲线的"拐角"处，即曲线最大曲率处选取岭参数。曲率函数定义为 $\kappa(k)$，那么岭参数的表达式为

$$k = \text{MAX}(\kappa(k)) = \text{MAX}\left(2\frac{\hat{\rho}'\hat{\eta}'' - \hat{\rho}''\hat{\eta}'}{((\hat{\rho}')^2 + (\hat{\eta}')^2)^{3/2}}\right) \tag{6.37}$$

（2）主成分参数的选择。主成分参数 r 实际上就是选择要保留的主成分的个数。在选择前需要对矩阵 $X^T X + kI$ 进行谱分解，即

$$X^T X + kI = \Phi \Lambda \Phi^{-1} = \Phi \begin{bmatrix} \lambda_1 + k & & & \\ & \lambda_2 + k & & \\ & & \ddots & \\ & & & \lambda_n + k \end{bmatrix} \Phi^{-1} \tag{6.38}$$

式中　λ_i —— 矩阵 $X^T X$ 的特征根，并且 $\lambda_1 > \lambda_2 > \cdots > \lambda_n$。

则各个主成分的贡献率为

$$\eta = \frac{\lambda_i + k}{\sum_{i=1}^{n}(\lambda_i + k)} \tag{6.39}$$

如果主成分参数 r 太小，就会很大程度上降低方程组设计阵中向量间的共复线性，但是由于损失了过多的有用信息，因此该问题与原始问题产生了较大失真；相反，如果 r 太大，则保留了问题中绝大部分信息，可能会导致原来问题中包含的病态现象也随之反映出来，使解的稳定性降低。一般来说，有两种选择方法：第一种，计算前 r 个主成分所对应的特征根的贡献率的和，即累计贡献率，如果累计贡献率达到预先设定的值（一般在 90% 以上），就可以近似地用前 r 个主成分表示原回归模型，后面的 $n-r$ 个主成分对观测向量 y 的影响可以忽略，故可将其从回归模型中剔除；第二种则较为简单，就是直接将贡献率接近 0% 的主成

分直接剔除。在实际操作时,可以根据实际情况来选择合适的方法来确定 r。

3. 仿真验证

为了验证利用岭型主成分估计对解算病态标定方程的有效性,本节进行数值仿真实验。假设一个由 3 个称重传感器组成的测量系统,3 个称重传感器输出线性比例系数理论值为

$$\boldsymbol{\mu}_{\text{th}} = \begin{bmatrix} 1 & 1 & 1 \end{bmatrix}^{\text{T}}$$

设计阵 $\boldsymbol{U}$ 和观测阵 $\boldsymbol{G}$ 分别为

$$\boldsymbol{U} = \begin{bmatrix} 122.10 & 118.62 & 203.51 & 177.93 & 284.91 & 237.24 & 366.31 & 296.55 & 447.72 \\ 84.29 & 164.33 & 140.48 & 247.25 & 196.68 & 329.66 & 252.87 & 412.08 & 309.07 \\ 93.60 & 116.55 & 156.01 & 174.83 & 218.41 & 233.10 & 280.81 & 291.38 & 343.22 \end{bmatrix}^{\text{T}}$$

$$\boldsymbol{G} = \begin{bmatrix} 300 & 400 & 500 & 600 & 700 & 800 & 900 & 1\,000 & 1\,100 \end{bmatrix}^{\text{T}}$$

建立标定方程 $\boldsymbol{U}\boldsymbol{\mu} = \boldsymbol{G}$,利用最小二乘估计进行计算,得到结果为

$$\boldsymbol{\mu}_{\text{LSE}} = \begin{bmatrix} 2.55 & 1.87 & -1.81 \end{bmatrix}^{\text{T}}$$

可以看出,计算结果与理论值相差极大,甚至出现了负数,说明计算结果发生了严重的失真。

然后利用岭型主成分估计对标定方程进行解算。利用 L 曲线法选择合适的岭参数 k,对设计阵进行奇异值分解,利用式(6.35)和式(6.36)分别计算 η 和 ρ,并绘制 L 曲线如图 6.5 所示。

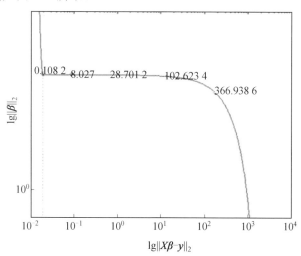

图 6.5 利用 L 曲线法进行岭参数 k 的选择

计算得到图 6.5 中曲线拐点处的 $k = 0.108\,2$,将其作为岭参数,然后需要进一步选择主成分参数 r,通过对矩阵 $\boldsymbol{U}^{\text{T}}\boldsymbol{U} + k\boldsymbol{I}$ 进行谱分解,得到 $\boldsymbol{\Phi}$ 和 $\boldsymbol{\Lambda}$ 分别为

$$\boldsymbol{\Phi} = \begin{bmatrix} 0.621\,2 & 0.629\,0 & 0.467\,4 \\ 0.582\,9 & -0.769\,6 & 0.260\,9 \\ 0.523\,8 & 0.110\,4 & -0.844\,7 \end{bmatrix}$$

$$\boldsymbol{\Lambda} = \begin{bmatrix} 1\,678\,083.088 & 0 & 0 \\ 0 & 36\,627.767 & 0 \\ 0 & 0 & 0.011\,7 \end{bmatrix}$$

计算各个主成分的贡献率,结果见表 6.1。

表 6.1 各个主成分的贡献率

编号	λ	贡献率/%
1	1 678 083.088	97.86
2	36 627.767	2.14
3	0.011 7	0

根据表 6.1 中数据可知,矩阵 $\boldsymbol{U}^{\mathrm{T}}\boldsymbol{U}+k\boldsymbol{I}$ 前两个主成分的累计贡献率接近 100%,而第三个主成分的贡献率几乎为 0,可以忽略不计,该主成分不但对提高解的精度没有帮助,反而会影响解的稳定性,因此主成分参数 $r=2$。最后将岭参数 k 和主成分参数 r 分别代入式(6.24)得最终结果为

$$\boldsymbol{\mu}_{\mathrm{CRPE}} = \begin{bmatrix} 1.07 & 1.01 & 0.98 \end{bmatrix}^{\mathrm{T}}$$

比较 $\boldsymbol{\mu}_{\mathrm{CRPE}}$ 和 $\boldsymbol{\mu}_{\mathrm{LSE}}$,可以看出岭型主成分估计的标定结果更接近实际值,从而证明了岭型主成分估计在解决标定过程中产生的不适定问题时优于最小二乘估计。

6.1.3 条件数最小化的数字量求和标定法

以上讨论了在多称重传感器标定过程中对不适定问题的解算方法,并且通过仿真,验证了岭型主成分估计求解该类问题的有效性。本节则从避免不适定问题产生的角度出发,提出了一种多称重传感器标定的新方法。

1. 设计阵的条件数对解算精度的影响

首先分析标定方程设计阵的条件数对解算精度的影响,由数字量求和标定法建立的标定方程组 $\boldsymbol{G}=\boldsymbol{U}\boldsymbol{\mu}$ 可知,实际标定过程中不可避免地会存在误差 $\Delta\boldsymbol{U}$ 和误差 $\Delta\boldsymbol{G}$,从而导致 $\Delta\boldsymbol{\mu}$ 的产生。因此标定方程组可写成如下形式:

$$(\boldsymbol{U}+\Delta\boldsymbol{U})(\boldsymbol{\mu}+\Delta\boldsymbol{\mu})=\boldsymbol{G}+\Delta\boldsymbol{G} \tag{6.40}$$

为方便推导,假定 $\boldsymbol{U}+\Delta\boldsymbol{U}$ 非奇异,所以有

$$\Delta\boldsymbol{\mu}=-\boldsymbol{U}^{-1}\Delta\boldsymbol{U}(\boldsymbol{\mu}+\Delta\boldsymbol{\mu})+\boldsymbol{U}^{-1}\Delta\boldsymbol{G} \tag{6.41}$$

等号两端取范数,并利用向量范数的三角不等式及矩阵和向量范数的相容

条件得

$$\|\Delta\boldsymbol{\mu}\| \leqslant \|\boldsymbol{U}^{-1}\| \|\Delta\boldsymbol{U}\| (\|\boldsymbol{\mu}\| + \|\Delta\boldsymbol{\mu}\|) + \|\boldsymbol{U}^{-1}\| \|\Delta\boldsymbol{G}\| \Rightarrow$$

$$\left(1 - \|\boldsymbol{U}\| \|\boldsymbol{U}^{-1}\| \frac{\|\Delta\boldsymbol{U}\|}{\|\boldsymbol{U}\|}\right) \frac{\|\Delta\boldsymbol{\mu}\|}{\|\boldsymbol{\mu}\|} \leqslant \|\boldsymbol{U}\| \|\boldsymbol{U}^{-1}\| \left(\frac{\|\Delta\boldsymbol{U}\|}{\|\boldsymbol{U}\|} + \frac{\|\Delta\boldsymbol{G}\|}{\|\boldsymbol{G}\|}\right)$$
(6.42)

式(6.42)中 $\|\boldsymbol{U}\| \|\boldsymbol{U}^{-1}\|$ 即为矩阵 $\boldsymbol{U}$ 的条件数,用 $\mathrm{cond}(\boldsymbol{U})$ 表示,因此式(6.42)可整理为

$$\frac{\|\Delta\boldsymbol{\mu}\|}{\|\boldsymbol{\mu}\|} \leqslant \frac{\mathrm{cond}(\boldsymbol{U})}{1 - \mathrm{cond}(\boldsymbol{U}) \frac{\|\Delta\boldsymbol{U}\|}{\|\boldsymbol{U}\|}} \left(\frac{\|\Delta\boldsymbol{U}\|}{\|\boldsymbol{U}\|} + \frac{\|\Delta\boldsymbol{G}\|}{\|\boldsymbol{G}\|}\right) \quad (6.43)$$

可进一步表示为

$$\frac{\|\Delta\boldsymbol{\mu}\|}{\|\boldsymbol{\mu}\|} \leqslant \mathrm{cond}(\boldsymbol{U}) \left(\frac{\|\Delta\boldsymbol{U}\|}{\|\boldsymbol{U}\|} + \frac{\|\Delta\boldsymbol{G}\|}{\|\boldsymbol{G}\|}\right) \quad (6.44)$$

通过式(6.44)可以看出,方程组解的相对误差不但与 $\Delta\boldsymbol{U}$ 和 $\Delta\boldsymbol{G}$ 有关,还与矩阵 $\boldsymbol{U}$ 的条件数 $\mathrm{cond}(\boldsymbol{U}) = \|\boldsymbol{U}\| \|\boldsymbol{U}^{-1}\|$ 有关,也就是说即使 $\Delta\boldsymbol{U}$ 和 $\Delta\boldsymbol{G}$ 很小,也有可能由于 $\mathrm{cond}(\boldsymbol{U})$ 非常大导致结果的相对误差很大。实际上,条件数的大小是判定标定方程病态强弱的依据。

2. 条件数最小化的数字量求和标定法原理

根据前面所述,设计阵条件数的大小是影响标定精度的一个重要因素。因此,本节提出了条件数最小化的数字量求和标定法(digital parameters addition with minimized condition-number,DPAMC)。由于设计阵中的元素是由标定过程中各个称重传感器输出数据组成的,因此每次加载砝码的位置和质量不同,各个称重传感器的输出数据就不同,相应的 $\mathrm{cond}(\boldsymbol{U})$ 也不同。如何加载砝码才能使设计阵条件数最小是接下来要讨论的问题。

首先分析条件数的决定因素。根据条件数的公式可知,矩阵 $\boldsymbol{U}$ 的条件数与矩阵 $\boldsymbol{U}$ 和其广义逆矩阵的范数有关,那么采用不同的范数就会得到不同的条件数。但是根据矩阵范数的等价性容易推出矩阵 $\boldsymbol{U}$ 在某一种范数下是病态的,那么它在其他范数下也是病态的,因此在这里所有范数采用2范数,根据矩阵的2范数的定义得

$$\|\boldsymbol{U}\|_2 = \sqrt{\lambda_{\max}(\boldsymbol{U}^{\mathrm{T}}\boldsymbol{U})} \quad (6.45)$$

已知 $\lambda_{\max}(\boldsymbol{U})$ 为 $\boldsymbol{U}^{\mathrm{T}}\boldsymbol{U}$ 的最大特征根,再根据条件数的性质得到

$$\mathrm{cond}(\boldsymbol{U})_2 = \|\boldsymbol{U}\|_2 \|\boldsymbol{U}^{-1}\|_2 = \frac{\sqrt{\lambda_{\max}(\boldsymbol{U}^{\mathrm{T}}\boldsymbol{U})}}{\sqrt{\lambda_{\min}(\boldsymbol{U}^{\mathrm{T}}\boldsymbol{U})}} \geqslant 1 \quad (6.46)$$

若标定过程中加载 n 次砝码,其质量依次为 $G_1, r_1 G_1, \cdots, r_n G_1$,如果加载的位置完全相同,那么每次加载砝码时各个称重传感器所承受的质量与总质量的比

例是相同的,此时设计阵为

$$U = \begin{bmatrix} p_1 & p_2 & \cdots & p_m \\ r_1 p_1 & r_1 p_2 & \cdots & r_1 p_m \\ \vdots & \vdots & & \vdots \\ r_n p_1 & r_n p_2 & \cdots & r_n p_m \end{bmatrix} \tag{6.47}$$

通过观察发现设计阵 U 中列向量之间线性相关,或者说具有完全共线性,即存在一组全不为零的常数 c_i,使得

$$c_1 U(1) + c_2 U(2) + \cdots + c_m U(m) = 0 \tag{6.48}$$

式中 $U(i)$——设计阵第 i 个列向量。

则式(6.48)可以表示为

$$Uc = 0c \tag{6.49}$$

可以看出设计阵 U 存在 $\lambda_{\min}(U^T U) = 0$,此时 $\mathrm{cond}(U)$ 为无穷大。若要 $\mathrm{cond}(U)$ 取最小值 1,必须使得 $\lambda_{\max}(U^T U) = \lambda_{\min}(U^T U)$,此时矩阵 U 的所有特征根全相同,满足上述条件的 U 有很多种形式,这里不妨考虑一种最简单的形式:

$$U = \begin{bmatrix} p & & & \\ & p & & \\ & & \ddots & \\ & & & p \end{bmatrix}_{n \times n} \tag{6.50}$$

此时,U 的特征值 $\lambda_1 = \lambda_2 = \cdots = \lambda_n = p$,且 $\mathrm{cond}(U) = 1$。

为构造上述设计阵,以 3 个称重传感器标定为例,介绍条件数最小化的数字量求和标定法的标定步骤,如图 6.6 所示。

(1) 首先进行空载测量,设载物台自身质量为 G_0,3 个称重传感器输出数据分别为 U_0、V_0、W_0,因此得

$$\mu_1 U_0 + \mu_2 V_0 + \mu_3 W_0 = G_0 \tag{6.51}$$

(2) 将质量为 G_1 的砝码放置在称重传感器 1 的正上方,为方便分析,将砝码看作是一个理想质点,假设砝码的全部质量都由称重传感器 1 承受,则称重传感器 1 输出数据为 U_1,得到

$$\mu_1 (U_0 + U_1) + \mu_2 V_0 + \mu_3 W_0 = G_0 + G_1 \tag{6.52}$$

(3) 同理将该砝码放置到称重传感器 2 的正上方,得到

$$\mu_1 U_0 + \mu_2 (V_0 + V_1) + \mu_3 W_0 = G_0 + G_1 \tag{6.53}$$

(4) 再将该砝码放置到称重传感器 3 的正上方,得到

$$\mu_1 U_0 + \mu_2 V_0 + \mu_3 (W_0 + W_1) = G_0 + G_1 \tag{6.54}$$

此时得到了方程组

$$\begin{bmatrix} U_1 & 0 & 0 \\ 0 & V_1 & 0 \\ 0 & 0 & W_1 \end{bmatrix} \begin{bmatrix} \mu_1 \\ \mu_2 \\ \mu_3 \end{bmatrix} = \begin{bmatrix} G_1 \\ G_1 \\ G_1 \end{bmatrix} \tag{6.55}$$

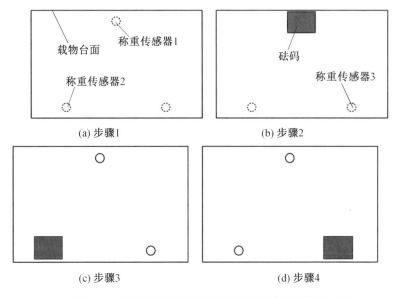

图 6.6 条件数最小化的数字量求和标定法的标定步骤

方程组(6.55)有唯一解,若要实现最小二乘估计则还需要加载不同质量的砝码 $G_2,G_3,\cdots,G_n$,并重复步骤(2)~(4),得到

$$\begin{bmatrix} U_1 & 0 & 0 \\ 0 & V_1 & 0 \\ 0 & 0 & W_1 \\ \vdots & \vdots & \vdots \\ U_n & 0 & 0 \\ 0 & V_n & 0 \\ 0 & 0 & W_n \end{bmatrix} \begin{bmatrix} \mu_1 \\ \mu_2 \\ \mu_3 \end{bmatrix} = \begin{bmatrix} G_1 \\ G_1 \\ G_1 \\ \vdots \\ G_n \\ G_n \\ G_n \end{bmatrix} \quad (6.56)$$

式中设计阵 U 不是式(6.50)的形式,然后等式两边左乘设计阵的转置,经整理后得标定方程为

$$\begin{bmatrix} \sum_{i=1}^{n}U_i^2 \sum_{i=1}^{n}V_i^2 \sum_{i=1}^{n}W_i^2 & 0 & 0 \\ 0 & \sum_{i=1}^{n}U_i^2 \sum_{i=1}^{n}V_i^2 \sum_{i=1}^{n}W_i^2 & 0 \\ 0 & 0 & \sum_{i=1}^{n}U_i^2 \sum_{i=1}^{n}V_i^2 \sum_{i=1}^{n}W_i^2 \end{bmatrix} \begin{bmatrix} \mu_1 \\ \mu_2 \\ \mu_3 \end{bmatrix}$$

$$= \begin{bmatrix} \sum_{i=1}^{n}(G_iU_i) & \sum_{i=1}^{n}V_i^2 & \sum_{i=1}^{n}W_i^2 \\ \sum_{i=1}^{n}(G_iV_i) & \sum_{i=1}^{n}U_i^2 & \sum_{i=1}^{n}W_i^2 \\ \sum_{i=1}^{n}(G_iW_i) & \sum_{i=1}^{n}U_i^2 & \sum_{i=1}^{n}V_i^2 \end{bmatrix} \quad (6.57)$$

式(6.57)设计阵即为式(6.50)所示的形式,说明该标定方法达到了条件数最小化的要求。但在实际标定时,不可能将砝码的质量全部施加在某个称重传感器上,因此 U 完全符合对角阵且 $\mathrm{cond}(U)=1$ 的情况是不存在的。只能做到 U 主对角线上的元素尽量大,而其他元素尽量小,使得 $\mathrm{cond}(U)\approx 1$,此时同样可以达到非常好的标定效果。

3. 仿真验证

为了验证本节所述的条件数最小化的数字量求和标定法的有效性,本节进行了仿真实验。实验分两步进行,首先利用普通数字量求和标定法进行标定,得到称重传感器系数 μ_{DPA};然后利用条件数最小化的数字量求和标定法进行标定,得到 μ_{DPAMC};最后将两者进行比较。假设该测量系统由3个称重传感器组成,3个称重传感器输出比例系数的理论值为

$$\boldsymbol{\mu}_{\mathrm{th}} = \begin{bmatrix} 1 & 1 & 1 \end{bmatrix}^{\mathrm{T}}$$

首先模拟普通数字量求和标定法的标定过程,认为砝码是随机放置在测量台上方,由于在实际测量过程中称重传感器以及称重仪的读数都存在一定的误差,因此利用式(6.58)模拟标定方程,一共进行6次标定实验,即 $i=6$,标定结果见表6.2。

表6.2 普通数字量求和标定法的仿真标定结果

次数	设计阵的条件数	标定结果 $\mu_{\mathrm{DPA}}/(\mathrm{kg\cdot mV})^{-1}$		
		μ_1	μ_2	μ_3
第1次标定	5.99	0.99	1.01	0.98
第2次标定	2.38	0.99	1.00	1.00
第3次标定	585	1.03	0.95	0.96
第4次标定	1 496	0.96	0.97	1.05
第5次标定	5.48	1.00	0.99	0.97
第6次标定	32 408	1.09	2.17	0.07

$$\left[1+\frac{2}{10\ 000}c\right]\begin{bmatrix} G_1 a_1 & G_1(1-a_1)b_1 & G_1(1-a_1-(1-a_1)b_1) \\ G_2 a_2 & G_2(1-a_2)b_2 & G_3(1-a_3-(1-a_3)b_3) \\ \vdots & \vdots & \vdots \\ G_i a_i & G_1(1-a_i)b_i & G_1(1-a_i-(1-a_i)b_i) \end{bmatrix}\begin{bmatrix} \mu_1 \\ \mu_2 \\ \mu_3 \end{bmatrix}=\begin{bmatrix} G_1 \\ G_2 \\ \vdots \\ G_i \end{bmatrix}$$
(6.58)

式中　　a_i、b_i——在$(0,1)$区间内正态分布的随机数；

　　　　c——在$[-1,1]$区间内正态分布的随机数；

　　　　G_i——每次测量台面上砝码质量，且 $G_1=300$，$G_{i+1}=G_i+100$。

然后模拟条件数最小化的数字量求和标定法的标定过程，由于每次都将砝码放置在某个称重传感器的上方，因此假设该称重传感器承担了 $80\%\sim90\%$ 的砝码质量，剩余质量由其他称重传感器平均承担，那么标定方程 $\boldsymbol{U}\boldsymbol{\mu}_{\text{DPAMC}}=\boldsymbol{G}$ 可利用下式进行模拟：

$$\left[1+\frac{2}{10\ 000}c\right]\cdot$$

$$\begin{bmatrix} G_1(0.85+0.05d_1) & \frac{1}{2}G_1(0.15-0.05d_1) & \frac{1}{2}G_1(0.15-0.05d_1) \\ \frac{1}{2}G_2(0.15-0.05d_2) & G_2(0.85+0.05d_2) & \frac{1}{2}G_2(0.15-0.05d_2) \\ \frac{1}{2}G_3(0.15-0.05d_3) & \frac{1}{2}G_3(0.15-0.05d_3) & G_3(0.85+0.05d_3) \\ \vdots & \vdots & \vdots \\ \frac{1}{2}G_i(0.15-0.05d_i) & \frac{1}{2}G_i(0.15-0.05d_i) & G_i(0.85+0.05d_i) \end{bmatrix}\cdot$$

$$\begin{bmatrix} \mu_1 \\ \mu_2 \\ \mu_3 \end{bmatrix}=\begin{bmatrix} G_1 \\ G_2 \\ G_3 \\ \vdots \\ G_i \end{bmatrix}$$
(6.59)

式中　　d_i——在$[-1,1]$区间内均匀分布的随机数。

同样进行6次标定，最后得到的结果见表6.3。通过表6.2和表6.3数据对比可以很明显地看出，利用普通数字量求和标定法标定的精度很不稳定，有很强的随机性；而利用条件数最小化的数字量求和标定法建立的标定方程其设计阵的条件数都接近于最小值1，均小于普通数字量求和标定法建立的标定方程组设计阵的条件数，这使得使用条件数最小化的数字量求和标定法得到的标定结果非常稳定，也更接近理论值。

表 6.3　条件数最小化的数字量求和标定法的仿真标定结果

次数	设计阵的条件数	标定结果 $\mu_{\text{DPA}}/(\text{kg}\cdot\text{mV})^{-1}$		
		μ_1	μ_2	μ_3
第 1 次标定	1.43	0.99	1.00	0.99
第 2 次标定	1.48	0.99	1.00	1.00
第 3 次标定	1.46	1.00	0.99	0.99
第 4 次标定	1.47	1.00	1.00	0.99
第 5 次标定	1.41	1.00	0.99	0.99
第 6 次标定	1.53	0.99	0.99	1.00

4. 标定实验

前面介绍了条件数最小化的数字量求和标定法的原理,通过仿真验证了该方法的有效性,那么本节利用该方法对质量特性测量系统中的称重传感器进行标定,如图 6.7 所示。

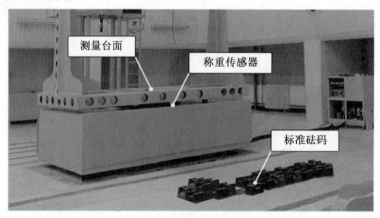

图 6.7　利用条件数最小化的数字量求和标定法对称重传感器进行标定

根据待测件的质量,确定标定范围为 700～1 300 kg,砝码采用 F2 级标准砝码,一共放置 9 组砝码,每组砝码的数量和位置如图 6.8 所示,图中圆圈表示称重传感器,矩形表示 500 kg 砝码,小三角形表示 50 kg 砝码。记录称重传感器输出的数据见表 6.4,构造标定方程,通过计算得

$$\text{cond}(\boldsymbol{U}) = 1.3$$

标定方程设计阵的条件数接近最小值 1,说明此时的方程组是一个良态方程组,直接利用最小二乘平差计算得到 3 个称重传感器输出线性比例系数为

$$\boldsymbol{\mu} = [\mu_1 \quad \mu_2 \quad \mu_3]^{\text{T}} = [0.829\,8 \quad 0.830\,5 \quad 0.830\,1]^{\text{T}} \tag{6.60}$$

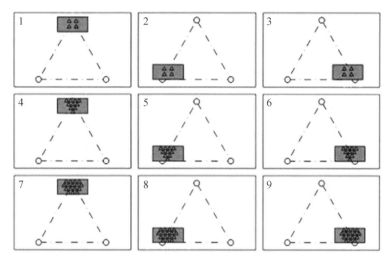

图 6.8　利用条件数最小化的数字量求和标定法标定称重传感器过程

表 6.4　条件数最小化的数字量求和标定法标定过程数据表

砝码	称重传感器1输出电压/mV	称重传感器2输出电压/mV	称重传感器3输出电压/mV	砝码质量/kg
空载	1 549.5	833.6	697.0	—
1	2 288.8	881.0	753.6	700
2	1 671.2	1 604.3	647.6	700
3	1 662.5	780.3	1 480.8	700
4	2 645.5	880.2	759.1	1 000
5	1 686.3	1 921.5	676.6	1 000
6	1 713.6	755.6	1 815.7	1 000
7	2 991.8	885.2	769.9	1 300
8	1 717.1	2 175.3	752.9	1 300
9	1 732.3	907.6	2 006.1	1 300

为验证称重传感器输出线性比例系数的精度,将该系数设定到称重系统中,然后分别选择3组不同质量的砝码进行测量,每组砝码测量10次,砝码位置随机放置,测量结果见表6.5。结果表明,利用条件数最小化的数字量求和标定法得到的结果,其误差均小于0.03%,证明了该方法的正确性和有效性。

表 6.5　验证过程数据表

次数	加载砝码质量 /kg		
	800	1 000	1 200
第 1 次测量	800.1	1 000.1	1 200.2
第 2 次测量	799.8	999.8	1 199.8
第 3 次测量	799.9	999.9	1 199.9
第 4 次测量	800.0	1 000.0	1 200.0
第 5 次测量	800.1	1 000.1	1 200.1
第 6 次测量	800.2	1 000.2	1 200.2
第 7 次测量	799.9	999.9	1 199.7
第 8 次测量	800.0	999.8	1 199.8
第 9 次测量	800.1	1 000.1	1 199.9
第 10 次测量	800.0	1 000.0	1 200.1
相对不确定度 U_{95r}	0.02%	0.02%	0.02%

　　为提高称重传感器的标定效率和精度，本节对多称重传感器整体在线标定技术进行了研究。针对常用的数字量求和标定法标定结果稳定性差，容易产生不适定问题的缺点，首先从解算病态标定方程的角度出发，分析了最小二乘估计在解决此类不适定问题时的局限性，因此采用基于岭型主成分估计对病态标定方程进行解算，仿真实验验证了岭型主成分估计能够有效地解决标定时产生的不适定问题，进而提高标定精度。然后通过分析标定方程设计阵的条件数与不适定问题的关系，从避免产生不适定问题的角度出发，提出了条件数最小化的数字量求和标定法。该方法能够在不损失任何信息的条件下保证标定方程组设计阵的条件数最小，因此提高了标定精度和稳定性，通过仿真实验证明了该方法的有效性。最后采用该方法对质量特性测量系统中的称重传感器进行现场标定，得到了较好的标定效果。

6.2　基于运动学的测量位姿误差修正技术

　　质量特性测量系统在测量时需要变换待测件的位姿。对于中小型测量设备来说，由于设备体积小，结构简单，其加工和装配精度能够达到较高水平，进而保证了待测件位姿的精度，因此可以忽略待测件位姿误差对测量结果的影响。但是对于大尺寸飞行器测量设备来说，其复杂的结构以及大尺寸，会使待测件理论位姿与实际位姿有较大的误差，这将极大地影响测量结果的精度。虽然借助于坐标测量仪器能够准确测量产品位姿，但是整个过程需要测量大量的特征点然后进行拟合，不但工作量大，而且经常会遇到某位姿下特征点被遮挡或测量不到的情况，因此这种方法不适合现场操作。对于这种问题常用的方法是利用机器人运动学原理，建立结构的运动学模型，将各个关节的几何参数及关节变量代入运动学模型中去，通过计算得到待测件位姿。但是由于各个关节的几何参数实际值与设计值可能存在较大的误差，导致计算位姿产生较大误差，因此本节从运动学的角度出发，通过对几何参数的标定来达到修正位姿的目的。

6.2.1 产品位姿误差对测量结果的影响

产品位姿是指产品的位置和姿态，位置信息用产品坐标系原点的位置矢量 $\boldsymbol{p}=\begin{bmatrix}p_x & p_y & p_z\end{bmatrix}^T$ 表示，姿态信息可以用矩阵 $\boldsymbol{R}=\begin{bmatrix}\boldsymbol{n} & \boldsymbol{o} & \boldsymbol{a}\end{bmatrix}$ 表示，因此产品位姿可以表示为

$$\boldsymbol{C}=\begin{bmatrix}\boldsymbol{R} & \boldsymbol{p}\\ 1 & 0\end{bmatrix}=\begin{bmatrix}\boldsymbol{n} & \boldsymbol{o} & \boldsymbol{a} & \boldsymbol{p}\\ 1 & 1 & 1 & 0\end{bmatrix} \tag{6.61}$$

式中　　$\boldsymbol{n}$——产品坐标系 X 轴的单位方向向量；

$\boldsymbol{o}$——产品坐标系 Y 轴的单位方向向量；

$\boldsymbol{a}$——产品坐标系 Z 轴的单位方向向量。

根据质心测量原理可知，在测量时需要将参考坐标系下得到的重力线方程转换到产品坐标系下，设转换矩阵为 $\boldsymbol{T}$，若产品位姿存在误差即产品坐标系存在误差 $\Delta \boldsymbol{C}$，则导致转换矩阵存在误差 $\Delta \boldsymbol{T}$，进而使转换后的重力线偏离质心，因此最后计算得到的质心必然会产生较大的误差。

基于转动惯量和惯性积的数学模型，可以表示为

$$\begin{bmatrix}I_{xx}\\ I_{yy}\\ I_{zz}\\ I_{xy}\\ I_{yz}\\ I_{zx}\end{bmatrix}=\begin{bmatrix}f_1(\alpha_i)\\ f_2(\beta_i)\\ f_3(\gamma_i)\\ f_4(\alpha_i,\beta_i)\\ f_5(\beta_i,\gamma_i)\\ f_6(\alpha_i,\gamma_i)\end{bmatrix}^{-T}\begin{bmatrix}I_{c1}^H-md_1^2\\ I_{c2}^H-md_2^2\\ I_{c3}^H-md_3^2\\ I_{c4}^H-md_4^2\\ I_{c5}^H-md_5^2\\ I_{c6}^H-md_6^2\end{bmatrix} \tag{6.62}$$

式中　　$f(x_i)$——关于 x 的6维向量，可表示为

$$f(x_i)=\begin{bmatrix}f(x_1) & f(x_2) & f(x_3) & f(x_4) & f(x_5) & f(x_6)\end{bmatrix}^T$$

根据式(6.62)可知，位姿误差导致的转动惯量和惯性积的误差可分为两部分：第一部分是姿态误差导致的产品坐标系各坐标轴与扭摆轴的夹角存在的误差 $\Delta\alpha$、$\Delta\beta$、$\Delta\gamma$；第二部分是位姿误差导致的质心误差，使得质心到扭摆轴的距离

d_i 存在误差 Δd_i。因此转动惯量和惯性积实际计算模型可表示为

$$\begin{bmatrix} I_{xx} \\ I_{yy} \\ I_{zz} \\ I_{xy} \\ I_{yz} \\ I_{zx} \end{bmatrix} = \begin{bmatrix} f_1(\alpha_i + \Delta\alpha_i) \\ f_2(\beta_i + \Delta\beta_i) \\ f_3(\gamma_i + \Delta\gamma_i) \\ f_4(\alpha_i + \Delta\alpha_i, \beta_i + \Delta\beta_i) \\ f_5(\beta_i + \Delta\beta_i, \gamma_i + \Delta\gamma_i) \\ f_6(\gamma_i + \Delta\gamma_i, \alpha_i + \Delta\alpha_i) \end{bmatrix}^{-T} \begin{bmatrix} I_{c1}^H - m(d_1 + \Delta d_1)^2 \\ I_{c2}^H - m(d_2 + \Delta d_2)^2 \\ I_{c3}^H - m(d_3 + \Delta d_3)^2 \\ I_{c4}^H - m(d_4 + \Delta d_4)^2 \\ I_{c5}^H - m(d_5 + \Delta d_5)^2 \\ I_{c6}^H - m(d_6 + \Delta d_6)^2 \end{bmatrix} \quad (6.63)$$

通过上述分析可知,为提高产品质量特性参数测量精度,必须要对位姿误差进行修正。

6.2.2 机械结构几何参数的标定

在串联型机械结构中,通常将结构中连杆长度、连杆扭角、两连杆之间的距离及夹角称为该结构的几何参数。机械关节在运动时上述几何参数误差都会以一定的方式累积并体现在末端执行器上,若将产品固定到末端执行器上,则产品的位姿将产生误差。本节利用机器人运动学原理对该测量系统机械结构的几何参数进行标定,利用标定得到的实际几何参数对产品位姿进行修正,进而减小由位姿误差导致的测量误差。

1. 机械工装的运动学建模

在标定几何参数之前,首先需要建立各个关节的坐标系,并用齐次变换来描述这些坐标系间的相对位姿。假设存在 n 个关节,第一个关节坐标系相对于参考坐标系的位姿用齐次矩阵 $\boldsymbol{A}_1$ 表示,第二个关节坐标系相对于第一个关节坐标系的位姿用齐次矩阵 $\boldsymbol{A}_2$ 表示,依此类推。那么最后终端执行器相对于参考坐标系的位姿可表示为

$$\boldsymbol{T} = \boldsymbol{A}_1 \boldsymbol{A}_2 \cdots \boldsymbol{A}_n \quad (6.64)$$

$\boldsymbol{A}_n$ 中包含关节变量和参数,已知这些变量和参数求终端执行器的位姿 $\boldsymbol{T}$ 称为运动学方程的正解;反之,已知终端执行器的位姿求各个关节的变量和参数称为运动学方程的逆解。

关于运动学建模方法有很多,其中最经典的是 Denavit 和 Hartenberg 提出的 D-H 表示法。利用 D-H 表示法建立运动学模型首先要为每个关节指定一个坐标系,现以一个两旋转关节的结构(图 6.9)为例,建立如下规则。

(1) 所有关节都用 Z 轴表示,关节 n 处的 Z 轴记为 Z_{n-1},对于旋转关节,Z 轴位于按右手规则旋转的方向,且旋转角度 θ 为关节变量;对于滑动关节,则 Z 轴为沿直线运动的方向,沿 Z 轴的连杆长度 d 为关节变量。

(2) 关节 n 处的 X 轴记为 X_{n-1},方向为 Z_{n-1} 和 Z_{n-2} 时公垂线方向,原点为公

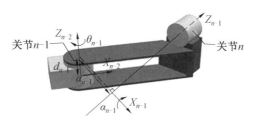

图 6.9 两旋转关节结构模型

垂线与 Z_{n-1} 的交点。若相邻的 Z 轴平行,则它们之间有无数条公垂线,为了简化模型可选择一条与上一关节 X 轴共面的公垂线作为 X 轴的方向。若相邻 Z 轴相交,那么选择垂直于这两条 Z 轴确定的平面的方向作为 X 轴的方向。

建立完关节坐标系后通过四步标准运动就能够从关节 $n-1$ 坐标系变换到关节 n 坐标系,具体步骤如下。

(1) 绕 Z_{n-2} 旋转 θ_{n-1},使 X_{n-1} 和 X_{n-2} 互相平行,θ 称为连杆夹角,可表示为 $\mathrm{Rot}(z, \theta_{n-1})$。

(2) 沿 Z_{n-2} 平移距离 d_{n-1},使得 X_{n-1} 和 X_{n-2} 共线,d_{n-1} 称为连杆间距离,可表示为 $\mathrm{Trans}(0, 0, d_{n-1})$。

(3) 沿 X_{n-2} 平移距离 a_{n-1},使得 X_{n-1} 和 X_{n-2} 的原点重合,a_{n-1} 称为连杆长度,可表示为 $\mathrm{Trans}(a_{n-1}, 0, 0)$。

(4) 绕 X_{n-2} 轴旋转 α_{n-1},使得 Z_{n-2} 轴与 Z_{n-1} 轴重合,α_{n-1} 称为连杆扭角,可表示为 $\mathrm{Rot}(x, \alpha_{n-1})$。

重复以上步骤就能够实现一系列相邻坐标系的变换,这样就可以从参考坐标系变换到末端执行器坐标系上。将 4 个变换步骤按照齐次变换的形式依次表示如下:

$$\mathrm{Rot}(z, \theta_{n-1}) = \begin{bmatrix} \cos\theta_{n-1} & -\sin\theta_{n-1} & 0 & 0 \\ \sin\theta_{n-1} & \cos\theta_{n-1} & 0 & 0 \\ 0 & 0 & 1 & 0 \\ 0 & 0 & 0 & 1 \end{bmatrix}$$

$$\mathrm{Trans}(0, 0, d_{n-1}) = \begin{bmatrix} 1 & 0 & 0 & 0 \\ 0 & 1 & 0 & 0 \\ 0 & 0 & 1 & d_{n-1} \\ 0 & 0 & 0 & 1 \end{bmatrix}$$

$$\mathrm{Rot}(x, \alpha_{n-1}) = \begin{bmatrix} 1 & 0 & 0 & 0 \\ 0 & \cos\theta_{n-1} & -\sin\theta_{n-1} & 0 \\ 0 & \sin\theta_{n-1} & \cos\theta_{n-1} & 0 \\ 0 & 0 & 0 & 1 \end{bmatrix}$$

$$\text{Trans}(a_{n-1},0,0) = \begin{bmatrix} 1 & 0 & 0 & a_{n-1} \\ 0 & 1 & 0 & 0 \\ 0 & 0 & 1 & 0 \\ 0 & 0 & 0 & 1 \end{bmatrix}$$

则从关节 $n-1$ 到关节 n 的变换为

$$^{n-1}T_n = A_n = \text{Rot}(z,\theta_n)\text{Trans}(0,0,d_n)\text{Trans}(a_n,0,0)\text{Rot}(x,\alpha_n)$$

$$= \begin{bmatrix} \cos\theta_n & -\sin\theta_n\cos\alpha_n & \sin\theta_n\sin\alpha_n & a_n\cos\theta_n \\ \sin\theta_n & \cos\theta_n\cos\alpha_n & -\cos\theta_n\sin\alpha_n & a_n\sin\theta_n \\ 0 & \sin\alpha_n & \cos\alpha_n & d_n \\ 0 & 0 & 0 & 1 \end{bmatrix} \quad (6.65)$$

上述运动学模型也可以称为 DH 模型，由于 DH 模型建立简单，因此被广为使用。但是它也存在一定的缺陷，当相邻关节坐标系 Z 轴平行时，连杆扭角 α 的微小变化都会使其他参数发生剧烈的变化。因此 Hayatl 等人对 DH 模型进行了改进，提出了 MDH 模型。该模型是在平行关节处引入绕 y 轴旋转角度 β，因此式 (6.65) 变为

$$A_n = \text{Rot}(z,\theta_n)\text{Trans}(0,0,d_n)\text{Trans}(a_n,0,0)\text{Rot}(x,\alpha_n)\text{Rot}(y,\beta_n)$$

$$= \begin{bmatrix} c\theta_n c\beta_n - s\theta_n s\alpha_n s\beta_n & -s\theta_n c\alpha_n & c\theta_n s\beta_n + s\theta_n s\alpha_n c\beta_n & c\theta_n a_n \\ s\theta_n c\beta_n + c\theta_n s\alpha_n s\beta_n & c\theta_n c\alpha_n & s\theta_n s\beta_n - c\theta_n s\alpha_n c\beta_n & s\theta_n a_n \\ -c\alpha_n s\beta_n & s\alpha_n & c\alpha_n c\beta_n & d_n \\ 0 & 0 & 0 & 1 \end{bmatrix} \quad (6.66)$$

式中 s——sin；

c——cos。

该模型中 θ、d、a、α、β 就是机械结构的几何参数。这里需要注意的是 MDH 模型只适用于相邻关节坐标系 Z 轴平行的情况，若相邻坐标系 Z 轴垂直或接近垂直，则 MDH 不再适用，此时仍需使用 DH 模型。根据前面对测量姿态的分析，测量时待测件需要有两个旋转自由度，即两个旋转关节，分别在两个关节上建立坐标系——$O_0-X_0Y_0Z_0$ 为关节 1 的坐标系记为 $\{B\}$，$O_1-X_1Y_1Z_1$ 为关节 2 的坐标系记为 $\{C\}$，此外还需要建立参考坐标系 $O-XYZ$ 记为 $\{A\}$ 和产品坐标系 $O_2-X_2Y_2Z_2$ 记为 $\{D\}$，如图 6.10 所示。

分别将 $\{A\}$ 到 $\{B\}$、$\{B\}$ 到 $\{C\}$、$\{C\}$ 到 $\{D\}$ 的变换用 A_0、A_1、A_2 表示，其中 A_0 可以利用三维坐标测量仪测量得到。由于 $\{B\}$ 和 $\{C\}$ 的 Z 轴垂直，因此 A_1 采用 DH 模型，而 $\{C\}$ 和 $\{D\}$ 的 Z 轴平行，因此 A_2 采用 MDH 模型。则从参考坐标系到产品坐标系的变换 T，即机械结构的运动学模型为

$$T = A_0 A_1 A_2$$
$$= A_0[\text{Rot}(z,\theta_1)\text{Trans}(0,0,d_1)\text{Trans}(a_1,0,0)\text{Rot}(x,\alpha_1)]$$

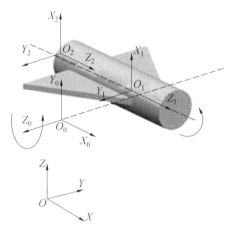

图 6.10 坐标系的建立

$$[\mathrm{Rot}(z,\theta_2)\mathrm{Trans}(0,0,d_2)\mathrm{Trans}(a_2,0,0)\mathrm{Rot}(x,\alpha_2)\mathrm{Rot}(y,\beta_2)]$$

$$=\begin{bmatrix} \boldsymbol{n} & \boldsymbol{o} & \boldsymbol{a} & \boldsymbol{p} \\ 0 & 0 & 0 & 1 \end{bmatrix}=\begin{bmatrix} n_x & o_x & a_x & p_x \\ n_y & o_y & a_y & p_y \\ n_z & o_z & a_z & p_z \\ 0 & 0 & 0 & 1 \end{bmatrix} \quad (6.67)$$

式中　　$\boldsymbol{n}$——产品坐标系 X 轴单位方向向量；

$\boldsymbol{o}$——产品坐标系 Y 轴单位方向向量；

$\boldsymbol{a}$——产品坐标系 Z 轴单位方向向量；

$\boldsymbol{p}$——产品坐标系原点坐标即终端执行器位置向量。

2. 标定原理

产品实际位姿与理论位姿之间存在误差的原因是多方面的，其根本原因可归结为结构几何参数的误差。由于本装置的旋转关节直接采用伺服电机进行控制，电机内置 17 bit 绝对编码器，并采用位置模式控制，能够精确地获取当前角度，所以可忽略连杆夹角误差 $\Delta\theta$，因此几何参数误差可表示为 $\Delta \mathbf{par}=(\Delta d,\Delta a,\Delta\alpha,\Delta\beta)$。由于 $\Delta \mathbf{par}$ 的存在，可知每个关节坐标系之间的变换存在误差 $\Delta \boldsymbol{A}_i$，因此实际的产品位姿为

$$^R\hat{\boldsymbol{T}}_2=\prod_{i=1}^{2}(\boldsymbol{A}_i+\Delta \boldsymbol{A}_i)=F(\hat{\mathbf{par}}) \quad (6.68)$$

式中　　$\hat{\mathbf{par}}$——各关节实际的几何参数。

产品位姿误差可表示为

$$\Delta \boldsymbol{T}=^R\hat{\boldsymbol{T}}_2-^R\boldsymbol{T}_2$$

$$= \begin{bmatrix} \Delta n & \Delta o & \Delta a & \Delta P \\ 0 & 0 & 0 & 1 \end{bmatrix} = \begin{bmatrix} \Delta n_x & \Delta o_x & \Delta a_x & \Delta p_x \\ \Delta n_y & \Delta o_y & \Delta a_y & \Delta p_y \\ \Delta n_z & \Delta o_z & \Delta a_z & \Delta p_z \\ 0 & 0 & 0 & 1 \end{bmatrix}$$

利用误差传递原理建立机械结构各关节的 $\Delta \mathbf{par}$ 与姿态误差 $\Delta \mathbf{T}$ 的函数关系,通过测量某些构型下的 $\Delta \mathbf{T}$,得到 $\Delta \mathbf{par}$,进而得到各关节的 $\mathbf{par}$。

将产品位姿的误差和关节参数的误差看作是一种微小变化,从数学上将这种微小变化用微分变化来表达,假设存在一组变量为 x_j 的方程 Y_i,则

$$Y_i = f(x_1, x_2, x_3, \cdots, x_j) \tag{6.69}$$

由于变化量微小,因此可以忽略高阶误差项,则变量的微分变化引起的 Y_i 的微分变化可表示为

$$\delta Y_i = \frac{\partial f}{\partial x_1} \delta x_1 + \frac{\partial f}{\partial x_2} \delta x_2 + \cdots + \frac{\partial f}{\partial x_j} \delta x_j \tag{6.70}$$

写成矩阵形式为

$$\delta \mathbf{Y} = \mathbf{J} \delta \mathbf{x} \Leftrightarrow \begin{bmatrix} \delta Y_1 \\ \delta Y_2 \\ \vdots \\ \delta Y_i \end{bmatrix} = \begin{bmatrix} \frac{\partial f_1}{\partial x_1} & \frac{\partial f_1}{\partial x_2} & \cdots & \frac{\partial f_1}{\partial x_j} \\ \frac{\partial f_2}{\partial x_1} & \frac{\partial f_2}{\partial x_2} & \cdots & \frac{\partial f_2}{\partial x_j} \\ \vdots & & & \vdots \\ \frac{\partial f_i}{\partial x_1} & \frac{\partial f_i}{\partial x_2} & \cdots & \frac{\partial f_i}{\partial x_j} \end{bmatrix} \begin{bmatrix} \delta x_1 \\ \delta x_2 \\ \vdots \\ \delta x_j \end{bmatrix} \tag{6.71}$$

式中　　$\mathbf{J}$——雅可比矩阵,表示微分变化 δx_j 对结果影响的能力,可以通过对变量求偏导计算得到,如果再通过测量得到 $\delta \mathbf{Y}$,那么就能够得到变量的微分变化:

$$\delta \mathbf{x} = (\mathbf{J}^{\mathrm{T}} \mathbf{J})^{-1} \mathbf{J}^{\mathrm{T}} \delta \mathbf{Y} \tag{6.72}$$

3. 基于位姿误差的标定方程的建立

目前,大部分的串联型机械结构的几何参数都是基于上述原理进行标定的,如任永杰和 Seiji Aoyagi 等人利用该原理对串联型机器人进行几何参数的标定,达到了较好的实验效果。他们通过测量终端执行器坐标系原点实际位置与理论位置的偏差建立标定方程,即基于位置误差建立标定方程。将该方法应用到本系统,由于机械结构中有两个轴能够实现两个自由度的旋转,因此两个轴在某一时刻的旋转角度 θ_1,θ_2 决定了机械结构的空间构型。在任意一个构型下能够得到如下方程组:

$$\begin{bmatrix} \Delta p_x \\ \Delta p_y \\ \Delta p_z \end{bmatrix} = \begin{bmatrix} \dfrac{\partial p_x}{\partial d_1} & \dfrac{\partial p_x}{\partial d_2} & \dfrac{\partial p_x}{\partial a_1} & \dfrac{\partial p_x}{\partial a_2} & \dfrac{\partial p_x}{\partial \alpha_1} & \dfrac{\partial p_x}{\partial \alpha_2} & \dfrac{\partial p_x}{\partial \beta_2} \\ \dfrac{\partial p_y}{\partial d_1} & \dfrac{\partial p_y}{\partial d_2} & \dfrac{\partial p_y}{\partial a_1} & \dfrac{\partial p_y}{\partial a_2} & \dfrac{\partial p_y}{\partial \alpha_1} & \dfrac{\partial p_y}{\partial \alpha_2} & \dfrac{\partial p_x}{\partial \beta_2} \\ \dfrac{\partial p_z}{\partial d_1} & \dfrac{\partial p_z}{\partial d_2} & \dfrac{\partial p_z}{\partial a_1} & \dfrac{\partial p_z}{\partial a_2} & \dfrac{\partial p_z}{\partial \alpha_1} & \dfrac{\partial p_z}{\partial \alpha_2} & \dfrac{\partial p_z}{\partial \beta_2} \end{bmatrix} \begin{bmatrix} \Delta d_1 \\ \Delta d_2 \\ \Delta a_1 \\ \Delta a_2 \\ \Delta \alpha_1 \\ \Delta \alpha_2 \\ \Delta \beta_2 \end{bmatrix} \quad (6.73)$$

将式(6.67)中 p_x、p_y、p_z 分别代入式(6.73),得到

$$\begin{bmatrix} \Delta p_x \\ \Delta p_y \\ \Delta p_z \end{bmatrix} = \boldsymbol{A}_0 \begin{bmatrix} 0 & s\theta_1 s\alpha_1 & c\theta_1 & c\theta_1 c\theta_2 - s\theta_1 c\alpha_1 s\theta_2 & s\theta_1 s\alpha_1 s\theta_2 a_2 + s\theta_1 c\alpha_1 d_2 & 0 & 0 \\ 0 & -c\theta_1 s\alpha_1 & s\theta_1 & s\theta_1 c\theta_2 + c\theta_1 c\alpha_1 s\theta_2 & -c\theta_1 s\alpha_1 s\theta_2 a_2 - c\theta_1 c\alpha_1 d_2 & 0 & 0 \\ 1 & c\alpha_1 & 0 & s\alpha_1 s\theta_2 & c\alpha_1 s\theta_2 a_2 - s\alpha_1 d_2 & 0 & 0 \end{bmatrix} \begin{bmatrix} \Delta d_1 \\ \Delta d_2 \\ \Delta a_1 \\ \Delta a_2 \\ \Delta \alpha_1 \\ \Delta \alpha_2 \\ \Delta \beta_2 \end{bmatrix}$$

$$(6.74)$$

从式(6.74)可知,通过该标定方程并不能得到 $\Delta \alpha_2$ 和 $\Delta \beta_2$。这是因为产品位置(产品坐标系原点坐标)与 $\Delta \alpha_2$ 和 $\Delta \beta_2$ 无关,它们只会对产品的姿态产生较大的影响。根据 6.2.1 节的分析可知,即使产品的位置精度得以保证,姿态精度同样会影响测量结果,所以利用基于位置误差建立的标定方程,不能得到所有几何参数的误差,因此不能满足本系统对测量精度的要求。

为了得到系统所有几何参数误差,本节采用了基于产品位姿误差的方式建立标定方程。式(6.73)只包含位置信息,因此在此基础上加入姿态误差信息,由于确定产品的姿态只需要确定两个轴的方向,另外一个轴就可根据右手法则唯一确定,因此本节选用 X 轴和 Z 轴方向向量偏差 $\Delta \boldsymbol{n}$ 和 $\Delta \boldsymbol{a}$,再加上位置偏差 $\Delta \boldsymbol{p}$,得到

$$\begin{bmatrix} \Delta \boldsymbol{p} \\ \Delta \boldsymbol{a} \\ \Delta \boldsymbol{n} \end{bmatrix} = \boldsymbol{J} \times \begin{bmatrix} \Delta d_1 & \Delta d_2 & \Delta a_1 & \Delta a_2 & \Delta \alpha_1 & \Delta \alpha_2 & \Delta \beta_2 \end{bmatrix}^{\mathrm{T}} \quad (6.75)$$

式(6.75)可写为

$$\Delta \boldsymbol{pos} = \boldsymbol{J} \Delta \boldsymbol{par} \quad (6.76)$$

式中,雅可比矩阵 $\boldsymbol{J}$ 为

$$
\boldsymbol{J}=\begin{bmatrix}
0 & s\theta_1 s\alpha_1 & c\theta_1 & c\theta_1 c\theta_2 - s\theta_1 c\alpha_1 s\theta_2 & s\theta_1 s\alpha_1 s\theta_2 a_2 + s\theta_1 c\alpha_1 d_2 & 0 & 0 \\
0 & -c\theta_1 s\alpha_1 & s\theta_1 & s\theta_1 c\theta_2 + c\theta_1 c\alpha_1 s\theta_2 & -c\theta_1 s\alpha_1 s\theta_2 a_2 - c\theta_1 c\alpha_1 d_2 & 0 & 0 \\
1 & c\alpha_1 & 0 & s\alpha_1 s\theta_2 & c\alpha_1 s\theta_2 a_2 - s\alpha_1 d_2 & 0 & 0 \\
0 & 0 & 0 & 0 & s\theta_1 s\alpha_1 s\theta_1 c\beta_2 - s\theta_1 s\alpha_1 c\theta_2 s\alpha_2 + s\theta_1 c\alpha_1 c\alpha_2 s\beta_2 & -(c\theta_1 s\theta_2 c\alpha_2 + s\theta_1 c\alpha_1 c\theta_2 c\alpha_2 - s\theta_1 s\alpha_1 s\alpha_2) s\beta_2 & -(c\theta_1 c\theta_2 - s\theta_1 c\alpha_1 s\theta_2) s\beta_2 - (c\theta_1 s\theta_2 s\alpha_1 + s\theta_1 c\alpha_1 c\theta_2 s\alpha_2 + s\theta_1 s\alpha_1 c\alpha_2) c\beta_2 \\
0 & 0 & 0 & 0 & -c\theta_1 s\alpha_1 s\theta_2 c\beta_2 - (c\theta_1 s\alpha_1 c\theta_2 s\alpha_2 - c\theta_1 c\alpha_1 c\alpha_2) s\beta_2 & -(s\theta_1 s\theta_2 c\alpha_2 - c\theta_1 c\alpha_1 c\theta_2 c\alpha_2 + c\theta_1 s\alpha_1 s\alpha_2) s\beta_2 & -(s\theta_1 c\theta_2 + c\theta_1 c\alpha_1 s\theta_2) s\beta_2 - (s\theta_1 s\theta_2 s\alpha_2 - c\theta_1 c\alpha_1 c\theta_2 s\alpha_2 - c\theta_1 s\alpha_1 c\alpha_2) c\beta_2 \\
0 & 0 & 0 & 0 & c\alpha_1 s\theta_2 c\beta_2 - (-c\alpha_1 c\theta_2 s\alpha_2 - s\alpha_1 c\alpha_2) s\beta_2 & -(-s\alpha_1 c\theta_2 c\alpha_2 - c\alpha_1 s\alpha_2) s\beta_2 & -s\alpha_1 s\theta_2 s\beta_2 - (-s\alpha_1 c\theta_2 s\alpha_2 + c\alpha_1 c\alpha_2) c\beta_2 \\
0 & 0 & 0 & 0 & s\theta_1 s\alpha_1 s\theta_2 s\beta_2 + (-s\theta_1 s\alpha_1 c\theta_2 s\alpha_2 + s\theta_1 c\alpha_1 c\alpha_2) c\beta_2 & (c\theta_1 s\theta_2 c\alpha_2 + s\theta_1 c\alpha_1 c\theta_2 c\alpha_2 - s\theta_1 s\alpha_1 s\alpha_2) c\beta_2 & (c\theta_1 c\theta_2 - s\theta_1 c\alpha_1 s\theta_2) c\beta_2 - (c\theta_1 s\theta_2 s\alpha_2 + s\theta_1 c\alpha_1 c\theta_2 s\alpha_2 + s\theta_1 s\alpha_1 c\alpha_2) s\beta_2 \\
0 & 0 & 0 & 0 & -c\theta_1 s\alpha_1 s\theta_2 s\beta_2 + (c\theta_1 s\alpha_1 c\theta_2 s\alpha_2 - c\theta_1 c\alpha_1 c\alpha_2) c\beta_2 & (s\theta_1 s\theta_2 c\alpha_2 - c\theta_1 c\alpha_1 c\theta_2 c\alpha_2 + c\theta_1 s\alpha_1 s\alpha_2) c\beta_2 & (s\theta_1 c\theta_2 + c\theta_1 c\alpha_1 s\theta_2) c\beta_2 - (s\theta_1 s\theta_2 s\alpha_2 - c\theta_1 c\alpha_1 c\theta_2 s\alpha_2 - c\theta_1 s\alpha_1 c\alpha_2) s\beta_2 \\
0 & 0 & 0 & 0 & c\alpha_1 s\theta_2 s\beta_2 + (-c\alpha_1 c\theta_2 s\alpha_2 - s\alpha_1 c\alpha_2) c\beta_2 & s\alpha_1 s\theta_2 c\beta_2 - (-s\alpha_1 c\theta_2 s\alpha_2 + c\alpha_1 c\alpha_2) s\beta_2 & s\alpha_1 s\theta_2 c\beta_2 - (-s\alpha_1 c\theta_2 s\alpha_2 + c\alpha_1 c\alpha_2) s\beta_2
\end{bmatrix}
$$

4. 提高标定精度的方法

提高标定精度常用的方法就是增加构型的个数 N，构型应尽量分布在整个运动空间，构型数越多，得到标定方程组的个数就越多，对几何参数的约束也越多，最后将该标定方程组的最小二乘解作为最终结果。这种方法原理简单，一定程度上能够提高标定的精度，但是实际上这种方法对于提高标定精度存在一个上限值，即一旦达到这个上限值，即使再增加构型数量也不会高于上限精度。而且测量某构型下的产品位姿都需要测量大量的点并进行拟合，构型数增加，测量工作量就会成倍增加，因此标定效率就会大大降低。

为了在不降低标定精度的同时提高标定效率，最有效的方法就是找到一些"特殊"的构型，在这些构型下能够使标定方程式(6.76)中 $\Delta\mathbf{pos}$ 的误差 $\delta\mathbf{pos}$ 对 $\Delta\mathbf{par}$ 影响非常小，进而保证标定结果的稳定性和准确性，将这些"特殊"的构型称为几何参数标定的最优标定构型。

5. 最优标定构型判据的建立

根据前面所述可知，不同的构型能够生成不同的雅可比矩阵 $\boldsymbol{J}$，而在最优标定构型处产生的雅可比矩阵能够使 δpos 对 Δpar 的影响最小化，即 Δpar 对 δpos"不敏感"。因此可通过寻找满足上述条件的 J 来得到最优标定构型，为了得到最优标定构型，首先需要建立一个观测函数，该函数应该能够体现 J 的某些性质和特点，并能反映 δpos 对 Δpar 的影响程度，将该函数称为观测指标函数（OI）。

很多学者对如何建立 OI 进行了研究，为方便说明，将标定方程的雅可比矩阵进行奇异值分解：

$$\Delta \boldsymbol{pos} = \boldsymbol{J} \times \Delta \boldsymbol{par} = \boldsymbol{U\Sigma V}^{\mathrm{T}} \Delta \boldsymbol{par} \tag{6.77}$$

其中，$\boldsymbol{U} = [\boldsymbol{u}_1, \boldsymbol{u}_2, \cdots, \boldsymbol{u}_{6M}]$ 和 $\boldsymbol{V} = [\boldsymbol{v}_1, \boldsymbol{v}_2, \cdots, \boldsymbol{v}_L]$ 均为正交矩阵，M 表示标定所需的构型数，L 表示待标定的参数个数，$\boldsymbol{\Sigma}$ 可写为

$$\boldsymbol{\Sigma} = \begin{bmatrix} \sigma_1 & 0 & 0 & 0 \\ 0 & \sigma_2 & 0 & 0 \\ \vdots & \vdots & \vdots & \vdots \\ 0 & 0 & 0 & \sigma_L \\ 0 & 0 & 0 & 0 \\ \vdots & \vdots & \vdots & \vdots \\ 0 & 0 & 0 & 0 \end{bmatrix}_{9M \times L}$$

式中 σ_i——J 的奇异值，且 $\sigma_1 > \sigma_2 > \cdots > \sigma_L$。

Borm 和 Menq 从几何角度对式（6.77）进行了分析，将 Δpar 的分布看作是一个超球面，且经过雅可比矩阵 J 的线性变换得到 Δpos。Δpos 分布是一个超椭球体，最长和最短半轴分别为 σ_1 和 σ_L，且满足

$$\sigma_L \leqslant \frac{\|\Delta \boldsymbol{pos}\|}{\|\Delta \boldsymbol{par}\|} \leqslant \sigma_1 \tag{6.78}$$

当超椭球面所围成椭球体体积最大时意味着极小的 Δpar 误差将对 Δpos 产生极大的影响。根据椭球体的体积公式，最后得出的观测指标函数为

$$\mathrm{OI}_1 = \frac{\sqrt[L]{\sigma_1 \cdots \sigma_L}}{\sqrt{M}} \tag{6.79}$$

当 OI_1 取最大值时，所对应的构型为最优标定构型。

此外，Driels 和 Khalil 也对该问题进行了研究，由 δpos 引起的 Δpar 的误差为

$$\delta \boldsymbol{par} = \boldsymbol{J}^{-1} \times \delta \boldsymbol{pos} \tag{6.80}$$

对式（6.80）及式（6.77）两端取范数，最后整理可得

$$\frac{\|\delta \boldsymbol{par}\|}{\|\Delta \boldsymbol{par}\|} \leqslant \|\boldsymbol{J}\| \|\boldsymbol{J}^{-1}\| \frac{\|\delta \boldsymbol{pos}\|}{\|\Delta \boldsymbol{pos}\|} = \mathrm{cond}(\boldsymbol{J}) \frac{\|\delta \boldsymbol{pos}\|}{\|\Delta \boldsymbol{pos}\|} \tag{6.81}$$

可见矩阵 J 的条件数越小，Δpar 的相对误差对 Δpos 的相对误差影响越小，根

据这一原理,采用雅可比矩阵 $\boldsymbol{J}$ 的条件数的倒数作为判定最优构型的依据,即观测指标函数为

$$\mathrm{OI}_2 = \frac{1}{\mathrm{cond}(\boldsymbol{J})} = \frac{\sigma_L}{\sigma_1} \tag{6.82}$$

虽然 OI_1 和 OI_2 的都可以作为观测指标函数,但是 OI_1 的分子是 $\boldsymbol{J}$ 的奇异值的几何平均值,通过几何平均值的大小来判断当前构型的好坏,这种方法由于过分强调"总体",从而忽略了"个别",因此有可能导致在"个别"情况下,即使 OI_1 较大,但 $\delta\mathbf{pos}$ 仍然对 $\Delta\mathbf{par}$ 产生较大的影响。其次,在对 OI_2 的推导过程中不难发现, OI_2 的函数值实际上直接反映的是 $\Delta\mathbf{par}$ 的相对误差和 $\Delta\mathbf{pos}$ 的相对误差之间的关系,而不是反映绝对误差 $\delta\mathbf{pos}$ 和 $\delta\mathbf{par}$ 的关系。为了找到 $\delta\mathbf{pos}$ 与 $\delta\mathbf{par}$ 的直接关系,根据式(6.78)得到不等式

$$\|\Delta\mathbf{par}\|\sigma_L \leqslant \|\Delta\mathbf{pos}\| \tag{6.83}$$

再与式(6.81)联立,最后得到不等式

$$\|\delta\mathbf{par}\| \leqslant \frac{\sigma_1}{\sigma_L^2} \|\delta\mathbf{pos}\| \tag{6.84}$$

式(6.84)直接反映了 $\delta\mathbf{pos}$ 与 $\delta\mathbf{par}$ 的关系,因此最终选择观测指标函数为

$$\mathrm{OI}_3 = \frac{\sigma_L^2}{\sigma_1} \tag{6.85}$$

当 OI_3 达到最大值时,此时的构型即为最优标定构型。

6.2.3 基于改进粒子群的多峰函数全局寻优算法

1. 标准粒子群算法

最优标定构型的选取其实是一个最优化问题,即利用某些规则进行搜索,寻找到观测指标函数的全局极值,此时问题的解即为最优解。优化算法发展至今主要分为以下几类。

(1) 经典优化法,如牛顿法、共轭梯度法等,这些算法的计算复杂度一般很大,适合求解小规模问题。

(2) 构造型优化算法,如 Johnson 法、Palmer 法和 Gupta 法等,这种算法的优化质量通常较差,难以满足工程需要。

(3) 进化算法主要指采用达尔文的适者生存原理而得到的智能算法,主要包括遗传算法、遗传规划、进化策略及进化规划,该方法理论完善,应用也较为广泛。

(4) 智能算法是通过模拟或解释某些自然界现象或过程发展而来的。与普通优化算法相比,智能优化算法不要求目标函数可微、可导、可行域连通,甚至有

无解析表达式都可,这些优点使得智能算法在工程领域内得到了广泛的应用,尤其是随着计算机技术的发展,使得智能算法更为有效和方便。

因为智能算法的这些优点,很多学者以此为工具来得到最优标定构型。Aoyagi 利用遗传(GA)算法得到了某型号机械臂的 8 个最优标定点,并且通过实验证明了利用这 8 个最优标定点标定的结果精度与 100 个标定点的标定精度基本一致。Zhuang 利用模拟退火(simulated annealing,SA)算法对 PUMA 560 机器人进行最优标定构型的计算,该方法避免了共轭梯度法易陷入局部最优的问题,最后通过实验验证了利用模拟退火算法找到的最优构型标定的结果要优于随机构型的标定结果。模拟退火算法具有较强的跳出局部最优的能力,但是其收敛速度比较慢,参数设置也比较复杂,如果参数设置不当,会导致即使通过大量的时间进行搜索,也依然得不到全局最优解。遗传算法虽然也具有较好的全局搜索能力,但是其操作比较复杂,需要对问题进行编码,得到最优解后需要解码,而且选择、交叉、变异的实现方式也有很多种,不同的实现方式又会对解的质量产生不同的影响,大多数情况下依然靠经验来选择实现方式。

在众多的智能算法中,粒子群(particle swarm optimization,PSO)算法是一种相对新的优化技术,它模拟鸟群飞行觅食的行为,通过鸟之间的集体协作使群体最终找到食物。在粒子群算法中,种群中的成员称为粒子,代表着一个潜在的可行解,而食物的位置则是全局最优解。群体在多维解空间上搜寻全局最优解,每个粒子都有一个位置和速度来调整它自身的飞行方向以保证向食物的位置飞行。如图 6.11 所示,z^k 为粒子当前的搜索位置,v^k 为当前的飞行速度,v_p^k 为"自知部分"学习引起粒子向个体极值方向的飞行速度,v_g^k 为"社会部分"学习引起粒子向全局极值方向的飞行速度。

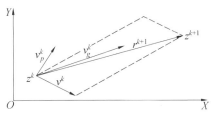

图 6.11　粒子速度和位置调整示意图

在飞行过程中,通过 v^k、v_p^k、v_g^k 的共同作用能对自身位置和自身经历过的最佳位置进行调整,以速度 v^{k+1} 到达新的位置 z^{k+1}。为了实现接近食物位置这个目的,每个粒子通过不断地向自身经历过的最佳位置和种群中所有粒子所经历的最好的位置学习,最终接近食物。

其数学描述如下,设 $z_i = (z_{i1}, z_{i2}, \cdots, z_{iD})$ 为第 i 个粒子的 D 维位置向量,

$fitness(z_i)$ 是根据当前问题而设定的适应度函数,通过比较适应度函数值可以衡量粒子位置的优势,$v_i=(v_{i1},v_{i2},\cdots,v_{id},\cdots,v_{iD})$ 为粒子 i 的飞行速度;$p_i=(p_{i1},p_{i2},\cdots,p_{id},\cdots,p_{iD})$ 为粒子 i 到目前为止搜索到的最优位置;$p_g=(p_{g1},p_{g2},\cdots,p_{gd},\cdots,p_{gD})$ 为整个粒子群到目前为止搜索到的最优位置。在第 i 次迭代中,粒子的第 d 维位置和速度可根据下式更新:

$$\begin{cases} v_{id}^{k+1} = wv_{id}^k + c_1 r_1 (p_{id} - z_{id}^k) + c_2 r_2 (p_{gd} - z_{id}^k) \\ z_{id}^{k+1} = z_{id}^k + v_{id}^{k+1} \end{cases} \quad (6.86)$$

式中 k——迭代次数;

   r_1、r_2——[0,1] 之间的随机数,主要用来保持群体多样性;

   c_1、c_2——学习因子,使粒子具有自我总结和向群体中优秀个体学习的能力,适当地调节该参数可以减少陷入局部最小值的困扰。

2. 改进粒子群算法

粒子群算法是一种基于种群的启发式算法,每个粒子通过"个体极值"和"全局极值"来更新自己的位置,能使算法具有结构简单、运行速度快、思想直观、控制参数少、执行效率高等特点。粒子群算法最大的优势在于具有信息共享机制和记忆功能,记忆功能使该算法会通过以前找到的最优值来改变搜索方向,并且通过信息共享功能使所有的粒子向着最优值的区域内移动。因此粒子群算法在收敛速度上和操作的复杂程度上都要优于遗传算法和模拟退火算法。但是标准粒子群算法也有缺陷,就是容易陷入局部最优解。当随机初始粒子群分布在局部最优解附近时,"个体极值"和"全局极值"将会收敛于局部最优解,此时粒子无法跳到局部最优解范围外,因此没有了搜索全局最优解的能力。为了加强粒子群算法全局搜索的能力以及收敛速度,本节从 3 个方面对该算法进行了改进。

① 在速度更新公式中加入动态惯性因子。

② 各个粒子邻域结构采用冯·诺依曼拓扑结构。

③ 引入模拟退火机制。

(1) 惯性权重的选择。惯性权重 w 可以衡量粒子开拓新区域的能力。当惯性权重较小时($w<0.8$),所有的粒子趋向于快速地汇集到一起,如果局部最优解在初始搜索空间内,那么算法将会很快陷入局部最优解;当惯性权重比较大时($w>1.2$),粒子总是在探索新的区域,粒子群算法需要更多的迭代来达到全局最优,且很有可能找不到全局最优。只有当惯性权重适中时,算法才具有较理想的搜索性能。因此在搜索过程中可以动态地调整惯性权重,在搜索开始时选择较大的惯性权重,这样能够保证粒子以较大的步长在全局范围内探测较好的区域,在搜索过程中逐渐减小惯性权重,保证粒子在极值周围做精细的搜索,从而使算法有较大的概率向全局最优解位置收敛。本节采用线性递减权值(LDW)

策略,表达式为

$$w = w_{\max} - \frac{(w_{\max} - w_{\min}) \times t}{T_{\max}} \quad (6.87)$$

式中　　$w_{\max}$——最大惯性权重;

$w_{\min}$——最小惯性权重;

$T_{\max}$——最大迭代次数;

t——当前迭代次数。

(2) 种群拓扑结构的选择。粒子群算法基于种群中粒子相互学习的进化算法,种群的拓扑结构直接决定了粒子学习的样本选择,不同的邻域拓扑结构衍生出不同的粒子群算法。典型的邻域结构有全互连结构,如图 6.12(a)所示,全互连结构中每个粒子都与其他粒子相连,它们之间互为邻居,Kennedy 最初提出粒子群算法时就采用了这种结构,但是由于每个粒子之间都相互联系和影响,因此信息传播速度过于迅速,通过大量的仿真和实际应用发现该结构容易陷入局部最优解,产生"早熟"现象。为了解决上述问题,Kennedy 提出了环形结构,如图 6.12(b)所示,即每个粒子的邻居仅由它自身最近的两个粒子构成,使得每个节点处的粒子只能影响到左右两个邻居,导致信息在粒子中传播的速度降低,也正是因为这一点使得粒子能够有更多的机会搜索其他可能存在最优解的区域,这种结构不易陷入局部最优,但是收敛速度比较慢。

为了均衡这两种拓扑结构的优缺点,本节使用冯·诺依曼结构(Vonneumann structure),如图 6.13 所示,这是一种立体网格结构,每个粒子与周围 4 个粒子相连,由于其邻居数多于环形结构,因此在收敛速度上要优于环形结构,而在全局极值寻优能力上要好于全互连结构,相关文献也从图论的角度上分析了这三种结构的特性,最后证明了冯·诺依曼结构优于前两种结构。

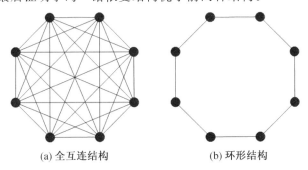

(a) 全互连结构　　　　　　(b) 环形结构

图 6.12　两种常用的种群拓扑结构示意图

(3) 模拟退火机制的引入。模拟退火最早是由 Metropolis 在 1953 年提出的,而 Kirkpatrick 等人在 1983 年将其应用于最优化问题中,此思想是模拟物理中固

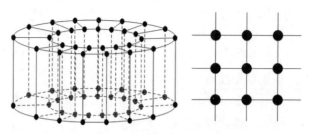

图 6.13　冯·诺依曼结构示意图

体物质结晶的过程。退火是一种物理过程,当金属物体加热至熔化时,固体的规则性被彻底破坏,粒子排列从较有序的结晶态转变为无序的液态,当温度逐渐降低时,粒子运动渐趋有序,当温度降至结晶温度后,粒子运动变为围绕晶体各点的微小振动,在温度最低时,粒子重新以一定的结构排列,整个系统处于一种平衡状态。

如果将优化问题看作是退火过程,最优解相当于退火过程中温度达到最低点时的状态,目标函数则相当于能量。设在初始状态 i 下,能量为 $E(i)$,当状态 i 随机变化到状态 j 时,能量变为 $E(j)$,根据 Gibbs 正则分布可知,分子的转移概率为

$$P_t(i \Rightarrow j) = \begin{cases} 1, & E(j) \leqslant E(i) \\ \exp\left(\dfrac{E(i) - E(j)}{K_B \alpha T_0}\right), & E(j) > E(i) \end{cases} \tag{6.88}$$

式中　　α——温度衰减系数,且 $0 < \alpha < 1$;

T_0——初始温度;

K_B——玻尔兹曼常量。

若 $E(j) < E(i)$,则系统接受该状态;若 $E(j) > E(i)$,则以一定的概率接受该状态,即当 $P_t > r(r$ 为 $[0,1]$ 区间的随机数) 时,接受该状态。

上述接受新状态的准则称为 Metropolis 准则,通过 Metropolis 准则系统以一定的概率接受不好的解,从而实现了多样化或变异的思想,达到了跳出局部最优解的目的。

为了加强算法收敛于全局最优解的能力,在粒子群算法中引入模拟退火机制,这样既保证了算法具有粒子群算法结构简单、运算速度快的特点,同时具有模拟退火算法不易陷入局部最优解的特点,粒子群-模拟退火算法流程图如图 6.14 所示。

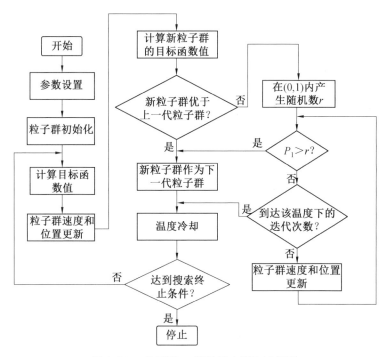

图 6.14　粒子群－模拟退火算法流程图

3. 仿真实验

为了能够说明改进粒子群算法寻找全局最优解的能力优于标准粒子群算法，选取了一个多峰函数作为测试函数，即

$$f(x_1,x_2) = 3(1-x_1)^2 e^{-x_1^2-(x_2+1)^2} - 10\left(\frac{x_1}{5} - x_1^3 - x_2^5\right) e^{-x_1^2-x_2^2} - \frac{1}{3} e^{-(x_1+1)^2-x_2^2}$$

(6.89)

该函数具有一个全局最大值和两个局部极大值，以及一个全局最小值和两个局部最小值。假设需要得到该测试函数的全局最大值，分别利用标准粒子群算法和改进粒子群算法进行搜索。为保证两种算法具有可比性，均采用同一个初始粒子群，如图 6.15 所示，每个圆点代表一个粒子。

首先利用标准粒子群算法来进行 200 次迭代寻优，寻找最大值的过程如图 6.16 所示。从图 6.16 中可以得到以下几个特征。

（1）由于标准粒子群采用全互连结构，因此初始粒子群的分布对搜索结果产生较大的影响。由于初始粒子群中某个粒子的初始位置距离一个局部最优解比较近，因此通过全互连结构，该信息会立即在整个种群中共享，其他粒子受其影响会马上汇集到该最优解附近进行搜索。因此当迭代到 15 次时，整个粒子群已经整体向该局部极大值处靠近。

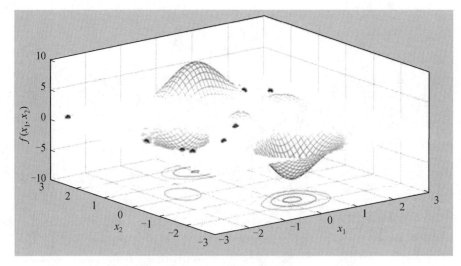

图 6.15 初始粒子群分布情况

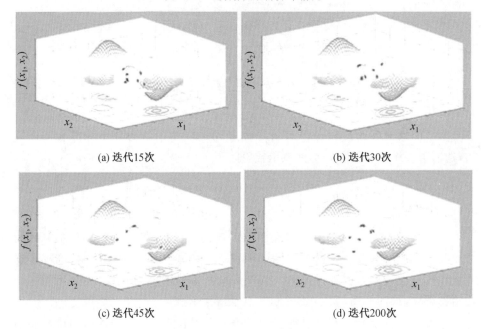

(a) 迭代15次　　　　　　　　　　(b) 迭代30次

(c) 迭代45次　　　　　　　　　　(d) 迭代200次

图 6.16 标准粒子群各代搜索情况

（2）标准粒子群在速度更新时没有使用动态惯性权重,即惯性权重为常数1。这使得每个粒子在飞向下一个位置时总是具有较大的"惯性"。从整个搜索过程来看,各粒子始终以较大的速度进行搜索,直到迭代200次时,各粒子也没有全部汇集到某一较小范围内,使得问题收敛速度变慢。

（3）标准粒子群算法在搜索过程中只接受最优解,粒子跳出局部最优的能力差,容易陷入局部极值。因此当粒子群发现局部最优解后,就会一直在这附近的空间进行搜寻,此时如果全局最优解不在搜索空间内,粒子群就永远跳不出该局部最优解。

然后利用改进粒子群算法进行搜寻,搜索情况如图 6.16 所示。

从图 6.16 中能够得到以下结论。

(1) 由于改进粒子群算法采用冯·诺依曼拓扑结构,因此整个粒子群没有受到初始粒子群分布的影响,整个群体并没有向其中一个局部极值处靠拢,增加了粒子搜索全局极值的概率。

(2) 在迭代进行到 15 次时,粒子搜索到的函数极大值已经非常接近其中一个局部极大值,但是由于引入了模拟退火机制,系统能够以一定的概率接受较差解,这使得粒子的多样性大大增强,保证了粒子有机会搜索其他空间。当迭代进行到 30 次时,种群搜索到的极大值已经超越了之前的极大值,从而跳出了局部最优解所在的范围。

(3) 由于采用动态惯性权重,因此随着迭代的进行,惯性权重逐渐变小,导致各个粒子的飞行速度总体上呈下降趋势,有利于对全局极值的精确搜索。因此,当迭代进行到 45 次时,粒子群的搜索范围也逐渐缩小至最优解附近的区域,而当迭代进行至 200 次时,所有粒子都已经汇集到了全局最大值处。

6.2.4 位姿误差修正实验

为了验证前面提出的测量位姿补偿技术的正确性和有效性,本节进行了位姿误差修正实验。由系统的运动学模型可知,本系统一共有 7 个几何参数,标定几何参数需要在两个最优标定构型下进行。实验分为两步。

(1) 利用改进粒子群算法对最优标定构型进行搜索,并在最优标定构型下标定得到几何参数误差,再根据几何参数的设计值就能得到实际几何参数。

(2) 将实际几何参数代入运动学模型,计算得到某些构型下产品实际的位姿,并通过与激光跟踪仪测量得到的实际位姿进行对比,验证本章所述方法修正位姿误差的效果。

首先定义各关节坐标系如图 6.17 所示。$O-XYZ$ 为参考坐标系,$O_0-X_0Y_0Z_0$ 为关节 1 坐标系(俯仰轴),$O_1-X_1Y_1Z_1$ 为关节 2 坐标系(横滚轴),$O_2-X_2Y_2Z_2$ 为产品坐标系。标定过程中所用到的点和向量的理论值通过 UG 中的数模得到,实际值利用激光跟踪仪进行测量。机械结构几何参数标定实验现场如图 6.18 所示。

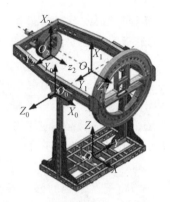

图 6.17　各关节坐标系的定义

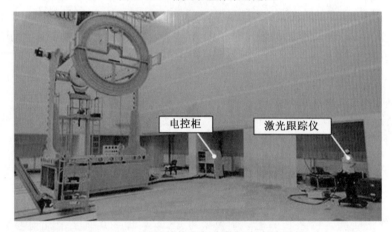

图 6.18　机械结构几何参数标定实验现场

1. 最优标定构型的确定

首先利用改进粒子群算法搜寻最优构型,算法中所用到的参数设置如下:粒子种群规模 n 为 20;学习因子 c_1、c_2 为 1.5;最大惯性权重 w_{max} 为 1.3;最小惯性权重 w_{min} 为 0.4;速度阈值 v_{max}、v_{max} 分别为 2 和 -2;迭代次数为 200;初始温度 $t_0 = 10$;马尔可夫链长度 $L_k = 20$;温度衰减系数 α 为 0.9。利用改进粒子群算法对观测函数 OI_3 的全局极大值进行 5 次搜索,并将搜索结果整合到一张图上,如图 6.19 所示。

图 6.19(b) 反映了随着迭代次数的增加,目标函数 OI_3 最大值的变化情况;图 6.19(a) 分别代表每次迭代过程中目标函数的最大值所对应的两个标定构型,由于机械结构仅有两个转换关节,因此构型便可将这两个关节的旋转角度表示为 $\text{cfg}(\theta_1, \theta_2)$。从图 6.19 中可以看出,5 次搜索得到的观测函数最大值都一致,说明此时的最大值为观测函数的全局极值;在每次搜索过程中,当观测函数搜索到全局极值时,两个构型下关节 2 的角度分别收敛于 270° 和 90°,而关节 1 却收敛

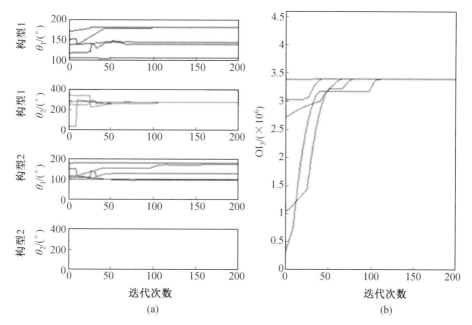

图 6.19 利用改进粒子群算法对最优标定构型进行 5 次搜索过程

于不同的角度值,即关节 1 的角度不影响最优标定构型的选取,所以不妨将关节 1 角度设为 90°,因此最后得到最优标定构型为 $cfg_1(90°,90°)$ 和 $cfg_2(90°,270°)$。

2. 位姿的修正

由于本节采用的是通过对几何参数的标定来修正位姿,因此位姿修正前需要先标定几何参数。各构型下理论位姿利用数模得到,实际位姿采用激光跟踪仪测量得到,因此式(6.77)中 Δpos 已知,再根据相应构型下雅可比矩阵 J,可直接计算得到几何参数误差 Δpar,补偿后就得到几何参数实际值。

首先利用最优标定构型下标定得到几何参数;然后选取 52 个均匀分布在运动空间的构型,利用这些构型标定得到第二组几何参数,并与未标定的几何参数,即几何参数的设计值进行对比,见表 6.6。

表 6.6 几何参数标定值与设计值对比

结果	几何参数						
	d_1/mm	d_2/mm	a_1/mm	a_2/mm	α_1/(°)	α_2/(°)	β_2/(°)
设计值(未标定)	−1 685	−1 961	0	−136.5	90	0	0
52 个构型标定结果	−1 682.81	−1 962.93	2.87	−136.85	89.80	0.14	−0.14
最优构型标定结果	−1 682.64	−1 962.78	2.82	−136.87	89.80	0.15	−0.13

最后选取 20 个构型来验证上述 3 组几何参数的准确性。分别将表 6.6 中 3

组几何参数值代入运动学模型,计算得到各个构型下产品坐标系的位姿,记为 $\text{Loc}'_i(i=1,2,\cdots,20)$。利用激光跟踪仪测量各个构型下产品坐标系的位姿,记为 Loc_i:

$$\text{Loc}_i = (\boldsymbol{n}_i \quad \boldsymbol{o}_i \quad \boldsymbol{a}_i \quad \boldsymbol{p}_i) = \begin{bmatrix} n_{ix} & o_{ix} & a_{ix} & p_{ix} \\ n_{iy} & o_{iy} & a_{iy} & p_{iy} \\ n_{iz} & o_{iz} & a_{iz} & p_{iz} \end{bmatrix} \quad (6.90)$$

$$\text{Loc}'_i = (\boldsymbol{n}'_i \quad \boldsymbol{o}'_i \quad \boldsymbol{a}'_i \quad \boldsymbol{p}'_i) = \begin{bmatrix} n'_{ix} & o'_{ix} & a'_{ix} & p'_{ix} \\ n'_{iy} & o'_{iy} & a'_{iy} & p'_{iy} \\ n'_{iz} & o'_{iz} & a'_{iz} & p'_{iz} \end{bmatrix} \quad (6.91)$$

为了描述各个构型下的位姿误差,定义 $\boldsymbol{E}_{\text{pos}}$ 和 $\boldsymbol{E}_{\text{ori}}$ 分别为位置误差和姿态误差。$\boldsymbol{E}_{\text{pos}}$ 为两个坐标系原点之间的距离,表示为

$$E_{\text{pos}} = \sqrt{(p'_{ix} - p_{ix})^2 + (p'_{iy} - p_{iy})^2 + (p'_{iz} - p_{iz})^2} \quad (6.92)$$

而 $\boldsymbol{E}_{\text{ori}}$ 可采用坐标轴的夹角来表示,即

$$\boldsymbol{E}_{\text{ori}} = \begin{bmatrix} E_x \\ E_y \\ E_z \end{bmatrix} = \begin{bmatrix} \arccos(\cos\langle \boldsymbol{n}'_i, \boldsymbol{n}'_i \rangle) \\ \arccos(\cos\langle \boldsymbol{o}'_i, \boldsymbol{o}'_i \rangle) \\ \arccos(\cos\langle \boldsymbol{a}'_i, \boldsymbol{a}'_i \rangle) \end{bmatrix} \quad (6.93)$$

夹角越大说明姿态误差越大。

计算 20 个位姿下的 E_{pos} 和 $\boldsymbol{E}_{\text{ori}}$,结果如图 6.20 和图 6.21 所示。根据结果可知未修正位姿会产生较大误差,其中位置误差平均值为 5.63 mm,X 轴夹角平均值为 1.19×10^{-3} rad,Y 轴夹角平均值为 1.36×10^{-3} rad,Z 轴夹角平均值为 1.78×10^{-3} rad;采用 52 组构型标定得到的几何参数来修正位姿,其误差将会大大降低,其中位置误差平均值降低至 0.17 mm,X 轴夹角平均值为 2.37×10^{-4} rad,Y 轴夹角平均值为 2.53×10^{-4} rad,Z 轴夹角平均值为 2.86×10^{-4} rad;而采用最优构型标定得到的几何参数对位姿进行修正,其误差与 52 个构型修正之后的结果接近,位置误差平均值为 0.12 mm,X 轴夹角平均值为 1.87×10^{-4} rad,Y 轴夹角平均值

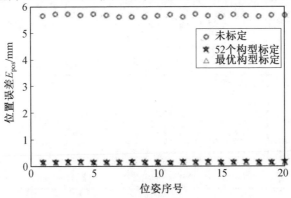

图 6.20　标定前后位置误差对比

为 1.02×10^{-4} rad, Z 轴夹角平均值为 1.30×10^{-4} rad。通过以上结果可以说明机械结构几何参数的标定对于修正位姿误差的必要性，同时验证了利用改进粒子群算法搜索得到的最优标定构型的正确性和有效性，进而提高了待测产品测量位姿的精度。

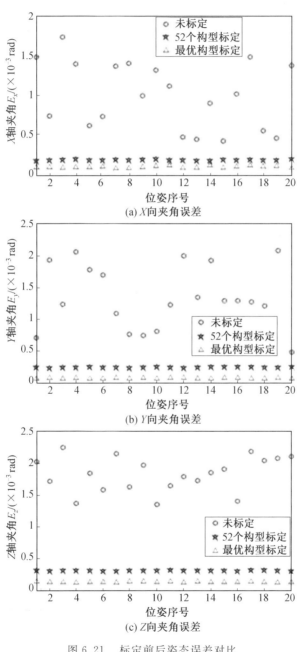

图 6.21　标定前后姿态误差对比

由于机械结构的几何参数直接影响待测产品的位姿,因此通过标定几何参数来达到修正位姿的目的。几何参数标定的精度与标定构型紧密相关,为了提高几何参数的标定精度和效率,利用最优标定构型进行标定,将最优构型判定问题转换为求多峰函数全局极值的问题,并提出了利用改进粒子群算法对最优标定构型进行搜索的方法,仿真实验证明了改进粒子群算法在搜索多峰函数全局极值方面的优越性。最后通过位姿误差修正实验验证了利用改进粒子群算法能够准确地得到最优标定构型,并且在最优标定构型下标定能够得到准确的几何参数,进而能够准确修正位姿误差。

6.3 运动耦合支撑结构设计及优化

多点称重法基于静力、静力矩平衡原理,主体结构为 3 个或 3 个以上称重传感器,广泛应用于航空、航天飞行器的测量,由于飞行器的测量精度要求较高,因此对结构设计要求更为严格。该方法要求被测件及工装的质量完全由称重传感器承担;要求施加在称重传感器上的力通过特定的点,称重传感器不承受侧向力及弯矩等;并且要求称重传感器受力点位置具有较好的重复性。上述几点问题除了在机械加工、装配、调试中保证外,关键在于合理设计称重传感器的支撑结构。

本节从称重传感器使用的条件、支撑结构设计与建模分析、支撑结构变形量大小及对测量结果的影响等方面进行研究。

6.3.1 消除侧向力的必要性

由多点称重法测量质量、质心的原理可知,影响测量精度的主要因素有:① 称重传感器所在平面及其支撑平面是否水平;② 称重传感器的精度等级;③ 称重传感器受力点坐标的准确性;④ 称重传感器是否承受侧向力等。由于针对大尺寸飞行器的测量设备往往体积大,造价高,加工周期长,装配完成后很难再进行修改,因此在机械加工之前必须严格设计与论证称重传感器的支撑结构,以保证称重传感器在使用过程中不承受侧向力。

1. 侧向力产生的原因及对测量结果的影响

电阻应变式称重传感器应用最为广泛,称量范围从几十微克至数百吨不等,结构简单,可靠性高。其基本原理是当弹性元件受力发生形变时,应变片随之变形并导致电阻值发生变化。因此称重传感器对施加在弹性元件上力的位置及方向比较敏感,施力位置不同、施力方式不同会使应变片的变化不同,因此输出的信号不同。

在使用称重传感器时,应避免其承受侧向力,不正确的施力方式会影响测量结果的准确性,并且减少称重传感器的使用寿命。图 6.1 所示为施加在称重传感器上的外力示意图,其中图 6.22(a) 所示为正确的施力方式,即力 F 通过称重传感器的理想轴心,不存在侧向力。图 6.22(b) 和图 6.22(c) 所示为两种错误的施力方式,当施加的力 F 如图 6.22(b) 所示时,F 可以分解成 F_x 和 F_y,F_y 即为侧向力,因为 F_y 的影响,使得测量得到的力并非 F_x 的真值,也非 F 的真值。图 6.22(c) 中既存在侧向力,施力点又偏离传感器的理想受力点,同样会影响到测量的准确性。

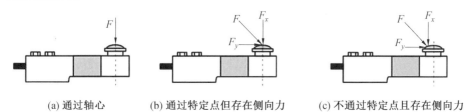

图 6.22　施加在称重传感器上的外力示意图

采用多点称重法测量质心之前,需要精确地确定称重传感器的位置,建立仪器坐标系。而称重传感器上受力点的坐标通常取其承压头的几何中心,即图 6.22(a) 所示称重传感器上承压头的轴线上一点。质心测量结果与称重传感器受力点的位置有关,并且随着受力点位置误差的增大,质心测量误差相应地增大,且难以察觉。因此,称重传感器受力点位置唯一且须通过特定位置,使用过程中不承受侧向力是提高测量精度的关键。

2. 几种典型的自对心结构

OMEGA、HBM 等国际知名称重传感器制造商设计了几种类型的称重传感器支撑结构,以避免侧向力,如自定心称重传感器,当施加于称重传感器的外力引入侧向力时,这些称重传感器上的机械结构可以自动对心以消除侧向力。图 6.23 所示为几种典型的称重传感器支撑结构。

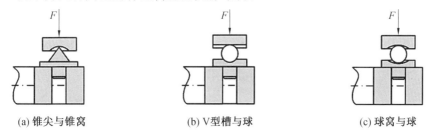

图 6.23　几种典型的称重传感器支撑结构

图 6.23(a) 所示为锥尖与锥窝配合的支撑结构，该结构可以使施加的力通过特定的一点，但若锥形结构过于尖锐，将不能承受较大的力。图 6.23(b)(c) 所示分别为 V 型槽与球配合、球窝与球配合的支撑结构，它们都属于摇臂支撑结构。由于摇臂支撑结构的球与 V 型槽之间仅存在轻微的滚动摩擦，因此当存在侧向力时可以通过球体滚动调整上层 V 型槽的位置，以达到消除侧向力的目的，但是摇臂支撑结构的水平约束远小于固定结构，因此该结构要求将称重传感器放置于水平面上。

3. 用于多点称重法的传统支撑结构

多点称重法在测量时，要求上层平台的所有质量由称重传感器承担，但是非测量状态时，要求上层平台脱离称重传感器，以免称重传感器长时间承重而使得应变片发生永久形变。因此要求每次使用时，上层平台相对于底层平台的位置固定，以提高测量重复性，通常通过合理设计支撑结构来保证；同时，支撑结构的合理设计可以避免称重传感器使用过程中承受侧向力。

传统支撑结构主要分为两种，即球窝—球—球窝耦合支撑结构和球窝—球—平面耦合支撑结构，两种支撑结构均存在各自的优缺点。

(1) 球窝—球—球窝耦合支撑结构。目前，应用较多的支撑方式是 3 个称重传感器均采用球窝—球—球窝耦合支撑结构，图 6.24(a) 所示为该支撑结构示意图，下层平台上安装有 3 个称重传感器，每个称重传感器上有一个球窝形的支撑件，球窝中放有一个直径小于球窝直径的钢球；上层平台中一一对应着 3 个球窝。由于球窝与钢球之间存在较小的滚动摩擦力，因此钢球可以带动上层平台游动以实现上层平台的位置调整，从而实现自动对中。球窝—球—球窝耦合支撑结构较为简单，容易实现，自动对中较为灵活，能满足一般的测量要求，因此应用比较广泛。

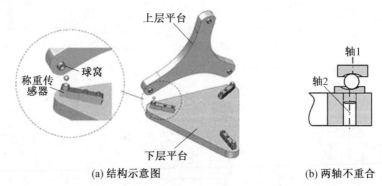

(a) 结构示意图　　　　　　　　(b) 两轴不重合

图 6.24　球窝—球—球窝耦合支撑结构示意图及存在的问题

但是在实际测量过程中，特别是在大尺寸测量领域，由于机械结构变形、机械加工精度、安装调平精度等因素的影响，因此难以保证下层的3个球窝的轴线与上层3个球窝的轴线共线，此时上层球窝中心所组成的三角形与下层球窝中心所组成的三角形不同，即图6.24(b)所示的情况，轴1为上层球窝的轴线，轴2为下层球窝的轴线，此时，称重传感器所承受的力将分解为竖直方向和水平方向，即称重传感器将承受侧向力，因此难以应用于测量精度要求较高的场合，而提高加工精度、减小机械变形等将极大地提高成本。

(2)球窝－球－平面耦合支撑结构。球窝－球－平面耦合支撑结构与球窝－球－球窝耦合支撑结构类似，相同点在于下层均采用球窝与球接触的方式，区别在于上层3个支撑结构均采用平面。该结构可以有效地避免3个球窝－球－球窝耦合支撑结构存在侧向力的问题，但是由于球与上层平台的接触部分为平面，因此上层平台在水平方向缺少定位，为了防止上层平台在水平方向游走，且提高测量重复性，需要增加导向柱来限制上层平台相对于底层平台的位置。

该结构同样存在缺点，若导向柱与其配合的结构间隙过大，则难以起到较好的导向作用，测量重复性较差；而若间隙过小，虽然起到了定位作用，但是可能会产生一定的支撑力，从而分担了3个称重传感器所承受的质量，严重地影响测量结果的准确性；特别是测量平台存在微小倾斜时，不仅会影响测量结果，甚至会使得上层平台游走面发生危险，因此目前这种方法较少使用。

综上所述，对于球窝－球－球窝耦合支撑结构，要求上层3个球窝的位置与下层球窝的位置一一对应，即上层球窝中心所组成的三角形与下层球窝中心所组成的三角形相同，否则称重传感器将承受侧向力；而球窝－球－平面耦合支撑结构不能完全约束上层平台的位置，因此需要增加限位装置，微小的倾斜或者振动将使得限位装置受力，这将使得上层平台的质量不能完全由称重传感器测得，因此影响测量结果。

4. 改进的开尔文耦合支撑结构

传统的支撑结构均存在不同的优缺点，本节通过分析这些支撑结构的优缺点，以及分析高精度定位领域常用的经典支撑结构，对多点称重法的支撑结构进行研究。

图6.25所示为博伊斯(Boyes)支撑结构和开尔文(Kelvin)支撑结构，这两种支撑结构均可以限制上层平台的6个自由度，在超精密定位领域已经有近百年的应用历史。图6.25(a)所示为Boyes支撑结构的示意图，上层结构的3个球冠分别与下层结构上的3个V形槽定位块接触配合。Kelvin支撑结构的原理如图6.25(b)所示，上层结构的3个球冠分别与下层结构的锥形定位块、V形槽定位块和平面定位块接触配合。这两种耦合支撑结构均采用了球面与平面的配合方式，接触区域均为点接触，可以获得较好的重复定位精度。

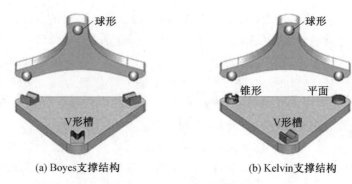

(a) Boyes支撑结构　　　　(b) Kelvin支撑结构

图 6.25　耦合支撑结构

将该结构用于多点称重法时,无论是 Boyes 支撑结构中的 V 形槽,还是 Kelvin 支撑结构中的锥形、V 形槽或平面均要放置在称重传感器上,此时可以具有较好的重复定位精度,但是不能避免传感器承受侧向力,本节借鉴该支撑结构对传统的结构进行优化。

改进的耦合支撑结构效果图如图 6.26 所示。下层平台上固定有 3 个称重传感器,每个称重传感器上有 1 个球窝,球窝中有 1 个球,与之相对应的上层平台上,分别有 1 个球窝、1 个柱窝、1 个平面。

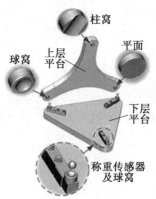

图 6.26　改进的耦合支撑结构效果图

采用 1 个球窝－球－球窝支撑结构可以实现单个支点的自动对中,但不能限制上层平台的转动,为了解决这一问题,又不增加对上层平台的限制,第 2 个支撑结构采用球窝－球－柱窝结构;第 3 个支撑结构采用球窝－球－平面结构以实现稳定的支撑。

该结构下层平台为固定结构,上层平台为可动结构,当上层平台相对下层平台有偏移时,可以通过 3 个球的滚动实现上层平台的调整。相较于 Boyes 支撑结构和 Kelvin 支撑结构,该结构的优势在于利用滚动摩擦取代滑动摩擦,且球在球窝中的位置自动调整,而球窝的轴线又通过称重传感器的特定轴线,使称重传感器受力点始终通过特定的一点。球窝、柱窝、平面3种结构耦合,可以较好地实现上层平台的自动对中。本章接下来将对这种耦合支撑结构建立数学模型并进行理论研究。

6.3.2 改进的耦合支撑结构数学模型(Kelvin)

1. 改进的耦合支撑结构的建模分析

为了分析所提出的耦合支撑结构的特性,将图6.26模型化,如图6.27所示,建立两个坐标系,并且最后将所有参数统一到一个坐标系中进行分析。设下层平台为仪器坐标系($O_B - X_B Y_B Z_B$),其中O_B为坐标原点,X_B、Y_B、Z_B分别为3个基准轴;上层平台为移动坐标系($O_P - X_P Y_P Z_P$),其中O_P为坐标原点,X_P、Y_P、Z_P分别为3个基准轴,这两个坐标系的建立均符合右手定则。

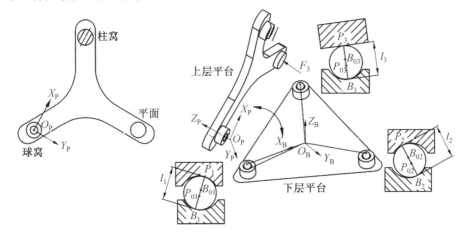

图6.27 改进的耦合支撑结构的数学模型

如图6.27所示,下层平台的仪器坐标系($O_B - X_B Y_B Z_B$)的建立方法如下:以下层的3个球窝为坐标系建立关键点,其中3个球心分别代表3个球窝的位置,球心坐标分别为$B_{0i}(i=1,2,3)$,并且3个球窝的半径相同,大小均为R_B。将3个球心组成的三角形的几何中心设为固定坐标系的原点O_B,3个球心组成的平面为$X_B O_B Y_B$平面,并且O_B与B_{01}的连线方向为X_B轴的方向,$X_B O_B Y_B$平面的法向量为Z_B轴方向,Z_B轴正方向与重力加速度方向相反,根据右手定则确定Y_B轴的方向。

移动坐标系($O_P - X_P Y_P Z_P$)的建立方法如下:以上层平台中固定的球窝的球心坐标为原点O_P,设球窝的半径为R_P,柱窝轴线的方向指向原点O_P,并且定义为X_P轴的反方向;将上层平台中与平面相平行的面,且通过球窝的球心、柱窝的轴线的面定义为$X_P O_P Y_P$平面,$X_P O_P Y_P$平面的法线方向为Z_P轴的方向,根据右

手定则确定 Y_P 轴的方向。

仪器坐标系 $(O_B-X_B Y_B Z_B)$ 与移动坐标系 $(O_P-X_P Y_P Z_P)$ 之间靠球连接，3个球的直径相同，大小均为 D，球与下层平台3个球窝的接触点记为 $B_i(i=1,2,3)$，球与上层平台的球窝、柱窝、平面的接触点分别记为 $P_i(i=1,2,3)$。

表 6.7 中所列的参数可以描述整个耦合支撑结构。建立模型的意义是分析所提出的耦合支撑结构是否可以实现自动对中，同时为后续优化支撑结构（如分析接触区域变形、摩擦力大小的影响等）的研究奠定理论基础，因此需要分析表 6.7 中所列的所有参数（假设的未知参数与已知参数）。

表 6.7 整个耦合支撑结构未知参数与已知参数列表

未知参数	符号 ($i=1,2,3$)	个数
球与下层3个球窝接触点的坐标	$B_i(x_{Bi}, y_{Bi}, z_{Bi})$	9
球与上层球窝、柱窝、平面的接触点的坐标	$P_i(x_{Pi}, y_{Pi}, z_{Pi})$	9
3个球所受的支撑力的大小	F_i	3
移动坐标系原点相对于固定坐标系原点的平移矩阵	$\boldsymbol{T}_{BP}=\begin{bmatrix} x & y & z \end{bmatrix}_B^T$	3
移动坐标系相对于固定坐标系的旋转矩阵	$\boldsymbol{R}_{BP}=\begin{bmatrix} \alpha & \beta & \gamma \end{bmatrix}_B^T$	3
合计	—	27
已知参数	符号	个数
球心在 $O_B-X_B Y_B Z_B$ 坐标系中的坐标	B_{0i}	9
上层平台中球窝的球心坐标	$P_{01}(0,0,0)$	3
柱窝轴线的方向	$(x_{P2},0,0)$	3
平面的法向量	$\boldsymbol{n}_{P3}=(0,0,1)$	3
3个球的直径	D	3
除3个球的支撑力以外，上层可动平台在 X、Y、Z 方向所受的外力	$\boldsymbol{F}(x,y,z)$	3
除3个球的支撑力对上层可动平台的力矩外，上层平台在 X、Y、Z 方向所受的力矩	$\boldsymbol{M}(x,y,z)$	3
合计	—	27

根据实际的使用情况假设已知量和未知量，由于使用时机械结构均已确定，即球窝、柱窝、平面的尺寸已确定，安装位置也已确定，且位置坐标可以使用激光跟踪仪测量得到，因此假设球的直径、球窝的直径、柱窝的曲率为已知量。此外，假设仪器坐标系中球窝的球心坐标已知，上层球窝的球心已知、柱窝的轴线指向

球心;3个球与上层平台的球窝、柱窝、平面的接触位置未知,与下层3个球窝的接触位置也未知;3个球所受的接触力的大小未知,而加载于上层平台上的外力及外力矩已知。

由表6.7可知,未知参数的数量为27个,已知参数的数量同样为27个,因此可以列出27个方程。未知参数的个数与方程个数相同,通过合理的数学建模及分析计算,可以获得所有未知参数。

(1)由于改进的支撑结构假设了两个坐标系 $O_B-X_BY_BZ_B$ 和 $O_P-X_PY_PZ_P$,因此分析时需要统一在同一个坐标系下,以下分析均将所有参数统一表示在坐标系 $O_B-X_BY_BZ_B$ 中。球与上层球窝、柱窝、平面的接触点坐标 $P_i(i=1,2,3)$ 在两个坐标系中的坐标为

$$[P_i]_B = \boldsymbol{T}_{BP} + \boldsymbol{R}_{BP}[P_i]_P \tag{6.94}$$

式中　$\boldsymbol{T}_{BP}$——坐标系 $O_P-X_PY_PZ_P$ 与坐标系 $O_B-X_BY_BZ_B$ 的平移矩阵;

$\boldsymbol{R}_{BP}$——坐标系 $O_P-X_PY_PZ_P$ 与坐标系 $O_B-X_BY_BZ_B$ 的旋转矩阵;

$[P_i]_P$——$P_i(i=1,2,3)$ 在坐标系 $O_P-X_PY_PZ_P$ 中的坐标表示;

$[P_i]_B$——$P_i(i=1,2,3)$ 在坐标系 $O_B-X_BY_BZ_B$ 中的坐标表示。

其中,$\boldsymbol{R}_{BP}$ 可表示为

$$\boldsymbol{R}_{BP} = \begin{bmatrix} q_{11} & q_{12} & q_{13} \\ q_{21} & q_{22} & q_{23} \\ q_{31} & q_{32} & q_{33} \end{bmatrix} \tag{6.95}$$

式中

$q_{11} = \cos\gamma \cos\beta$

$q_{12} = \cos\gamma \sin\beta \sin\alpha - \sin\gamma \cos\alpha$

$q_{13} = \cos\gamma \sin\beta \cos\alpha + \sin\gamma \sin\alpha$

$q_{21} = \sin\gamma \cos\beta$

$q_{22} = \sin\gamma \sin\beta \sin\alpha + \cos\gamma \cos\alpha$

$q_{23} = \sin\gamma \sin\beta \cos\alpha - \cos\gamma \sin\alpha$

$q_{31} = -\sin\beta$

$q_{32} = \cos\beta \sin\alpha$

$q_{33} = \cos\beta \cos\alpha$

球与下层3个球窝接触点的坐标 $B_i(i=1,2,3)$,以及球与上层球窝、柱窝、平面的接触点的坐标 $P_i(i=1,2,3)$ 均未知,但由于两坐标系之间靠直径已知的钢球支撑,因此支撑距离已知,此外支撑方向 l_i 与 $\overrightarrow{B_iP_i}(i=1,2,3)$ 的方向相同,有

$$\boldsymbol{l}_i = [P_i]_B - B_i = (\boldsymbol{T}_{BP} + \boldsymbol{R}_{BP}[P_i]_P) - B_i \tag{6.96}$$

即

$$l_i = \begin{bmatrix} q_{11} & q_{12} & q_{13} \\ q_{21} & q_{22} & q_{23} \\ q_{31} & q_{32} & q_{33} \end{bmatrix} \begin{bmatrix} x_{Pi} \\ y_{Pi} \\ z_{Pi} \end{bmatrix} + \begin{bmatrix} x \\ y \\ z \end{bmatrix} - \begin{bmatrix} x_{Bi} \\ y_{Bi} \\ z_{Bi} \end{bmatrix} \qquad (6.97)$$

由式(6.97)可列出包含未知参量的 9 个方程($i=1,2,3$)。

(2) 当忽略球与球窝、柱窝、平面等接触面之间的摩擦力时,上层平台与下层平台的各支点的支撑距离 $\|l_i\|$ 始终为球的直径,即

$$\begin{bmatrix} \|l_1\| \\ \|l_2\| \\ \|l_3\| \end{bmatrix} = \begin{bmatrix} D \\ D \\ D \end{bmatrix} \qquad (6.98)$$

式中　D——球的直径大小,3 个球的直径相同。

由式(6.98)可列出包含未知参量的 3 个方程。

(3) 图 6.28 所示为加载在上层平台上的外力与外力矩,根据空间力系理论,上层移动平台保持稳定需满足两个条件,即满足静力平衡条件及静力矩平衡条件(均表示在坐标系 $O_P - X_P Y_P Z_P$ 中):

$$\begin{bmatrix} n_{P1} & n_{P2} & n_{P3} \\ r_1 \times n_{P1} & r_2 \times n_{P2} & r_3 \times n_{P3} \end{bmatrix} \begin{bmatrix} F_1 \\ F_2 \\ F_3 \end{bmatrix} = \begin{bmatrix} \boldsymbol{F} \\ \boldsymbol{M} \end{bmatrix} \qquad (6.99)$$

式中　$\boldsymbol{F}$——加载在上层平台上的外力(X_P、Y_P、Z_P 3 个方向);

$\boldsymbol{M}$——加载在上层平台上的外力矩(X_P、Y_P、Z_P 3 个方向);

$r_i(i=1,2,3)$——3 个球支撑力的力臂,与 $\overrightarrow{O_P P_i}$ 大小和方向相同;

$n_{Pi}(i=1,2,3)$——l_i 的方向向量在坐标系 $O_P - X_P Y_P Z_P$ 中的表示。

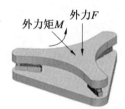

图 6.28　加载在上层平台上的外力与外力矩

$\overrightarrow{O_P P_i}(i=1,2,3)$ 如图 6.29 所示,轴心 $O_P(0,0,0)$ 为原点,则 $\overrightarrow{O_P P_i}$ 为

$$r_i = \overrightarrow{O_P P_i} = P_i(x_i, y_i, z_i) \qquad (6.100)$$

n_{Bi} 表示球所受的力 F_i 在坐标系 $O_B - X_B Y_B Z_B$ 中的方向向量,其方向与 l_i 相同,即

$$n_{Bi} = \frac{l_i}{\|l_i\|} = \frac{1}{D} l_i \qquad (6.101)$$

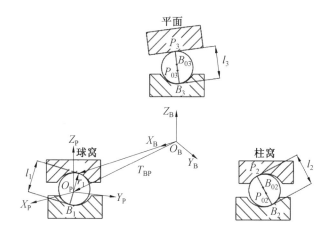

图 6.29 关键参数示意图
T_{BP}——球窝球心与坐标轴中心之间的距离

式中 $l_i(i=1,2,3)$——上层平台与下层平台的支撑结构的方向向量;
D——球的直径大小,3 个球直径相同。

n_{Bi} 在坐标系 $O_P-X_PY_PZ_P$ 中可表示为

$$n_{Bi}=R_{BP}n_{Pi} \tag{6.102}$$

式中 R_{BP}——坐标系 $O_P-X_PY_PZ_P$ 与坐标系 $O_B-X_BY_BZ_B$ 的旋转矩阵;
$n_{Pi}(i=1,2,3)$——3 个球所受的力 $F_i(i=1,2,3)$ 在坐标系 $O_P-X_PY_PZ_P$ 中的方向向量,即 n_{Bi} 在坐标系 $O_P-X_PY_PZ_P$ 中的表示。

由式(6.99)及式(6.102)可列出包含未知参量的 6 个不相关方程。

(4) 下层 3 个球窝的球心 $B_{0i}(B_{0ix},B_{0iy},B_{0iz})(i=1,2,3)$ 在固定坐标系中为定值,其值可以通过实际测量得到,忽略摩擦力的影响,通过球窝与球接触点 $B_i(B_{ix},B_{iy},B_{iz})(i=1,2,3)$ 的支撑力的方向向量 $n_{Bi}(n_{ix},n_{iy},n_{iz})$ 始终通过球心 B_{0i},则可以得到方程

$$\begin{bmatrix} x_{Bi} \\ y_{Bi} \\ z_{Bi} \end{bmatrix} + R\begin{bmatrix} n_{ix} \\ n_{iy} \\ n_{iz} \end{bmatrix} = \begin{bmatrix} B_{0ix} \\ B_{0iy} \\ B_{0iz} \end{bmatrix} \tag{6.103}$$

式中 $B_i(x_{Bi},y_{Bi},z_{Bi})$——3 个球与 3 个球窝接触点的坐标;
R——球的半径;
(n_{ix},n_{iy},n_{iz})——n_{Bi} 的方向向量,即球所受的力 F_i 在坐标系 $O_B-X_BY_BZ_B$ 中的方向向量;
$(B_{0ix},B_{0iy},B_{0iz})$——下层 3 个球窝的球心坐标,$(i=1,2,3)$。

同理,上层球窝的受力一定通过球窝的球心 $P_{01}(P_{01x},P_{01y},P_{01z})$,由于定义球心为原点,因此可以得到(坐标系 $O_P-X_PY_PZ_P$ 中表示)

$$\begin{bmatrix}x_{P1}\\y_{P1}\\z_{P1}\end{bmatrix}-R_P\begin{bmatrix}n_{P1x}\\n_{P1y}\\n_{P1z}\end{bmatrix}=\begin{bmatrix}P_{01x}\\P_{01y}\\P_{01z}\end{bmatrix}=\begin{bmatrix}0\\0\\0\end{bmatrix} \qquad (6.104)$$

式中 (x_{P1},y_{P1},z_{P1})——P_1 的坐标,即球与上层球窝接触点的坐标;

R_P——球窝的半径;

$(n_{P1x},n_{P1y},n_{P1z})$——$\boldsymbol{n}_{P1}$ 采用向量表示。

忽略摩擦力,上层柱窝受力的方向通过其曲率中心,由于定义了移动坐标系中柱窝的方向为 X_P 的方向,因此可以得到(坐标系 $O_P-X_PY_PZ_P$ 中表示)

$$\begin{bmatrix}x_{P2}\\y_{P2}\\z_{P2}\end{bmatrix}-R_P\begin{bmatrix}n_{P2x}\\n_{P2y}\\n_{P2z}\end{bmatrix}=\begin{bmatrix}x_{P2}\\0\\0\end{bmatrix} \qquad (6.105)$$

式中 (x_{P2},y_{P2},z_{P2})——P_2 的坐标,即球与上层柱窝接触点的坐标;

$(n_{P2x},n_{P2y},n_{P2z})$——$\boldsymbol{n}_{P2}$ 采用向量表示。

此外,平面受力的方向为平面的法向量,则可以得到(坐标系 $O_P-X_PY_PZ_P$ 中表示)

$$\begin{bmatrix}0\\0\\1\end{bmatrix}=\begin{bmatrix}n_{P3x}\\n_{P3y}\\n_{P3z}\end{bmatrix} \qquad (6.106)$$

式中 $(n_{P3x},n_{P3y},n_{P3z})$——$\boldsymbol{n}_{P3}$ 采用向量表示。

因为平面的法向量垂直于平面,且平面所在面为 $X_PO_PY_P$ 面,因此其值为(0,0,1)。

由式(6.104)~(6.106)可列出包含未知参量的 9 个方程。连立式(6.94)~(6.106)可以列出 27 个方程,且这 27 个方程不相关,由于共有 27 个未知数,因此方程组可解。

2. 改进的耦合支撑结构的仿真分析

通过式(6.94)~(6.106)所提出的数学模型,分别分析了传统的球窝-球-球窝耦合支撑结构与改进的支撑结构。假设下层 3 个球窝所组成的三角形为等边三角形,边长为 692.82 mm(实际使用中,3 个传感器通常对称分布,因此设为等边三角形,而边长大小需要根据其他因素综合设计,这里所选参数仅作为仿真示例);由于实际使用中,上层平台只承受被测件施加的重力,因此假设加载在上层平台上的扭矩为 0,压力为 600 N 竖直向下,与重力加速度方向相同。

使下层球窝轴线分别偏移上层球窝轴线的中心 0.05 mm,0.10 mm,…,

1.00 mm。即下层 3 个球窝所组成的三角形与上层结构所组成的三角形边长不同,得到了传统结构 3 个称重传感器上的侧向力,仿真结果如图 6.30 所示,下层球窝理想受力点与实际受力点偏移量如图 6.31 所示。

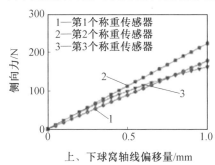

图 6.30　传统结构 3 个称重传感器侧向力仿真结果

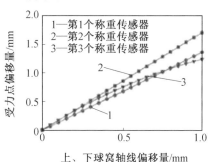

图 6.31　下层球窝理想受力点与实际受力点的偏移量

从图 6.30 和图 6.31 可以看出,传统的球窝—球—球窝耦合支撑结构在理想条件下,即当上、下球窝轴线重合时,称重传感器不承受侧向力,且球窝的受力点坐标与理想位置重合。但是,在存在制造误差、装配误差、结构变形等条件,即当上、下球窝轴线不重合时,称重传感器将承受侧向力,且随着偏移量的增加,侧向力随之增加;同样地,下层球窝受力点的位置与理想位置发生偏移,且随着上、下球窝轴线偏移量的增加而增加。

采用同样的方法分析了基于 Kelvin 耦合支撑结构的改进结构,3 个称重传感器上的侧向力大小始终小于 0.01 N,下层球窝受力点的位置与理想位置偏移始终小于 0.01 mm,说明改进的结构优于传统结构。

3. 改进的耦合支撑结构测量重复性实验

对某物体的质量、质心进行测量,该物体质量为 90 kg,表 6.8 中为使用的测量设备的相关参数,共采用 3 个 HBM 的称重传感器,单个称重传感器量程为 0~220 kg,精度等级均为 C6。图 6.32 所示为支撑结构对比实验现场照片。

表 6.8　质心测量设备参数

设备概况	参数
长度/mm	833
宽度/mm	833
高度/mm	305
称重传感器品牌	HBM
称重传感器量程/kg	0~220
称重传感器精度等级	C6
称重传感器个数	3

图 6.32　支撑结构对比实验现场照片

本实验分别采用传统支撑结构、改进的耦合支撑结构进行测量,每种结构进行 10 次重复测量,测量数据如图 6.33 所示,分别为两种支撑结构的质量测量结果、X 轴质心测量结果、Y 轴质心测量结果,可以看出新型支撑结构测量结果的波动较小。

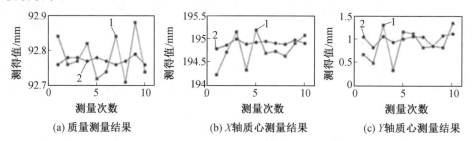

(a) 质量测量结果　　(b) X 轴质心测量结果　　(c) Y 轴质心测量结果

图 6.33　两种支撑结构测量结果对比图
1—传统支撑结构测量结果;2—新型支撑结构测量结果

将测量结果的平均值和标准差分别列于表 6.9 中,通过对比可知,新型支撑结构较传统支撑结构测量重复性更高。

表 6.9　质量和质心测量的平均值和标准差

支撑结构		质量/kg	X 轴质心/mm	Y 轴质心/mm
传统	平均值	92.78	194.76	0.90
	标准差	0.06	0.32	0.33
新型	平均值	92.77	194.90	0.99
	标准差	0.01	0.06	0.10

6.3.3 改进的耦合支撑结构优化方法研究

6.3.2节分析了改进的耦合支撑结构数学模型,忽略了摩擦力的影响,此时所提出的改进结构具有较好的自动对心与消除侧向力效果。然而无论是传统支撑结构还是改进的耦合支撑结构,都不可避免地存在摩擦力,并且自动对心的重复性与摩擦力密切相关。本节将分析存在摩擦力时数学模型的修正,可以用来分析支撑结构自动对心的重复性。

此外,上述模型的建立忽略了接触变形的影响。事实上,当两个物体相互压紧时,在接触区域将产生接触变形,接触变形将影响摩擦力的大小,进而影响自动对心的重复性,本节将研究支撑结构的优化方法。

1. 改进的耦合支撑结构自动对心重复性的分析方法

由6.3.2节可知,根据空间静力平衡条件及静力矩平衡条件,当上层平台静止时,得到的式(6.99)可以展开为(均在移动坐标系$O_P-X_PY_PZ_P$中表示)

$$\begin{bmatrix} \boldsymbol{n}_{P1x} & \boldsymbol{n}_{P2x} & \boldsymbol{n}_{P3x} \\ \boldsymbol{n}_{P1y} & \boldsymbol{n}_{P2y} & \boldsymbol{n}_{P3y} \\ \boldsymbol{n}_{P1z} & \boldsymbol{n}_{P2z} & \boldsymbol{n}_{P3z} \\ \boldsymbol{r}_{P1y} \times \boldsymbol{n}_{P1z} & \boldsymbol{r}_{P2y} \times \boldsymbol{n}_{P2z} & \boldsymbol{r}_{P3y} \times \boldsymbol{n}_{P3z} \\ \boldsymbol{r}_{P1z} \times \boldsymbol{n}_{P1x} & \boldsymbol{r}_{P2z} \times \boldsymbol{n}_{P2x} & \boldsymbol{r}_{P3z} \times \boldsymbol{n}_{P3x} \\ \boldsymbol{r}_{P1x} \times \boldsymbol{n}_{P1y} & \boldsymbol{r}_{P2x} \times \boldsymbol{n}_{P2y} & \boldsymbol{r}_{P3x} \times \boldsymbol{n}_{P3y} \end{bmatrix} \begin{bmatrix} F_1 \\ F_2 \\ F_3 \end{bmatrix} = \begin{bmatrix} 0 \\ 0 \\ (M+m)g \\ (M+m)gy \\ (M+m)gx \\ 0 \end{bmatrix} \quad (6.107)$$

式中 m——上层工装的质量,kg;

M——被测件的质量,kg;

g——重力加速度,m/s^2;

x——上层平台与被测件的等效质心在X轴方向的分量;

y——上层平台与被测件的等效质心在Y轴方向的分量;

$F_i(i=1,2,3)$——3个球所受的支撑力的大小,N;

$\boldsymbol{r}_{Pix}(i=1,2,3)$——3个球支撑力的力臂沿$X_P$轴方向的分量;

$\boldsymbol{r}_{Piy}(i=1,2,3)$——3个球支撑力的力臂沿$Y_P$轴方向的分量;

$\boldsymbol{r}_{Piz}(i=1,2,3)$——3个球支撑力的力臂沿$Z_P$轴方向的分量;

$\boldsymbol{n}_{Pix}(i=1,2,3)$——3个球支撑力沿$X_P$轴的方向向量;

$\boldsymbol{n}_{Piy}(i=1,2,3)$——3个球支撑力沿$Y_P$轴的方向向量;

$\boldsymbol{n}_{Piz}(i=1,2,3)$——3个球支撑力沿$Z_P$轴的方向向量。

即整个支撑结构外力均来自于被测件和上层工装的重力,然而,当上层平台自动对心调整到稳定后,耦合支撑结构的球与球窝、球与柱窝、球与平面接触处均可能存在摩擦力。此外,由于接触体不可避免地发生形变,根据滚动摩擦的产

生机理,球与球窝、球与柱窝、球与平面接触处均存在滚动摩擦力矩。此时,式(6.107)可以改写为

$$\begin{bmatrix} n_{P1x} & n_{P2x} & n_{P3x} \\ n_{P1y} & n_{P2y} & n_{P3y} \\ n_{P1z} & n_{P2z} & n_{P3z} \\ r_{P1y} \times n_{P1z} & r_{P2y} \times n_{P2z} & r_{P3y} \times n_{P3z} \\ r_{P1z} \times n_{P1x} & r_{P2z} \times n_{P2x} & r_{P3z} \times n_{P3x} \\ r_{P1x} \times n_{P1y} & r_{P2x} \times n_{P2y} & r_{P3x} \times n_{P3y} \end{bmatrix} \begin{bmatrix} F_1 \\ F_2 \\ F_3 \end{bmatrix} = \begin{bmatrix} \Delta f_x \\ \Delta f_y \\ (M+m)g + \Delta f_z \\ (M+m)gy + \Delta m_x \\ (M+m)gx + \Delta m_y \\ \Delta m_z \end{bmatrix}$$

(6.108)

式中 Δf_x——耦合支撑结构的等效摩擦力在 X_P 轴方向的分量;

Δf_y——耦合支撑结构的等效摩擦力在 Y_P 轴方向的分量;

Δf_z——耦合支撑结构的等效摩擦力在 Z_P 轴方向的分量;

Δm_x——耦合支撑结构的等效摩擦力矩在 X_P 轴方向的分量;

Δm_y——耦合支撑结构的等效摩擦力矩在 Y_P 轴方向的分量;

Δm_z——耦合支撑结构的等效摩擦力矩在 Z_P 轴方向的分量。

分析式(6.108)中等效摩擦力及等效摩擦力矩的取值范围,通过6.3.2节中的分析方法即可以分析耦合支撑结构自动对心的重复性。其中等效摩擦力及等效摩擦力矩的最小值为零,即6.3.2节中分析的忽略摩擦力的情况,而最大值为3个支点处(球与球窝、柱窝、平面分别接触处),其摩擦力、摩擦力矩均为相同方向。

改进的支撑结构在自动对心时为滚动摩擦。滚动摩擦是一个物体在另一个物体表面滚动时产生的摩擦,在压力相同时滚动摩擦比滑动摩擦小很多。滚动摩擦产生的根本原因是接触面从微观角度产生的不对称变形,从而引起的一种阻碍滚动的作用。古典滚动摩擦定律认为滚动摩擦力的大小只与接触面所受的压力及滚动摩擦系数有关,而滚动摩擦系数只与接触面的材料有关。然而由于古典滚动摩擦定律忽略了一些因素的影响,滚动摩擦的研究和滚动摩擦系数的计算仍然是摩擦学范围内受到普遍关注的一个问题,还没有得到完备的计算方法。通过理论推导及实验测量,目前可以得到滚动摩擦系数大小与接触面的接触区域大小正相关,因此优化支撑结构,减小球与球窝、柱窝、平面的接触区域面积可以提高自动对心重复性。

本节中所提的球与球窝、平面、柱窝等接触时,如果载荷为零,则为点接触,如图6.34(a)所示。但在实际应用中,特别是应用于大尺寸被测件的测量时,球与球窝、柱窝等接触时必然发生变形,形成面接触,这是典型的赫兹接触问题,如图6.34(b)所示。

变形程度与接触面承受的压力、接触体的材料、球、球窝、柱窝的曲率半径等

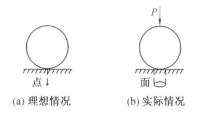

(a) 理想情况　　(b) 实际情况

图 6.34　球与平面接触示意图

均有关系。为了防止测量过程中产生的应力超过材料的应力极限,使得支撑面发生塑性变形影响对准效果,甚至使得接触面失效,造成安全事故等严重后果,研究支撑结构的形变具有重要意义。

2. Hertz 接触理论及其应用

1882 年,Hertz 在《弹性接触问题》一书中,系统地描述了弹性接触问题,并提出了经典的 Hertz 接触理论,本节采用 Hertz 接触理论分析支撑结构的接触区域变形。

Hertz 接触理论有如下假设:①接触物体的材料是各向同性、匀质的;②接触物体的表面是绝对光滑的,处于静止状态的接触体上只有与接触表面垂直的法向力,而没有切向力;③接触面积的大小与接触物体表面相比很小;④接触变形在弹性极限范围内。如图 6.35 所示,假设物体Ⅰ和物体Ⅱ相互接触,四个主平面 1—Ⅰ、1—Ⅱ与 2—Ⅰ、2—Ⅱ分别为物体 1、物体 2 的主曲率平面。

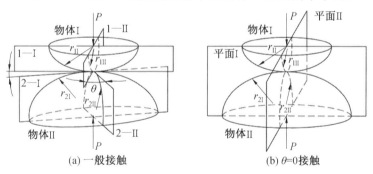

(a) 一般接触　　(b) θ=0 接触

图 6.35　Hertz 接触示意图

Hertz 接触理论认为:两个光滑弹性体接触,只发生弹性形变,并遵从胡克定律,当两曲面接触并由于压力 P 而压紧时,在初始接触点附近,材料发生局部的变形,靠近接触形成一个小的椭圆形平面,各点的单位压力按椭球规律分布。Hertz 接触理论通过分析证明,两光滑弹性体接触时,接触区域为椭圆形,椭圆方程为

$$\frac{x^2}{a^2}+\frac{y^2}{b^2}=1 \tag{6.109}$$

式中 a——接触区域椭圆的长半轴,mm;
  b——接触区域椭圆的短半轴,mm。

接触区域椭圆的长半轴 a 满足

$$a = \sqrt[3]{\frac{2L(e)}{\pi}\frac{1}{1-e^2}}\sqrt[3]{\frac{3P}{2\sum\rho}\left(\frac{1-\nu_1^2}{E_1}+\frac{1-\nu_2^2}{E_2}\right)} \qquad (6.110)$$

接触区域椭圆的短半轴 b 满足

$$b = \sqrt[3]{\frac{2L(e)}{\pi}(1-e^2)^{\frac{1}{2}}}\sqrt[3]{\frac{3P}{2\omega}\left(\frac{1-\nu_1^2}{E_1}+\frac{1-\nu_2^2}{E_2}\right)} \qquad (6.111)$$

式中 ν_1——物体Ⅰ所用材料的泊松比;
  E_1——物体Ⅰ所用材料的弹性模量,MPa;
  ν_2——物体Ⅱ所用材料的泊松比;
  E_2——物体Ⅱ所用材料的弹性模量,MPa;
  P——法向载荷,N;
  e——接触区域椭圆的偏心率;
  $L(e)$——第二类完全椭圆积分;
  ω——两物体的等效半径,mm。

$k(e)$、$L(e)$ 计算方法分别为

$$k(e) = \int_0^{\frac{\pi}{2}} \frac{\mathrm{d}\varphi}{\sqrt{1-e^2\sin^2\varphi}} \qquad (6.112)$$

$$L(e) = \int_0^{\frac{\pi}{2}} \sqrt{1-e^2\sin^2\varphi}\,\mathrm{d}\varphi \qquad (6.113)$$

式中 $k(e)$——第一类完全椭圆积分。

接触区域椭圆偏心率 e 为

$$e = \sqrt{1-\left(\frac{b}{a}\right)^2} \qquad (6.114)$$

$\rho_{1\mathrm{I}}$、$\rho_{1\mathrm{II}}$、$\rho_{2\mathrm{I}}$、$\rho_{2\mathrm{II}}$ 是接触物体的主曲率,分别为半径 $r_{1\mathrm{I}}$、$r_{1\mathrm{II}}$、$r_{2\mathrm{I}}$、$r_{2\mathrm{II}}$ 的倒数,凸面取正号,凹面取负号。下标1、2分别表示两接触物体,Ⅰ、Ⅱ 分别表示主曲率所在的平面。接触物体的主曲率和为

$$\sum\rho = \rho_{1\mathrm{I}} + \rho_{1\mathrm{II}} + \rho_{2\mathrm{I}} + \rho_{2\mathrm{II}} = \frac{1}{r_{1\mathrm{I}}} + \frac{1}{r_{1\mathrm{II}}} + \frac{1}{r_{2\mathrm{I}}} + \frac{1}{r_{2\mathrm{II}}} \qquad (6.115)$$

式中 $\sum\rho$——主曲率和。

一般接触问题计算时,需要计算辅助函数,即

$$\cos\theta = \frac{\sqrt{(\rho_{1\mathrm{I}}-\rho_{1\mathrm{II}})^2 + 2(\rho_{1\mathrm{I}}-\rho_{1\mathrm{II}})(\rho_{2\mathrm{I}}-\rho_{2\mathrm{II}})\cos 2\omega + (\rho_{2\mathrm{I}}-\rho_{2\mathrm{II}})^2}}{\sum\rho}$$

$$(6.116)$$

式中 $\cos\theta$—— 辅助函数；

ω—— 物体1的主平面Ⅰ与物体2的主平面Ⅰ的夹角。

对于书中所提出的球窝、柱窝、平面等接触问题，由于球窝、柱窝、平面为对称结构，因此可以用图6.23(b)表示，即夹角为0°，因此辅助函数可以表示为

$$\cos\theta = \frac{|(\rho_{1\mathrm{I}}-\rho_{1\mathrm{II}})|+|(\rho_{2\mathrm{I}}-\rho_{2\mathrm{II}})|}{\sum\rho} = \frac{(2-e^2)L(e)-2(1-e^2)k(e)}{e^2 L(e)}$$

(6.117)

接触面上的最大单位压力称为接触应力 σ_H（单位为 MPa），可表示为

$$\sigma_\mathrm{H} = \frac{3P}{2\pi ab}$$

(6.118)

此外，最大剪应力发生在材料内部，深度约为接触圆半径的一半，其值为最大压应力的 0.31 倍。

通过上述公式可以得出以下几点结论。

(1) 耦合支撑结构接触变形量与球窝、球的材料、球窝的曲率半径、球的曲率半径、所承受的压力等参数有关。

(2) 为了提高自动对心的重复性，应使得椭圆形接触面尽可能小，但接触面越小，椭圆几何中心点应力越大，当超过材料的屈服极限时会导致材料失效，影响测量准确性，甚至会发生事故。

3. 耦合支撑结构的接触区域大小

耦合支撑结构中的球与球窝、柱窝、平面接触区域的大小，以及最大接触应力是优化结构的必要参数，即式(6.110)、式(6.111)和式(6.118)所表示的结果大小。由于求解这些方程涉及超越方程，包含第一类、第二类完全椭圆积分，一般的数值积分方法难以求解，但本节所设计的结构（如球与球窝接触、球与平面接触）为对称结构，其接触区的椭圆长、短半轴相等，因此可以直接简化相关公式。

(1) 球与球窝、柱窝、平面的接触变形量大小。

① 球与球窝的接触变形。当球与球窝接触时，由式(6.110)~(6.118)可得接触区域长、短半轴均为

$$a = b = \sqrt[3]{\frac{3R_1 R_2}{4(R_1+R_2)}\left(\frac{1-\nu_1^2}{E_1}+\frac{1-\nu_2^2}{E_2}\right)P}$$

(6.119)

式中 ν_1—— 球所用材料的泊松比；

ν_2—— 球窝所用材料的泊松比；

a—— 球与球窝接触区域的长半轴，mm；

b—— 球与球窝接触区域的短半轴，mm；

R_1—— 球的半径，mm；

R_2—— 球窝的半径，mm；
E_1—— 球所用材料的弹性模量，MPa；
E_2—— 球窝所用材料的弹性模量，MPa；
P—— 压力大小，N。

接触面上的最大单位压力称为接触应力 σ_H（单位为 MPa），可表示为

$$\sigma_H = \frac{3P}{2\pi ab} \tag{6.120}$$

② 球与平面的接触变形。由式(6.110)～(6.118)可得接触区域长、短半轴均为

$$a = b = \sqrt[3]{\frac{3R_1}{4}\left(\frac{1-\nu_1^2}{E_1} + \frac{1-\nu_2^2}{E_2}\right)P} \tag{6.121}$$

式中　ν_1—— 球所用材料的泊松比；
　　　ν_2—— 球窝所用材料的泊松比；
　　　a—— 球与平面接触区域的长半轴，mm；
　　　b—— 球与平面接触区域的短半轴，mm；
　　　R_1—— 球的半径，mm；
　　　E_1—— 球所用材料的弹性模量，MPa；
　　　E_2—— 平面的弹性模量，MPa；
　　　P—— 压力大小，N。

接触面上的最大单位压力称为接触应力 σ_H（单位为 MPa），可表示为

$$\sigma_H = \frac{3P}{2\pi ab} \tag{6.122}$$

③ 球与柱窝的接触变形。球与柱窝接触为非对称结构，接触区域长、短半轴不相等，因此不能采用对称结构的方式进行简化，S. Zelenika、A. H. Slocum 等学者在 Hertz 接触领域研究较多，并推导了非对称结构的相关公式。球与柱窝接触时的等效半径 R_e 可表示为

$$\frac{1}{R_e} = \frac{1}{R_1} + \frac{1}{R_1} + \frac{1}{R_2} + \frac{1}{\infty} = \frac{R_1 + 2R_2}{R_1 R_2} \tag{6.123}$$

式中　R_e—— 等效半径，mm；
　　　R_1—— 球的半径，mm；
　　　R_2—— 柱窝主曲率的倒数，mm。

等效弹性模量 E_e 为

$$\frac{1}{E_e} = \frac{1-\nu_1^2}{E_1} + \frac{1-\nu_2^2}{E_2} \tag{6.124}$$

式中　ν_1—— 球所用材料的泊松比；
　　　ν_2—— 球窝所用材料的泊松比；

E_1——球所用材料的弹性模量,MPa;

E_2——柱窝所用材料的弹性模量,MPa;

E_e——等效弹性模量,MPa。

柱窝与球的接触区域长半轴为

$$a = \alpha \sqrt[3]{\frac{3PR_e}{2E_e}} \tag{6.125}$$

式中 R_e——等效半径,mm;

E_e——等效弹性模量,MPa;

P——法向载荷,N。

接触区域椭圆的短半轴为

$$b = \beta \sqrt[3]{\frac{3PR_e}{2E_e}} \tag{6.126}$$

式(6.125)、式(6.126)中的 α、β 均与辅助函数有关,由式(6.117)及式(6.123)可得辅助函数为

$$\cos\theta = \frac{R_e}{|R_2|} \tag{6.127}$$

辅助函数 $\cos\theta$ 用于评估赫兹接触的椭圆积分函数,α、β 均与该函数有关,并且可以用于接触变形相关参数的求解。α、β 分别为

$$\alpha = 0.996\,72 + 1.278\,6\cos\theta - 6.720\,1\cos^2\theta + 27.379\cos^3\theta$$
$$- 41.827\cos^4\theta + 23.472\cos^5\theta \tag{6.128}$$

$$\beta = 1.000\,0 - 0.688\,65\cos\theta + 0.589\,09\cos^2\theta - 1.327\,7\cos^3\theta$$
$$+ 1.770\,6\cos^4\theta - 0.998\,87\cos^5\theta \tag{6.129}$$

接触面上的最大单位压力称为接触应力 σ_H(单位为 MPa),可表示为

$$\sigma_H = \frac{3P}{2\pi ab} \tag{6.130}$$

(2)接触变形影响因素分析。通过赫兹接触公式可知,接触区域的大小除了与承受的压力大小、接触物体的曲率有关,还与材料的弹性模量、泊松比有关。不同材料的弹性模量、泊松比均不相同。现代材料种类繁多,目前世界上的材料种类已达 40 余万种,机械工程中使用的材料按化学组成分为金属材料、非高分子材料、陶瓷材料及复合材料。金属材料在机械行业应用最为广泛,其中轴承钢常用于轴承等承载力较大的场合。此外,特种陶瓷是具有特殊力学、物理或化学性能的陶瓷,应用于各种现代工业和尖端科学中。由于耦合支撑结构对强度具有较高的要求,综合考虑材料的性能,应选用金属材料或特种陶瓷材料。

根据常用材料的性能指标,将其中一个量作为变量,其他量设为定值分析接触区域大小,其中弹性模量的范围设置为 $100 \sim 700$ GPa,泊松比的范围设置为

$0.1\sim0.5$,载荷范围设置为 $0\sim50$ kN,仿真分析结果如图 6.36～6.38 所示。

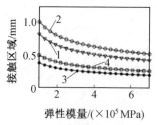

图 6.36 弹性模量与接触区域关系图

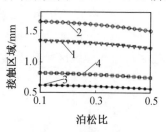

图 6.37 泊松比与接触区域关系图

1—球窝与球接触区域长、短半轴
2—柱窝与球接触区域长半轴
3—柱窝与球接触区域短半轴
4—平面与球接触区域长、短半轴

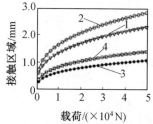

1—球窝与球接触区域长、短半轴
2—柱窝与球接触区域长半轴
3—柱窝与球接触区域短半轴
4—平面与球接触区域长、短半轴

图 6.38 载荷与接触区域关系图

从图 6.36 可以看出,随着弹性模量的增大,接触区域长、短半轴均变小,但变化速度变缓;从图 6.37 可以看出,随着泊松比的增加,接触区域的长、短半轴均变小,且变化速度有加快的趋势;从图 6.38 可以看出,随着载荷的增加,接触区域的长、短半轴也在增大。

接触区域大小为后续分析摩擦力影响、优化支撑结构曲率提供一定的研究基础。

综上,本节对现有的多点称重法的支撑结构进行优化设计研究,分析了传统支撑方式用于多点称重法时存在侧向力的问题,提出了基于 Kelvin 耦合支撑结构的改进结构;对改进的结构进行建模分析,仿真及实验结果表明,所提的改进耦合支撑结构优于传统的支撑结构,理想情况下,即不考虑摩擦力及结构的尺寸误差的情况下,可以有效地消除侧向力。

本节研究了摩擦力存在时数学模型的修正方法,分析了摩擦力的存在是影响耦合支撑结构自动对心重复性的主要因素;采用 Hertz 接触理论分析了支撑结构接触区域大小的影响因素,得出了减小接触区域的面积可以提高测量重复性的结论。

6.4 修正重力作用线方法

6.4.1 传统多点称重法测量质心的局限性

利用多点称重法测量质心,如图 6.39 所示。通常情况下,系统需建立两个坐标系,即参考坐标系 $O-XYZ$ 和产品坐标系 $O_c-X_cY_cZ_c$,其中参考坐标系建在测量台上,而产品坐标系则根据被测件的设计规定来建立,通常建立在被测件某端面上。测量时先保证产品坐标系 X、Y 轴分别与参考坐标系的 X、Y 轴平行,如图 6.39(a)所示,此时根据称重传感器所受压力和称重传感器在参考坐标系下的位置计算得到质心 X 和 Y 方向上的坐标:

$$\left(x=\frac{F_1x_1+F_2x_2+F_3x_3}{G}, y=\frac{F_1y_1+F_2y_2+F_3y_3}{G}\right) \quad (6.131)$$

式中　x_i、y_i——第 i 个称重传感器在参考坐标系下 X 轴、Y 轴方向的坐标;

G——被测件所受重力;

F_i——第 i 个称重传感器加载被测件前后受力之差。

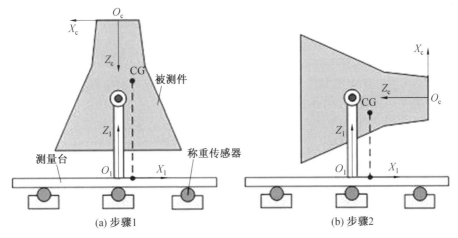

图 6.39　利用多点称重法测量质心

然后将被测件旋转 90°,如图 6.39(b)所示,保证产品坐标系 Z 轴与参考坐标系的 X(或 Y)轴平行,计算得到质心在 Z 方向上的坐标。上述方法本质上是利用不同位姿下物体两条重力线交点即为质心的原理,只是重力线的测量和转换过程有一些局限性,主要表现在以下几方面。

(1) 测量台必须要进行整平,使建立在测量台上的参考坐标系 Z 轴与铅垂方向平行。利用传统方法测量重力线时,认为得到的重力线方向平行于参考坐标系的 Z 轴。假设 Z 轴与铅垂线有 φ 夹角,那么按照传统的测量方法,得到的重力线将偏离实际质心,如图 6.40(a) 所示,偏移距离为

$$d = h \tan \varphi \qquad (6.132)$$

式中 h —— 质心距离参考坐标系 XOY 面的距离。

因此,h 越大,重力线偏离质心的距离就越大,导致最终计算得到的质心位置将产生较大误差。所以测量时为了减小这方面的误差,每次测量前都要对测量台进行整平,但是对于大型测量设备来说,整平较为困难,若由于整平误差导致参考坐标系 Z 轴向量与铅垂方向向量产生 $1'$ 量级夹角,则当 h 为 1 m 时,就会产生 0.3 mm 的系统误差。

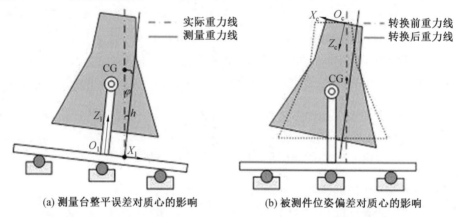

(a) 测量台整平误差对质心的影响　　(b) 被测件位姿偏差对质心的影响

图 6.40　传统测量方法测量被测件质心时的局限性(大尺寸飞行器)

(2) 测量过程中需要将重力线从参考坐标系转换至产品坐标系下,转换矩阵中的参数采用设计值,因此机械加工、装配精度决定了重力线转换的精度。在测量设备体积小,结构简单的情况下,转换精度比较容易保证,但是对于大型测量设备来说,机械加工误差、装配误差等会导致产品实际位姿与设计位姿偏差较大,如图 6.40(b) 所示,这直接影响重力线转换精度,使最终的计算结果产生较大误差。

由上述分析可知,传统质心测量方法缺乏适用性、灵活性,如果采用该方法测量大尺寸飞行器的质心,重力线容易产生较大的偏差,不利于测量精度的提高。

6.4.2　质心柔性测量方法

本节针对传统质心测量方法的局限性,提出质心柔性测量方法。该方法需要在系统中引入三维坐标测量仪,下面以激光跟踪仪为例进行说明。带有电子

水平仪的激光跟踪仪测量系统如图 6.41 所示，激光跟踪仪是工业测量系统中常用的测量仪器，能够实时测量目标的空间三维坐标，由于它具有高精度、高效率、操作简单等特点，因此被广泛地应用于工业测量。并且很多激光跟踪仪系统还具有水平补偿功能，即通过配套的双轴电子水平仪将水平夹角补偿至输出结果，由于电子水平仪精度高达 0.001 mm/m，因此相当于系统有了一个可参考的铅垂方向，这对于很多工业测量都是极为有利的。

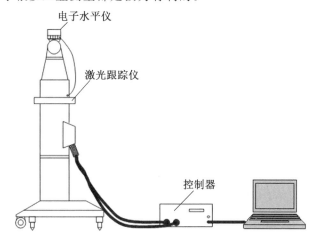

图 6.41　带有电子水平仪的激光跟踪仪测量系统

质心柔性测量方法的特点具体表现在以下两个方面。

（1）测量台无须进行整平。如图 6.42 所示，测量时首先利用激光跟踪仪在测量台上建立参考坐标系 $O_1 - X_1Y_1Z_1$，得到激光跟踪仪仪器坐标系与参考坐标系的转换矩阵 T_1：

$$T_1 = \begin{bmatrix} \boldsymbol{n} & \boldsymbol{o} & \boldsymbol{a} & \boldsymbol{p} \\ 0 & 0 & 0 & 1 \end{bmatrix} = \begin{bmatrix} n_{x1} & o_{x1} & a_{x1} & x_{O1} \\ n_{y1} & o_{y1} & a_{y1} & y_{O1} \\ n_{z1} & o_{z1} & a_{z1} & z_{O1} \\ 0 & 0 & 0 & 1 \end{bmatrix} \tag{6.133}$$

式中　　$\boldsymbol{n}$——X 轴单位方向向量；

$\boldsymbol{o}$——Y 轴单位方向向量；

$\boldsymbol{a}$——Z 轴单位方向向量；

$\boldsymbol{p}$——原点坐标组成的位置向量。

利用带有电子水平仪的激光跟踪仪能够准确得到铅垂方向向量，然后将铅垂方向向量转换到参考坐标系下得到 $\boldsymbol{v}$：

$$\boldsymbol{v} = n_{z1}\boldsymbol{i} + o_{z1}\boldsymbol{j} + a_{z1}\boldsymbol{k} \tag{6.134}$$

测量称重传感器受力点在该参考坐标系 XOY 平面的投影点坐标，再利用称重传感器所受的压力,计算得到被测件质心沿竖直方向在参考坐标系 XOY 面投影点 CG' 的坐标,利用点 CG' 以及铅垂线方向向量 v 就能够得到修正后的重力线 L_1:

$$\frac{x - \dfrac{F_1 x_{s1} + F_2 x_{s2} + F_3 x_{s3}}{F_1 + F_2 + F_3}}{n_{z1}} = \frac{y - \dfrac{F_1 y_{s1} + F_2 y_{s2} + F_3 y_{s3}}{F_1 + F_2 + F_3}}{o_{z1}} = \frac{z}{a_{z1}} \quad (6.135)$$

式中　F_i——测量台加载后与加载前第 i 个称重传感器所承受的压力差;

　　　x_{si}——第 i 个称重传感器受力点在参考坐标系 XOY 平面上的投影点 X 方向坐标;

　　　y_{si}——第 i 个称重传感器受力点在参考坐标系 XOY 平面上的投影点 Y 方向坐标。

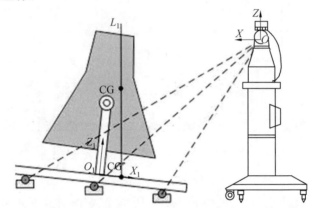

图 6.42　利用激光跟踪仪修正重力线

(2) 在转换重力线至产品坐标系时,可借助激光跟踪仪得到产品的实际位姿,因此能够得到产品坐标系与参考坐标系的实际转换矩阵 $\boldsymbol{T}_c$ 为

$$\boldsymbol{T}_c = \begin{bmatrix} n_{xc} & o_{xc} & a_{xc} & x_{Oc} \\ n_{yc} & o_{yc} & a_{yc} & y_{Oc} \\ n_{zc} & o_{zc} & a_{zc} & z_{Oc} \\ 0 & 0 & 0 & 1 \end{bmatrix} \quad (6.136)$$

如图 6.43 所示,将重力线 L_1 的方程准确转换到产品坐标系下:

$$\frac{x - u}{n_{xc} n_{zc} + n_{yc} o_{zc} + n_{zc} a_{zc}} = \frac{y - v}{o_{xc} n_{zc} + o_{yc} o_{zc} + o_{zc} a_{zc}} = \frac{z - w}{a_{xc} n_{zc} + a_{yc} o_{zc} + a_{zc} a_{zc}}$$

(6.137)

式中　$u = n_{xc} \left(\dfrac{F_1 x_{s1} + F_2 x_{s2} + F_3 x_{s3}}{G} - x_{Oc} \right) +$

$\qquad\qquad n_{yc} \left(\dfrac{F_1 y_{s1} + F_2 y_{s2} + F_3 y_{s3}}{G} - y_{Oc} \right) - n_{zc} z_{Oc}$

$$v = o_{xc}\left(\frac{F_1 x_{s1} + F_2 x_{s2} + F_3 x_{s3}}{G} - x_{Oc}\right) +$$
$$o_{yc}\left(\frac{F_1 y_{s1} + F_2 y_{s2} + F_3 y_{s3}}{G} - y_{Oc}\right) - o_{zc} z_{Oc}$$
$$w = a_{xc}\left(\frac{F_1 x_{s1} + F_2 x_{s2} + F_3 x_{s3}}{G} - x_{Oc}\right) +$$
$$a_{yc}\left(\frac{F_1 y_{s1} + F_2 y_{s2} + F_3 y_{s3}}{G} - y_{Oc}\right) - a_{zc} z_{Oc}$$

同理，在变换产品位姿后，按照上述步骤得到另一条重力线在产品坐标系下的方程，最后计算两条直线的交点即为产品坐标系下的质心。

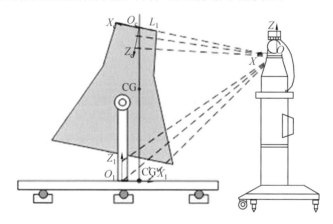

图 6.43 利用激光跟踪仪转换重力线

如前所述，质心柔性测量方法不但适用于测量台整平条件下，而且在测量台非整平条件下也同样能够准确测量被测件的重力线，具有适用性；同时能够准确灵活地得到产品坐标系与参考坐标系的转换矩阵，不再受机械工装装配精度的限制，因此该方法能够较大程度上提高大尺寸被测件质心测量精度。

此外，实际测量中还需要考虑以下几个因素。

（1）理论上利用产品任意两个位姿下测量得到的重力线都能计算得到三维质心坐标，但是实际上为了减小测量误差，测量时应该使两条重力线夹角尽量接近 90°。

（2）由于实际测量中不可避免地会产生误差，最后得到的两条重力线直线不会像理想情况下那样相交，因此在计算时采用这两条异面直线公垂线段的中点作为质心的最佳估计。

（3）由于测量台整平误差会导致侧向力作用在称重传感器上，因此称重传感器输出会产生一定的系统误差，测量前需要通过标定来消除称重传感器的系统误差。

6.4.3 测量不确定度评定及实验

本节对质心柔性测量方法的测量不确定度进行评定。测量不确定度评定分为 A 类不确定度评定和 B 类不确定度评定,其中前者是利用统计学规律,通过对修正后的结果进行多次测量,利用一些法则如贝塞尔公式法、极差法、最大误差法等计算标准偏差,最后计算扩展不确定度。B 类不确定度评定一般是依据《中华人民共和国国家计量技术规范》JJF 1059.1—2012《测量不确定度评定与表示》中所提到的测量不确定度表示指南(guide to the expression of uncertainty in measurement,GUM)中的相关规定进行评定,可将该评定方法简称为 GUM 法,其不确定度评定步骤如图 6.44 所示。

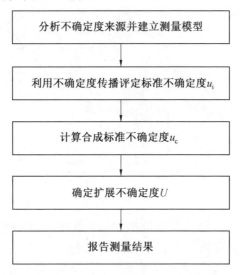

图 6.44 GUM 法不确定度评定步骤

GUM 法要求测量模型必须是解析、可导的且没有突出的非线性,还需要确定各个输入量不确定度来源的相关性。由于质心柔性测量方法是通过解算方程组得到最终结果,因此测量结果不能用某一解析公式表达,此时求测量模型的偏导非常困难,所以 GUM 法并不适用于本系统。为解决上述问题,本节采用的是另一种方法——蒙特卡洛法对质心柔性测量方法的测量不确定度进行评定,简称 MCM(Monte Carlo method)法。

1. 基于蒙特卡洛法的不确定度评定

蒙特卡洛法是利用对概率分布进行随机抽样从而进行分布传播的方法,特别适用于具有多输入量、单输出量且难以求导的测量模型。随着测量模型的复杂化和计算机应用的普及,该方法已经越来越多地应用到测量系统不确定度评定中。2012 年我国已经将利用蒙特卡洛法评定不确定度写入了国家计量技术规范,并从 2013 年 6 月开始实施,该方法具体的评定步骤如下。

(1) 建立测量模型 $Y = f(X_1, X_2, \cdots, X_N)$。将质心的计算模型简化为

$$\begin{bmatrix} x_c \\ y_c \\ z_c \end{bmatrix} = \begin{bmatrix} f_1(\boldsymbol{F}_1, \boldsymbol{F}_2, \boldsymbol{x}_s, \boldsymbol{y}_s, \varphi, \boldsymbol{T}_1, \boldsymbol{T}_2) \\ f_2(\boldsymbol{F}_1, \boldsymbol{F}_2, \boldsymbol{x}_s, \boldsymbol{y}_s, \varphi, \boldsymbol{T}_1, \boldsymbol{T}_2) \\ f_3(\boldsymbol{F}_1, \boldsymbol{F}_2, \boldsymbol{x}_s, \boldsymbol{y}_s, \varphi, \boldsymbol{T}_1, \boldsymbol{T}_2) \end{bmatrix} \tag{6.138}$$

式中　　$\boldsymbol{F}_1$——初始姿态下称重传感器输出数据;

$\boldsymbol{F}_2$——变换姿态后称重传感器输出数据;

$\boldsymbol{T}_1$——初始姿态下参考坐标系到产品坐标系的转换矩阵;

$\boldsymbol{T}_2$——变换姿态后参考坐标系到产品坐标系的转换矩阵;

x_s, y_s——称重传感器受力点在参考坐标系下 X、Y 方向上的坐标;

φ——参考坐标系 Z 轴与铅垂方向的夹角。

(2) 模拟测量过程。对上述测量模型的输入量进行赋值,假设某大尺寸飞行器质量为 1 500 kg,3 个称重传感器平均承担其重力,且被测件质心恰在旋转轴上,令 $\varphi = 1'$,并将系统其他输入量的理论值设为

$$\boldsymbol{F}_1 = \boldsymbol{F}_2 = \begin{bmatrix} F_{s1} & F_{s2} & F_{s3} \end{bmatrix} = \begin{bmatrix} 500 & 500 & 500 \end{bmatrix}$$

$$\begin{bmatrix} \boldsymbol{x}_s & \boldsymbol{y}_s \end{bmatrix} = \begin{bmatrix} x_{1s} & y_{1s} \\ x_{2s} & y_{2s} \\ x_{3s} & y_{3s} \end{bmatrix} = \begin{bmatrix} 800 & 0 \\ -400 & -692.8 \\ -100 & 692.8 \end{bmatrix}$$

$$\boldsymbol{T}_1 = \begin{bmatrix} n_{x1} & o_{x1} & a_{x1} & p_{x1} \\ n_{y1} & o_{y1} & a_{y1} & p_{y1} \\ n_{z1} & o_{z1} & a_{z1} & p_{z1} \\ 0 & 0 & 0 & 1 \end{bmatrix} = \begin{bmatrix} 1 & 0 & 0 & 0 \\ 0 & 0 & -1 & 0 \\ 0 & 1 & 0 & 2\ 000 \\ 0 & 0 & 0 & 1 \end{bmatrix}$$

$$\boldsymbol{T}_2 = \begin{bmatrix} n_{x2} & o_{x2} & a_{x2} & p_{x2} \\ n_{y2} & o_{y2} & a_{y2} & p_{y2} \\ n_{z2} & o_{z2} & a_{z2} & p_{z2} \\ 0 & 0 & 0 & 1 \end{bmatrix} = \begin{bmatrix} 1 & 0 & 0 & 0 \\ 0 & 1 & 0 & -1\ 000 \\ 0 & 0 & 1 & 3\ 000 \\ 0 & 0 & 0 & 1 \end{bmatrix}$$

然后根据相关资料确定各个输入量误差 ΔX_i 的概率分布,整理见表 6.10。

表 6.10　输入量误差概率分布统计表

输入量误差	分布特征
ΔF	$N(0, 0.15 \text{ kg})$
$\Delta x_s, \Delta y_s$	$N(0, 0.02 \text{ mm})$
$\Delta \varphi$	$N(0, 0.2'')$
Δn	$N(0, 0.02)$

续表 6.10

输入量误差	分布特征
Δo	$N(0, 0.02)$
Δa	$N(0, 0.02)$
Δp	$N(0, 0.02)$

(3) 确定蒙特卡洛实验次数 M,理论上实验次数越多越好,本节中 $M = 10\ 000$。

(4) 按照输入量 ΔX_i 的分布随机抽取 M 个样本 $\Delta x_{i,r}$ ($i=1,2,\cdots,N;r=1,2,\cdots,M$),并计算模型在每个样本处的估计值 $y_r = f(x_{1,r} + \Delta x_{1,r},\ x_{2,r} + \Delta x_{2,r},\cdots,x_{N,r} + \Delta x_{N,r})$,即仿真测量结果,其直方图如图 6.45 所示。

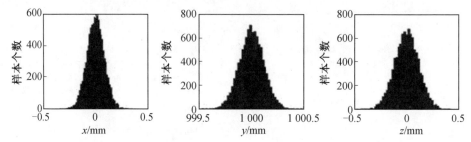

图 6.45　利用质心柔性测量方法仿真测量结果直方图

(5) 计算测量结果的标准不确定度,并根据置信概率给出置信区间,评定结果见表 6.11。

表 6.11　质心柔性测量方法测量不确定度评定结果

待测项	x/mm	y/mm	z/mm
标准不确定度 u	0.20	0.14	0.13
95% 概率包含区间	[−0.39, 0.34]	[999.81, 1 000.28]	[−0.27, 0.30]

2. 传统质心测量方法与质心柔性测量方法对比实验

为验证质心柔性测量方法的适用性和灵活性,采用质心测量台对某标准件进行测量,如图 6.46 所示,测量台采用多点称重法测量质量、质心,通过旋转轴和倾角机构来变换被测件的测量位姿。标准件高度为 800.6 mm,质心坐标的约定真值为 $x = 400.3$ mm,$y = 0$ mm,$z = 0$ mm。

首先对测量台进行整平,并通过测量可知,整平误差使参考坐标系 Z 轴方向向量与铅垂线方向向量存在 2.5′ 的夹角。分别利用传统质心测量方法和质心柔性测量方法在该条件下对标准件进行测量,得到结果见表 6.12,由结果可得出如

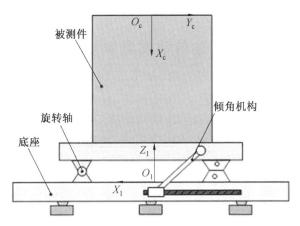

图 6.46　某型号质心测量系统结构示意图

下结论。

(1) 传统质心测量方法的精度易受到测量台整平精度的影响。测量台整平误差使得测量结果产生较大的系统误差,尤其是 Y、Z 方向的质心坐标,约有 0.3 mm 的系统误差;采用质心柔性测量方法对标准件进行测量,该方法能够对整平误差导致重力线方程的误差进行修正,因此使结果系统误差大大降低。

(2) 传统质心测量方法是将旋转角度的理论值代入计算模型中进行计算,而实际情况下机械加工、装配以及操作上的误差使得被测件每次旋转都会产生较大的随机误差,导致测量结果不确定度增大;而质心柔性测量方法在每次测量时,都能精确地得到被测件的位姿,降低了测量不确定度。

由于质心柔性测量方法具有适用性、灵活性的特点,因此该方法能有效提高大尺寸飞行器质心测量的精度。

表 6.12　两种质心测量方法测量结果

编号	传统质心测量方法			质心柔性测量方法		
	x/mm	y/mm	z/mm	x/mm	y/mm	z/mm
1	400.63	0.78	0.43	400.68	0.15	0.13
2	401.01	0.70	0.46	400.91	0.29	0.26
3	401.21	0.39	0.12	400.59	0.11	0.24
4	400.41	0.38	0.59	400.50	0.52	0.08
5	400.73	0.32	1.31	400.88	0.35	0.43
6	400.41	0.83	0.59	400.47	0.15	0.36
平均值	400.73	0.57	0.58	400.67	0.26	0.25
残差	−0.43	−0.57	−0.58	−0.37	−0.26	−0.25
2σ	0.65	0.46	0.79	0.38	0.31	0.27

6.5 扭摆法转动惯量测量非线性模型

本节考虑了非线性空气阻尼、干摩擦力、非线性恢复力、时变转动惯量对转动惯量测量的影响,利用分析动力学的原理分别建立基于非线性动力学系统的时不变、时变转动惯量测量模型。为了定量分析转动惯量测量模型,利用非线性微分方程的求解方法推导出转动惯量测量模型的近似解析解,并利用测量模型的数值解进行验证。最后,利用数值仿真的方法分析了各种非线性因素对测量模型的影响,从而为转动惯量的准确测量提供理论基础。

6.5.1 转动惯量测量非线性模型的建立

1. 基于拉格朗日方程的建模方法

在机械动力学中,一般用时间序列模型、状态空间模型、频率响应函数或微分方程来描述系统。由于微分方程的形式更能表现系统各个部分的物理意义,因此本节利用微分方程建立转动惯量测量模型。基于微分方程形式的力学建模方法主要有牛顿第二定律法、达朗贝尔原理法、拉格朗日方程法和凯恩方程法等。其中,拉格朗日方程法是利用能量的观点建立运动方程,它只需要分析系统的主动力而不必分析未知的约束反力,这是拉格朗日方程法的一个重要优点,因此拉格朗日方程法更适合复杂系统的建模。

假设系统具有 n 个广义坐标系,那么,拉格朗日方程为

$$\frac{\mathrm{d}}{\mathrm{d}t}\left(\frac{\partial E}{\partial \dot{q}_i}\right) - \frac{\partial E}{\partial q_i} + \frac{\partial U}{\partial q_i} = Q_i, \quad i = 1, 2, \cdots, n \tag{6.139}$$

式中　　n——系统的自由度数;

　　　　q_i——第 i 个广义坐标;

　　　　E——系统的动能;

　　　　U——系统的势能;

　　　　Q_i——与广义坐标 q_i 对应的广义力,它包括阻尼和外加激振力等。

对于基于扭摆法的转动惯量测量系统,如果已知被测件的扭摆角度,就可以确定被测件的具体位置,因此基于扭摆法的转动惯量测量系统为单自由度系统。取扭摆角 θ 为广义坐标,代入拉格朗日方程得

$$\frac{\mathrm{d}}{\mathrm{d}t}\left(\frac{\partial E}{\partial \dot{\theta}}\right) - \frac{\partial E}{\partial \theta} + \frac{\partial U}{\partial \theta} = Q \tag{6.140}$$

2. 基于时不变非线性系统的测量模型

(1) 转动惯量测量模型Ⅰ。转动惯量测量模型Ⅰ用来描述基于气浮转台的

大尺寸非回转体的时不变转动惯量测量。由于气浮转台是在空气薄膜上进行扭摆运动的,因此基于气浮转台的转动惯量测量系统可以避免干摩擦力对扭摆运动的影响。由于被测件为大尺寸非回转体,因此空气阻尼对扭摆运动的影响会很大,空气阻尼可以等效为非线性空气阻尼,它与角速度的线性项和平方项有关。由于气浮转台中弹性扭杆的影响,系统的恢复力可以等效为非线性力,它与扭杆转角的线性项和立方项有关。

如果被测件的转动惯量是不变的,那么系统的动能为

$$E = \frac{1}{2}J\dot{\theta}^2 \qquad (6.141)$$

式中 J ——被测件关于转轴的转动惯量;

$\dot{\theta}$ ——被测件的角速度。

系统的势能为

$$U = \int_0^\theta K_1\theta + K_3\theta^3 \, \mathrm{d}\theta = \frac{1}{2}K_1\theta^2 + \frac{1}{4}K_3\theta^4 \qquad (6.142)$$

式中 K_1 ——扭杆的线性刚度系数;

K_3 ——扭杆的非线性刚度系数。

由于被测件为大尺寸非回转体,因此空气阻尼可以等效为非线性阻尼,系统的广义力矩为

$$Q = -C_1\dot{\theta} - C_2\dot{\theta}|\dot{\theta}| \qquad (6.143)$$

式中 C_1 ——线性阻尼力矩系数;

C_2 ——非线性阻尼力矩系数。

将式(6.141)~(6.143)代入式(6.140),计算整理后可以得到转动惯量测量模型:

$$J\ddot{\theta} + C_1\dot{\theta} + C_2\dot{\theta}|\dot{\theta}| + K_1\theta + K_3\theta^3 = 0 \qquad (6.144)$$

将式(6.144)两边同时除以 J,可以得到转动惯量归一化的转动惯量测量模型:

$$\ddot{\theta} + c_1\dot{\theta} + c_2\dot{\theta}|\dot{\theta}| + k_1\theta + k_3\theta^3 = 0 \qquad (6.145)$$

其中,$c_1 = \frac{C_1}{J}$,$c_2 = \frac{C_2}{J}$,$k_1 = \frac{K_1}{J}$,$k_3 = \frac{K_3}{J}$。

(2) 转动惯量测量模型 Ⅱ。转动惯量测量模型 Ⅱ 用来描述基于滚珠转台的中小型回转体的时不变转动惯量测量。由于滚珠转台是利用滚珠轴承进行扭摆运动的,因此基于滚珠转台的转动惯量测量系统存在干摩擦力。由于被测件为中小型回转体,因此空气阻尼对扭摆运动的影响较小,空气阻尼可以等效为线性阻尼,它与角速度的线性项有关。由于滚珠转台中弹性扭杆的影响,因此系统的恢复力可以等效为非线性力,它与扭杆转角的线性项和立方项有关。

如果被测件的质量是不变的,则系统的广义力矩为

$$Q = -C_0 \operatorname{sgn}(\dot{\theta}) - C_1 \dot{\theta} \tag{6.146}$$

式中　C_0——干摩擦力的力矩系数;

　　　C_1——线性空气阻尼力矩系数。

由于该测量系统的动能、势能与转动惯量测量模型 Ⅰ 相同,因此将式(6.141)、式(6.142)和式(6.146)代入式(6.140),计算整理后可得转动惯量测量模型:

$$J\ddot{\theta} + C_0 \operatorname{sgn}(\dot{\theta}) + C_1 \dot{\theta} + K_1 \theta + K_3 \theta^3 = 0 \tag{6.147}$$

将式(6.147)两边同时除以 J,可以得到转动惯量归一化的转动惯量测量模型:

$$\ddot{\theta} + c_0 \operatorname{sgn}(\dot{\theta}) + c_1 \dot{\theta} + k_1 \theta + k_3 \theta^3 = 0 \tag{6.148}$$

式中　$c_0 = \dfrac{C_0}{J}, c_1 = \dfrac{C_1}{J}, k_1 = \dfrac{K_1}{J}, k_3 = \dfrac{K_3}{J}$。

3. 基于时变非线性系统的测量模型

下面建立基于气浮转台的大尺寸非回转体的时变转动惯量测量模型。如果被测件的质量对称地增加或减少,那么系统的动能为

$$E = \frac{1}{2} J(\tau) \dot{\theta}^2 \tag{6.149}$$

式中　τ——慢变参数,$\tau = \varepsilon t$;

　　　ε——小参数;

　　　$J(\tau)$——时变转动惯量。

由于被测件为大尺寸非回转体,因此空气阻尼可以等效为非线性阻尼。该测量系统的广义力矩与转动惯量测量模型 Ⅰ 相同,如式(6.143)所示;系统的势能也与转动惯量测量模型 Ⅰ 相同,如式(6.142)所示。

将式(6.142)、式(6.143)和式(6.149)代入式(6.140),计算整理后可以推导出时变转动惯量测量模型:

$$\frac{\mathrm{d}}{\mathrm{d}t}[J(\tau)\dot{\theta}] + C_1 \dot{\theta} + C_2 \dot{\theta}|\dot{\theta}| + K_1 \theta + K_3 \theta^3 = 0 \tag{6.150}$$

6.5.2　转动惯量测量非线性模型的近似解析解

为了定量分析转动惯量测量模型,利用非线性微分方程的求解方法推导测量模型的近似解析解。对于大多数非线性微分方程来说,很难求出它们的精确解,因此只能求出其近似解析解。目前,非线性微分方程的解析解求解方法有:直接展开小参数法、多尺度法、平均法、KBM 法等。其中,平均法是将方程解的

振幅和相位视为随时间缓慢变化的,并利用振幅和相位导数的平均值计算方程的近似解析解。此方法的计算精度较高,适合非线性动力学系统的求解。KBM法是将非线性微分方程的解、振幅和相位角表示为小参数的幂级数函数,然后利用分离变量法求出这些幂级数函数的未知参数,从而得到方程的近似解析解,此方法适合时变非线性系统的求解。

1. 时不变非线性测量模型的近似解析解

(1) 平均法。若系统中的非线性因素是弱的,则微分方程可以表示为

$$\ddot{\theta} + \omega_0^2 \theta = \varepsilon f(\theta, \dot{\theta}) \tag{6.151}$$

式中　　ε——小参数;

$f(\theta, \dot{\theta})$——θ、$\dot{\theta}$ 的非线性解析函数。

苏联科学家 Krylov 和 Bogoliubov 将微分方程式(6.151)的解表示为

$$\theta = a(t)\cos[\omega_0 t + \varphi(t)] \tag{6.152}$$

即把振幅和相位看成时间 t 的函数。由于是弱非线性的问题,因此将其解析解视为简谐形式,但振幅和相位在一个周期内的变化是很小的,故此方法又称为慢变参数法或 KB 法。

对式(6.152)关于 t 求一阶导数,有

$$\dot{\theta} = \dot{a}(t)\cos[\omega_0 t + \varphi(t)] - a(t)\omega_0 \sin[\omega_0 t + \varphi(t)] - a(t)\dot{\varphi}(t)\sin[\omega_0 t + \varphi(t)] \tag{6.153}$$

由于 $a(t)$ 和 $\varphi(t)$ 是缓慢变化的,因此可以令

$$\dot{a}(t)\cos[\omega_0 t + \varphi(t)] - a(t)\dot{\varphi}(t)\sin[\omega_0 t + \varphi(t)] = 0 \tag{6.154}$$

则

$$\dot{\theta} = -a(t)\omega_0 \sin[\omega_0 t + \varphi(t)] \tag{6.155}$$

再对式(6.155)关于 t 求一次导数:

$$\ddot{\theta} = -a(t)\omega_0^2 \cos[\omega_0 t + \varphi(t)] - \dot{a}(t)\omega_0 \sin[\omega_0 t + \varphi(t)] - a(t)\omega_0 \dot{\varphi}(t)\cos[\omega_0 t + \varphi(t)] \tag{6.156}$$

将式(6.152)、式(6.155)和式(6.156)代入微分方程式(6.151)得

$$-\dot{a}(t)\omega_0 \sin\psi - a(t)\omega_0 \dot{\varphi}(t)\cos\psi = \varepsilon f(a\cos\psi, -a\omega_0 \sin\psi) \tag{6.157}$$

式中　　$\psi = \omega_0 t + \varphi(t)$。

利用式(6.154)和式(6.157)可以建立关于振幅和相位的一阶方程组:

$$\begin{cases} \dot{a}(t) = -\dfrac{\varepsilon}{\omega_0} f(a\cos\psi, -a\omega_0\sin\psi)\sin\psi \\ \dot{\varphi}(t) = -\dfrac{\varepsilon}{a\omega_0} f(a\cos\psi, -a\omega_0\sin\psi)\cos\psi \end{cases} \quad (6.158)$$

通过以上运算,将关于 θ 的二阶微分方程转化为关于振幅和相位的两个一阶微分方程。因为 $a(t)$ 和 $\varphi(t)$ 是 t 的慢变函数,$\dot{a}(t)$ 和 $\dot{\varphi}(t)$ 的右端都是 ψ 的周期函数,故可将其展开为傅里叶级数,取级数的第一项作为 $\dot{a}(t)$ 和 $\dot{\varphi}(t)$ 的近似值:

$$\dot{a}(t) \approx -\frac{\varepsilon}{2\pi\omega_0}\int_0^{2\pi} f(a\cos\psi, -a\omega_0\sin\psi)\sin\psi\,\mathrm{d}\psi \quad (6.159)$$

$$\dot{\varphi}(t) \approx -\frac{\varepsilon}{2\pi a\omega_0}\int_0^{2\pi} f(a\cos\psi, -a\omega_0\sin\psi)\cos\psi\,\mathrm{d}\psi \quad (6.160)$$

若给定初始条件 $a(0)=a_0$,$\varphi(0)=\varphi_0$,对式(6.159)和式(6.160)进行积分运算,就可以得到 $a(t)$ 和 $\varphi(t)$,从而根据式(6.152)可以求出原方程的一阶近似解。

(2) 转动惯量测量模型 I 的近似解析解。如果将转动惯量测量模型 I 的式(6.144)表示为式(6.151)的形式,则

$$\omega_0^2 = \frac{K_1}{J} \quad (6.161)$$

$$\varepsilon f(\theta,\dot{\theta}) = -\frac{C_1}{J}\dot{\theta} - \frac{C_2}{J}\dot{\theta}|\dot{\theta}| - \frac{K_3}{J}\theta^3 \quad (6.162)$$

将式(6.162)代入式(6.159)可得

$$\dot{a}(t) = -\frac{\varepsilon}{2\pi\omega_0}\int_0^{2\pi} f(a\cos\psi, -a\omega_0\sin\psi)\sin\psi\,\mathrm{d}\psi$$

$$= -\frac{\varepsilon}{2\pi\omega_0}\int_0^{2\pi}\left(\frac{C_1}{J}a\omega_0\sin^2\psi + \frac{C_2}{J}a^2\omega_0^2\sin^2\psi|\sin\psi| - \frac{K_3}{J}a^3\cos^3\psi\sin\psi\right)\mathrm{d}\psi$$

$$= -\frac{\varepsilon}{2\pi J}\left(C_1 a\pi + \frac{8}{3}C_2 a^2\omega_0\right) \quad (6.163)$$

将式(6.162)代入式(6.160)可得

$$\dot{\varphi}(t) = -\frac{\varepsilon}{2\pi a\omega_0}\int_0^{2\pi} f(a\cos\psi, -a\omega_0\sin\psi)\cos\psi\,\mathrm{d}\psi$$

$$= -\frac{\varepsilon}{2\pi a\omega_0}\int_0^{2\pi}\left(\frac{C_1}{J}a\omega_0\sin\psi\cos\psi + \frac{C_2}{J}a^2\omega_0^2\sin\psi|\sin\psi|\cos\psi - \frac{K_3}{J}a^3\cos^4\psi\right)\mathrm{d}\psi$$

$$= -\frac{\varepsilon 3K_3 a^2}{8\omega_0 J} \quad (6.164)$$

取 $t=0$ 时,a 的初始值为 a_0,对式(6.163)进行积分可得

$$a(t) = \frac{3a_0\pi C_1 \mathrm{e}^{-\frac{\varepsilon C_1}{2J}t}}{8a_0 C_2\omega_0 + 3\pi C_1 - 8a_0 C_2\omega_0 \mathrm{e}^{-\frac{\varepsilon C_1}{2J}t}} \quad (6.165)$$

取 $t=0$ 时，φ 的初始值为 φ_0，对式(6.164)进行积分可得

$$\varphi(t) = -\frac{\varepsilon 3K_3 a^2}{8\omega_0 J}t + \varphi_0 \qquad (6.166)$$

将式(6.165)和式(6.166)代入式(6.152)可得

$$\theta = a(t)\cos[\omega_0 t + \varphi(t)]$$

$$= \frac{3a_0\pi C_1 e^{\frac{\varepsilon C_1}{2J}t}}{8a_0 C_2 \omega_0 + 3\pi C_1 - 8a_0 C_2 \omega_0 e^{\frac{\varepsilon C_1}{2J}t}}\cos\left[\left(\omega_0 - \frac{\varepsilon 3K_3 a^2(t)}{8\omega_0 J}\right)t + \varphi_0\right] \qquad (6.167)$$

根据式(6.165)可知，如果被测件的转动惯量不变，那么被测件的扭摆幅度与阻尼力矩系数 C_1 和 C_2 有关。根据式(6.161)和式(6.166)可知，如果被测件的转动惯量不变，那么被测件的扭摆周期与扭杆刚度系数 K_1 和 K_3 有关。

(3) 转动惯量测量模型 II 的近似解析解。如果将转动惯量测量模型 II 的式(6.147)表示为式(6.151)的形式，则

$$\omega_0^2 = \frac{K_1}{J} \qquad (6.168)$$

$$\varepsilon f(\theta, \dot{\theta}) = -\frac{C_0}{J}\mathrm{sgn}(\dot{\theta}) - \frac{C_1}{J}\dot{\theta} - \frac{K_3}{J}\theta^3 \qquad (6.169)$$

将式(6.169)代入式(6.159)可得

$$\dot{a}(t) = -\frac{\varepsilon}{2\pi\omega_0}\int_0^{2\pi} f(a\cos\psi, -a\omega_0\sin\psi)\sin\psi\,\mathrm{d}\psi$$

$$= -\frac{\varepsilon}{2\pi\omega_0}\int_0^{2\pi}\left(\frac{C_1}{J}a\omega_0\sin^2\psi - \frac{C_0}{J}\mathrm{sgn}(-a\omega_0\sin\psi)\sin\psi - \frac{K_3}{J}a^3\cos^3\psi\sin\psi\right)\mathrm{d}\psi$$

$$= -\frac{\varepsilon}{\pi J}\left(\frac{C_1 a\pi}{2} + \frac{2C_0}{\omega_0}\right) \qquad (6.170)$$

将式(6.169)代入式(6.160)可得

$$\dot{\varphi}(t) = -\frac{\varepsilon}{2\pi a\omega_0}\int_0^{2\pi} f(a\cos\psi, -a\omega_0\sin\psi)\cos\psi\,\mathrm{d}\psi$$

$$= -\frac{\varepsilon}{2\pi a\omega_0}\int_0^{2\pi}\left(\frac{C_1}{J}a\omega_0\sin\psi\cos\psi - \frac{C_0}{J}\mathrm{sgn}(-a\omega_0\sin\psi)\cos\psi - \frac{K_3}{J}a^3\cos^4\psi\right)\mathrm{d}\psi$$

$$= -\frac{\varepsilon 3K_3 a^2}{8\omega_0 J} \qquad (6.171)$$

取 $t=0$ 时，a 的初始值为 a_0，对式(6.170)进行积分可得

$$a(t) = \left(a_0 + \frac{4C_0}{\omega_0\pi C_1}\right)e^{-\frac{\varepsilon C_1}{2J}t} - \frac{4C_0}{\omega_0\pi C_1} \qquad (6.172)$$

取 $t=0$ 时，φ 的初始值为 φ_0，对式(6.171)进行积分可得

$$\varphi(t) = -\frac{\varepsilon 3K_3 a^2}{8\omega_0 J}t + \varphi_0 \qquad (6.173)$$

将式(6.172)和式(6.173)代入式(6.152)可得

$$\theta = a(t)\cos[\omega_0 t + \varphi(t)]$$
$$= \left[\left(a_0 + \frac{4C_0}{\omega_0 \pi C_1}\right) e^{\frac{\varepsilon C_1}{2J}t} - \frac{4C_0}{\omega_0 \pi C_1}\right] \cos\left[\left(\omega_0 - \frac{\varepsilon 3K_3 a^2(t)}{8\omega_0 J}\right)t + \varphi_0\right] \quad (6.174)$$

根据式(6.172)可知,如果被测件的转动惯量不变,那么被测件的扭摆幅度与空气阻尼力矩系数 C_1 和干摩擦力的力矩系数 C_0 有关。根据式(6.168)和式(6.173)可知,如果被测件的转动惯量不变,那么被测件的扭摆周期与扭杆刚度系数 K_1 和 K_3 有关。

2. 时变非线性测量模型的近似解析解

(1) KBM法。对于时变参数系统,系统的微分方程表达式可以表示为
$$\frac{\mathrm{d}}{\mathrm{d}t}[J(\tau)\dot{\theta}] + k(\tau)\theta = \varepsilon f(\tau, \theta, \dot{\theta}, \ddot{\theta}) \quad (6.175)$$

式中　τ——慢变参数,$\tau = \varepsilon t$;

　　　ε——小参数;

　　　$J(\tau)$——时变转动惯量;

　　　$k(\tau)$——时变刚度系数;

　　　$f(\tau, \theta, \dot{\theta}, \ddot{\theta})$——非线性作用力。

固有角频率 $\omega(\tau)$ 是慢变时间 τ 的函数。

苏联科学家 Krylov、Bogoliubov 和 Mitropolsky 对 KB 法进行了改进,提出了 KBM 法。该方法将方程的解及振幅和相位角表示为小参数 ε 的幂级数函数,然后利用分离变量法求出这些幂级数函数的未知参数。

微分方程式(6.175)的解有以下形式:
$$\theta = a\cos\psi + \varepsilon u_1(\tau, a, \psi) + \varepsilon^2 u_2(\tau, a, \psi) + \cdots \quad (6.176)$$

式中　a——振幅,时间 t 的周期函数;

　　　ψ——相位角,时间 t 的周期函数;

　　　$u_1(\tau, a, \psi)$、$u_2(\tau, a, \psi)$——ε 的幂级数函数。

设该非线性系统的等效阻尼比 δ_e 和等效固有频率 ω_e 可以表示为小参数 ε 的幂级数形式,即
$$\delta_e = \varepsilon\delta_1(\tau, a) + \varepsilon^2\delta_2(\tau, a) + \cdots \quad (6.177)$$
$$\omega_e = \omega + \varepsilon\omega_1(\tau, a) + \varepsilon^2\omega_2(\tau, a) + \cdots \quad (6.178)$$

a 和 ψ 可以表示为
$$\dot{a} = [\varepsilon\delta_1(\tau, a) + \varepsilon^2\delta_2(\tau, a) + \varepsilon^3\cdots]a \quad (6.179)$$
$$\dot{\psi} = \omega(\tau) + \varepsilon\omega_1(\tau, a) + \varepsilon^2\omega_2(\tau, a) + \varepsilon^3\cdots \quad (6.180)$$

式中　$\omega(\tau)$——固有角频率,$\omega(\tau) = \sqrt{\dfrac{k(\tau)}{J(\tau)}}$。

根据式(6.176)~(6.180),将方程式(6.175)的左边表示为 δ_1、ω_1 和 u_1 等参数的函数,将右边展开为泰勒级数,令其两边 ε 的同次幂的系数相等,可得

$$k(\tau)\left(\frac{\partial^2 u_1}{\partial \psi^2}+u_1\right)=f_0(\tau,a,\psi)+2J(\tau)\omega(\tau)(\delta_1 a)\sin\psi+$$

$$2J(\tau)\omega(\tau)(\omega_1 a)\cos\psi+\frac{\mathrm{d}[J(\tau)\omega(\tau)]}{\mathrm{d}\tau}a\sin\psi \quad (6.181)$$

式中 $f_0(\tau,a,\psi)=f(\tau,a\cos\psi,-a\omega\sin\psi,-a\omega^2\cos\psi)$。

要求 $u_1(\tau,a,\psi)$ 中不含有一次谐波,利用这一条件进行运算后,可得

$$u_1(\tau,a,\psi)=\frac{1}{2\pi k(\tau)}\sum_{n\neq\pm 1}\frac{\mathrm{e}^{\mathrm{i}n\psi}}{1-n^2}\int_0^{2\pi}f_0(\tau,a,\psi)\mathrm{e}^{-\mathrm{i}n\psi}\mathrm{d}\psi \quad (6.182)$$

$$\delta_1(\tau,a)=-\frac{1}{2J(\tau)\omega(\tau)}\frac{\mathrm{d}[J(\tau)\omega(\tau)]}{\mathrm{d}\tau}-\frac{1}{2\pi aJ(\tau)\omega(\tau)}\int_0^{2\pi}f_0(\tau,a,\psi)\sin\psi\mathrm{d}\psi$$
$$(6.183)$$

$$\omega_1(\tau,a)=-\frac{1}{2\pi aJ(\tau)\omega(\tau)}\int_0^{2\pi}f_0(\tau,a,\psi)\cos\psi\mathrm{d}\psi \quad (6.184)$$

根据式(6.182)~(6.184),可以得到 a 和 ψ 的一阶导数形式为

$$\dot{a}\approx-\frac{\varepsilon a}{2J(\tau)\omega(\tau)}\frac{\mathrm{d}[J(\tau)\omega(\tau)]}{\mathrm{d}\tau}-\frac{\varepsilon}{2\pi J(\tau)\omega(\tau)}\int_0^{2\pi}f_0(\tau,a,\psi)\sin\psi\mathrm{d}\psi$$
$$(6.185)$$

$$\dot{\psi}\approx\omega(\tau)-\frac{\varepsilon}{2\pi aJ(\tau)\omega(\tau)}\int_0^{2\pi}f_0(\tau,a,\psi)\cos\psi\mathrm{d}\psi \quad (6.186)$$

式中 $f_0(\tau,a,\psi)=f(\tau,a\cos\psi,-a\omega\sin\psi,-a\omega^2\cos\psi)$。

若给定初始条件,对式(6.185)和式(6.186)进行积分运算可以得到 $a(t)$ 和 $\psi(t)$,从而得到原方程式(6.175)的一阶近似解为

$$\theta=a(t)\cos\psi(t) \quad (6.187)$$

(2) 时变系统测量模型的近似解析解。将时变转动惯量测量模型式(6.150)表示为式(6.175)的形式,则

$$\frac{\mathrm{d}}{\mathrm{d}t}[J(\tau)\dot{\theta}]+K_1\theta=\varepsilon f(\tau,\theta,\dot{\theta},\ddot{\theta}) \quad (6.188)$$

$$\varepsilon f(\tau,\theta,\dot{\theta},\ddot{\theta})=-C_1\dot{\theta}-C_2\dot{\theta}|\dot{\theta}|-K_3\theta^3 \quad (6.189)$$

$$\omega(\tau)=\sqrt{\frac{K_1}{J(\tau)}} \quad (6.190)$$

将式(6.189)代入式(6.185)可得

$$\dot{a}(t)=-\frac{\varepsilon a}{2J(\tau)\omega(\tau)}\frac{\mathrm{d}[J(\tau)\omega(\tau)]}{\mathrm{d}\tau}-\frac{\varepsilon}{2\pi J(\tau)\omega(\tau)}\int_0^{2\pi}f_0(\tau,a,\psi)\sin\psi\mathrm{d}\psi$$

$$=-\frac{\varepsilon a}{2J(\tau)\omega(\tau)}\frac{\mathrm{d}[J(\tau)\omega(\tau)]}{\mathrm{d}\tau}-$$

$$\frac{\varepsilon}{2\pi J(\tau)\omega(\tau)}\int_0^{2\pi}[C_1 a\omega\,\sin^2\psi + C_2 a^2\omega^2\,\sin^2\psi\,|\sin\psi|\, - $$
$$K_3 a^3\cos^3\psi\sin\psi]\mathrm{d}\psi$$
$$=\frac{\varepsilon a \dot{J}(\tau)}{4J(\tau)}-\frac{\varepsilon a C_1}{2J(\tau)}-\frac{\varepsilon 4a^2 C_2 \omega}{3\pi J(\tau)} \tag{6.191}$$

将式(6.189)代入式(6.186)可得

$$\dot{\psi}=\omega(\tau)-\frac{\varepsilon}{2\pi a J(\tau)\omega(\tau)}\int_0^{2\pi} f_0(\tau,a,\psi)\cos\psi\,\mathrm{d}\psi$$
$$=\omega(\tau)-\frac{\varepsilon}{2\pi a J(\tau)\omega(\tau)}\int_0^{2\pi}(C_1 a\omega\sin\psi\cos\psi +$$
$$C_2 a^2\omega^2\sin\psi\,|\sin\psi|\cos\psi + K_3 a^3\cos^4\psi)\mathrm{d}\psi$$
$$=\omega(\tau)-\frac{3\varepsilon K_3 a^2}{8J(\tau)\omega(\tau)} \tag{6.192}$$

如果已知时变转动惯量 $J(\tau)$ 的具体表达式,那么根据初始条件,利用式(6.187)、式(6.191)和式(6.192)就可以推导出时变转动惯量测量模型的近似解析解。

根据式(6.191)可知,物体扭摆幅度与阻尼力矩系数 C_1、C_2 和时变转动惯量有关。根据式(6.190)和式(6.192)可知,物体扭摆周期与扭杆刚度系数 K_1、K_3 和时变转动惯量有关。

6.5.3 转动惯量测量非线性模型的数值解

数值解法是利用数值计算的方法求出某一初始条件下的方程解。数值解不但可以验证方程近似解析解的正确性,而且可以利用计算机进行快速计算。目前,数值求解中最常用的方法是 Runge-Kutta 法。

1. 数值求解方法

本节使用的是四阶 Runge-Kutta 法,它是根据微分方程的初始条件,利用数值递推的方法求出原微分方程的数值解。

设一阶一元微分方程为

$$\begin{cases}\dot{y}=f(t,y)\\ y(t_0)=y_0\end{cases} \tag{6.193}$$

如果已知 t_i 时刻的 y 值 y_i,那么 $t_{i+1}=t_i+\Delta t$ 时刻的 y 值可以表示为

$$y_{i+1}=y(t_{i+1})=y(t_i+\Delta t) \tag{6.194}$$

令 $\Delta t=h$,将式(6.194)的右边按泰勒级数展开,取前 $p+1$ 项,有

$$y_{i+1}=y_i+\dot{y}+\frac{h^2}{2!}\ddot{y}_i+\cdots+\frac{h^p}{p!}y_i^{(p)} \tag{6.195}$$

由于 y 的高阶导数计算比较复杂,因此利用函数在 n 个点上值的线性组合来

代替 y 的导数,其一般表达形式为

$$\begin{cases} y_{i+1} = y_i + \sum_{j=1}^{n} b_j k_j \\ k_j = hf\left(t_i + c_j h, y_i + \sum_{m=1}^{j-1} a_{jm} k_m\right) \end{cases} \quad (6.196)$$

式中　　$c_1 = 0 (j=1,2,\cdots,n)$；

　　　　b_j、c_j、a_{jm}——待定系数。

常用的是四阶 Runge－Kutta 法,四阶 Runge－Kutta 法的计算公式为

$$\begin{cases} y_{i+1} = y_i + \dfrac{1}{6}(k_1 + 2k_2 + 2k_3 + k_4) \\ k_1 = hf(t_i, y_i) \\ k_2 = hf\left(t_i + \dfrac{1}{2}h, y_i + \dfrac{1}{2}k_1\right) \\ k_3 = hf\left(t_i + \dfrac{1}{2}h, y_i + \dfrac{1}{2}k_1\right) \\ k_4 = hf(t_i + h, y_i + k_3) \end{cases} \quad (6.197)$$

四阶 Runge－Kutta 法具有足够的精度,它的截断误差在 h^5 数量级上。更高阶的 Runge－Kutta 公式很麻烦,因此一般很少使用。如果求解的微分方程为二阶微分方程,则可以将二阶微分方程转化为两个一阶微分方程,再利用四阶 Runge－Kutta 法求解这些方程,从而得到原微分方程的数值解。

2. 时不变非线性测量模型的数值解

(1) 转动惯量测量模型 Ⅰ 的数值解。为了验证转动惯量测量模型 Ⅰ 近似解析解的正确性,对模型参数和初始条件已知的测量模型分别进行解析求解和数值求解,并进行比较。四阶 Runge－Kutta 法转动惯量测量模型 Ⅰ 的参数值见表 6.13。初始条件为 $a_0 = 0.02$ rad, $\varphi_0 = 0$, 信号的采样频率为 20 Hz。

表 6.13　四阶 Runge－Kutta 法转动惯量测量模型 Ⅰ 的参数值

模型参数	J /(kg·m²)	C_1 /(kg·m²·s⁻¹)	C_2 /(kg·m²·rad⁻¹)	K_1 /(N·m·rad⁻¹)	K_3 /(N·m·rad⁻³)
参数值	100	2	20	500	−500

根据式(6.167)可以计算转动惯量测量模型 Ⅰ 的近似解析解,如图 6.47 中实线信号所示。利用四阶 Runge－Kutta 法可以求出转动惯量测量模型 Ⅰ 的数值解,如图 6.47 中点信号所示。由图 6.47 可知,转动惯量测量模型 Ⅰ 的数值解和近似解析解基本一致,从而验证了测量模型近似解析解的正确性。

(2) 转动惯量测量模型 Ⅱ 的数值解。为了验证转动惯量测量模型 Ⅱ 近似解

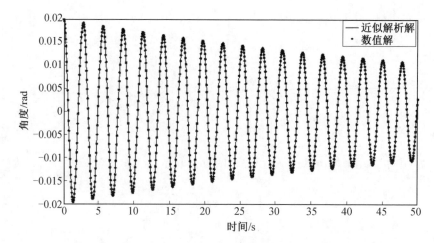

图 6.47　四阶 Runge－Kutta 法转动惯量测量模型 Ⅰ 的近似解析解与数值解

析解的正确性,对模型参数和初始条件已知的测量模型分别进行解析求解和数值求解,并进行比较。四阶 Runge－Kutta 法转动惯量测量模型 Ⅱ 的参数值见表 6.14。初始条件为 $a_0=0.04$ rad,$\varphi_0=0$,信号的采样频率为 20 Hz。

表 6.14　四阶 Runge－Kutta 法转动惯量测量模型 Ⅱ 的参数值

模型参数	J /(kg·m^2)	C_1 /(kg·m^2·s^{-1})	C_2 /(kg·m^2·rad^{-1})	K_1 /(N·m·rad^{-1})	K_3 /(N·m·rad^{-3})
参数值	100	0.1	1	400	−400

利用测量模型的参数值及其初始条件,根据式(6.174)可以计算转动惯量测量模型 Ⅱ 的近似解析解,如图 6.48 中实线信号所示。利用四阶 Runge－Kutta 法可以求出转动惯量测量模型 Ⅱ 的数值解,如图 6.48 中点信号所示。由图 6.48 可知,转动惯量测量模型 Ⅱ 的数值解和近似解析解基本一致,从而验证了近似解析解的正确性。

3. 时变非线性测量模型的数值解

为了验证时变转动惯量测量模型近似解析解的正确性,对模型参数和初始条件已知的测量模型分别进行解析求解和数值求解,并进行比较。假设时变转动惯量的测量模型为

$$(150-0.1t)\ddot{\theta}+\dot{\theta}+10\dot{\theta}|\dot{\theta}|+500\theta-500\theta^3=0 \qquad (6.198)$$

初始条件为 $a_0=0.02$ rad,$\varphi_0=0$,信号的采样频率为 20 Hz。

利用模型参数及其初始条件,根据式(6.191)和式(6.192)可以计算转动惯量测量模型的近似解析解,如图 6.49 中实线信号所示。利用四阶 Runge－Kutta

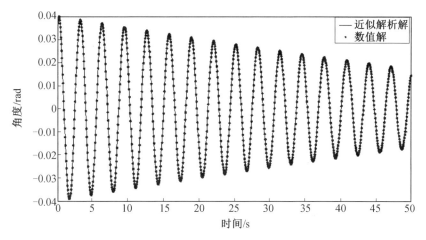

图 6.48　四阶 Runge－Kutta 法转动惯量测量模型 Ⅱ 的近似解析解与数值解

法可以求出转动惯量测量模型的数值解,如图 6.49 中点信号所示。由图 6.49 可知,测量模型的近似解析解和数值解基本一致,从而验证了近似解析解的正确性。

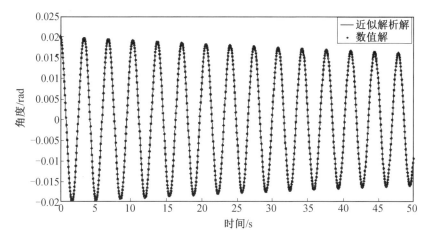

图 6.49　时变转动惯量测量模型的近似解析解与数值解

6.5.4　转动惯量测量非线性模型的分析

由于基于扭摆法的转动惯量测量模型是建立在扭摆运动的基础上的,因此需要分析各种非线性因素及时变转动惯量对扭摆运动的影响。本节参考转动惯量测量中的实际参数值,利用数值仿真的方法,分别讨论了非线性空气阻尼、干摩擦力、非线性恢复力、时变转动惯量对扭摆运动的影响,从而为分析转动惯量与非线性扭摆运动特性之间的关系提供理论指导。

1. 非线性空气阻尼对扭摆运动的影响

由式(6.167)可知,如果被测件的转动惯量不变,那么被测件的扭摆幅度与空气阻尼力矩系数 C_1 和 C_2 有关。为了研究非线性空气阻尼对扭摆运动的影响,比较了线性空气阻尼条件下和非线性空气阻尼条件下,角位移仿真信号振幅比的变化情况。

线性空气阻尼条件下角位移仿真信号的参数值见表 6.15。其中,角位移的初始值为 0.06 rad,初始角速度为 0,采样频率为 2 000 Hz。根据测量模型式(6.144),利用四阶 Runge－Kutta 法可以得到角位移仿真信号。线性空气阻尼条件下角位移仿真信号的振幅比如图 6.50 所示。

表 6.15　线性空气阻尼条件下角位移仿真信号的参数值

模型参数	J /(kg·m^2)	C_1 /(kg·m^2·s^{-1})	C_2 /(kg·m^2·rad^{-1})	K_1 /(N·m·rad^{-1})	K_3 /(N·m·rad^{-3})
$\theta_1(t)$	100	0	0	300	-300
$\theta_2(t)$	100	1	0	400	-500
$\theta_3(t)$	100	2	0	500	-800

振幅比表示信号相邻周期的振幅比值,它反映了信号幅度的衰减程度。由图 6.50 可知,在线性空气阻尼条件下,角位移信号 $\theta_1(t)$ 的振幅比为 1,这说明角位移信号的幅度没有衰减。在线性空气阻尼条件下,角位移信号 $\theta_2(t)$ 和 $\theta_3(t)$ 的振幅比为固定值,这说明角位移信号的幅度以恒定程度进行衰减。通过以上仿真分析可知:如果测量系统只存在线性空气阻尼,那么信号的振幅比是不变的。

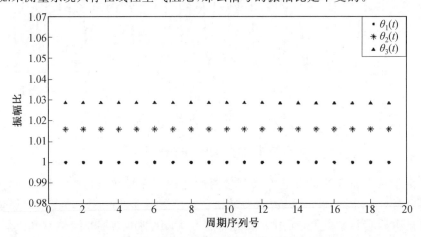

图 6.50　线性空气阻尼条件下角位移仿真信号的振幅比

非线性空气阻尼条件下角位移仿真信号的参数值见表 6.16。其中,角位移的初始值为 0.06 rad,初始角速度为 0,采样频率为 2 000 Hz。

表 6.16　非线性空气阻尼条件下角位移仿真信号的参数值

模型参数	J /(kg·m²)	C_1 /(kg·m²·s⁻¹)	C_2 /(kg·m²·rad⁻¹)	K_1 /(N·m·rad⁻¹)	K_3 /(N·m·rad⁻³)
$\theta_4(t)$	100	1.2	10	300	−300
$\theta_5(t)$	100	1.5	15	400	−500
$\theta_6(t)$	100	2	18	500	−800

图 6.51 所示为非线性空气阻尼条件下角位移仿真信号的振幅比,由图 6.51 可知,在非线性空气阻尼条件下,角位移信号的振幅比是逐渐减小的,这说明角位移幅度的衰减程度是不断减小的。通过以上仿真分析可知:只有当测量系统存在非线性空气阻尼时,角位移信号的振幅比才会不断减小。

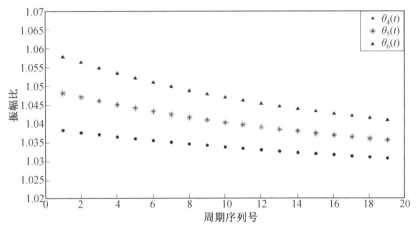

图 6.51　非线性空气阻尼条件下角位移仿真信号的振幅比

2. 干摩擦力对扭摆运动的影响

由式(6.174)可知,如果被测件的转动惯量不变,那么扭摆运动的幅度与空气阻尼力矩系数 C_1 和干摩擦力的力矩系数 C_0 有关。干摩擦力条件下角位移仿真信号的参数值见表 6.17。其中,初始角位移为 0.08 rad,初始角速度为 0,采样频率为 2 000 Hz。

表 6.17　干摩擦力条件下角位移仿真信号的参数值

模型参数	J /(kg·m²)	C_1 /(kg·m²·s⁻¹)	C_2 /(kg·m²·rad⁻¹)	K_1 /(N·m·rad⁻¹)	K_3 /(N·m·rad⁻³)
$\theta_7(t)$	100	0.08	1	400	−500
$\theta_8(t)$	100	0.10	1.5	500	−600
$\theta_9(t)$	100	0.15	2	600	−800

根据前面的仿真分析可知:如果测量系统只存在线性空气阻尼,那么角位移仿真信号的振幅比是不变的。图 6.52 所示为干摩擦力条件下角位移仿真信号的振幅比。由图 6.52 可知,在干摩擦力条件下,角位移信号的振幅比是逐渐增大的,这说明角位移信号幅度的衰减程度是不断增大的。

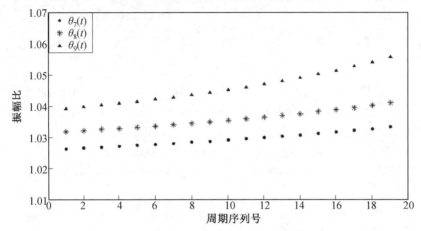

图 6.52　干摩擦力条件下角位移仿真信号的振幅比

3. 非线性恢复力对扭摆运动的影响

由式(6.167)可知,如果被测件的转动惯量不变,其扭摆运动的周期与刚度系数有关。为了研究非线性恢复力对扭摆运动的影响,比较了线性恢复力条件下和非线性恢复力条件下,被测件扭摆周期的变化情况。

线性恢复力条件下角位移仿真信号的参数值见表 6.18。其中,角位移的初始值为 0.06 rad,初始角速度为 0,采样频率为 2 000 Hz。根据测量模型式(6.144),利用四阶 Runge – Kutta 法可以得到角位移仿真信号。

表 6.18　线性恢复力条件下角位移仿真信号的参数值

模型参数	J /(kg·m^2)	C_1 /(kg·m^2·s^{-1})	C_2 /(kg·m^2·rad^{-1})	K_1 /(N·m·rad^{-1})	K_3 /(N·m·rad^{-3})
$\theta_{10}(t)$	100	1	5	300	0
$\theta_{11}(t)$	100	1.5	10	400	0
$\theta_{12}(t)$	100	2	15	500	0

线性恢复力条件下角位移仿真信号的周期变化如图 6.53 所示。由图 6.53 可知,在线性恢复力条件下($K_3=0$),对于每个角位移仿真信号,其各个周期的时间间隔是不变的。通过以上仿真分析可知:如果测量系统只存在线性恢复力,那么角位移信号每个周期的时间间隔是不变的。

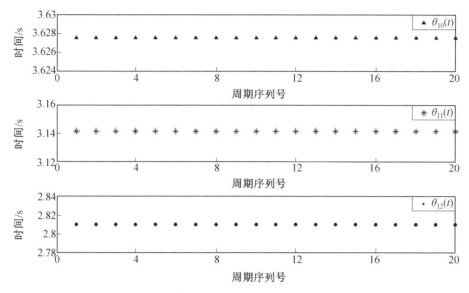

图 6.53　线性恢复力条件下角位移仿真信号的周期变化

非线性恢复力条件下角位移仿真信号的参数值见表 6.19。其中，角位移的初始值为 0.06 rad，初始角速度为 0，采样频率为 2 000 Hz。根据测量模型式 (6.144)，利用四阶 Runge－Kutta 法可以得到角位移仿真信号。

非线性恢复力条件下角位移仿真信号的周期变化如图 6.54 所示。由图 6.54 可知，在非线性恢复力条件下（$K_3 < 0$），对于每个角位移仿真信号，其各个周期的时间间隔是不断减小的。通过以上仿真分析可知：只有当测量系统存在非线性恢复力时，角位移信号的周期才会不断变化。

表 6.19　非线性恢复力条件下角位移仿真信号的参数值

模型参数	J /(kg·m²)	C_1 /(kg·m²·s⁻¹)	C_2 /(kg·m²·rad⁻¹)	K_1 /(N·m·rad⁻¹)	K_3 /(N·m·rad⁻³)
$\theta_{13}(t)$	100	1	5	300	−400
$\theta_{14}(t)$	100	1.5	10	400	−600
$\theta_{15}(t)$	100	2	15	500	−800

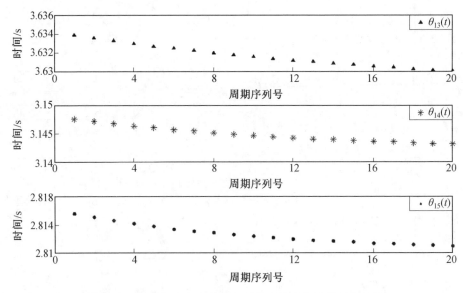

图 6.54 非线性恢复力条件下角位移仿真信号的周期变化

4. 时变转动惯量对扭摆运动的影响

时变转动惯量条件下角位移仿真信号的参数值($C_2=0$)见表 6.20。其中,初始角位移为 0.04 rad,初始角速度为 0,采样频率为 2 000 Hz,测量时间为 $0 \text{ s} < t < 120 \text{ s}$。为了排除非线性空气阻尼对振幅比的影响,令 C_2 为 0。时变转动惯量条件下角位移仿真信号的振幅比如图 6.55 所示。由图 6.55 可知,如果被测件的转动惯量是逐渐减小的,那么角位移仿真信号的振幅比会逐渐增大。

表 6.20 时变转动惯量条件下角位移仿真信号的参数值 ($C_2 = 0$)

模型参数	$J/(\text{kg} \cdot \text{m}^2)$	$C_1/(\text{kg} \cdot \text{m}^2 \cdot \text{s}^{-1})$	$K_1/(\text{N} \cdot \text{m} \cdot \text{rad}^{-1})$	$K_3/(\text{N} \cdot \text{m} \cdot \text{rad}^{-3})$
$\theta_{16}(t)$	$150 - 0.1t$	2	200	-400
$\theta_{17}(t)$	$150 - 0.2t$	3	400	-500
$\theta_{18}(t)$	$150 - 0.3t$	4	600	-800

下面利用数值仿真的方法分析时变转动惯量对扭摆周期的影响。时变转动惯量条件下角位移仿真信号的参数值($K_3=0$)见表 6.21。其中,测量时间为 $0 \text{ s} < t < 120 \text{ s}$,角位移的初始值为 0.04 rad,初始角速度为 0,采样频率为 2 000 Hz。为了排除非线性恢复力对扭摆周期的影响,令 K_3 为 0。利用四阶 Runge-Kutta 法可以得到角位移仿真信号。

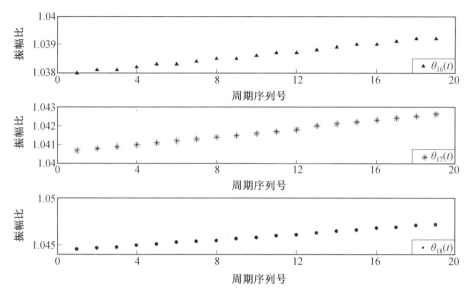

图 6.55　时变转动惯量条件下角位移仿真信号的振幅比

表 6.21　时变转动惯量条件下角位移仿真信号的参数值（$K_3 = 0$）

模型参数	J /(kg·m²)	C_1 /(kg·m²·s⁻¹)	C_2 /(kg·m²·rad⁻¹)	K_1 /(N·m·rad⁻¹)	K_3 /(N·m·rad⁻³)
$\theta_{19}(t)$	$150 - 0.1t$	2	10	200	0
$\theta_{20}(t)$	$150 - 0.2t$	3	20	400	0
$\theta_{21}(t)$	$150 - 0.3t$	4	30	600	0

时变转动惯量条件下角位移仿真信号的周期变化如图 6.56 所示。由图 6.56 可知，如果被测件的转动惯量是逐渐减小的，那么角位移仿真信号的周期会不断减小。通过以上仿真分析可知，如果被测件的转动惯量是变化的，那么角位移信号的振幅比和周期也会随之变化。

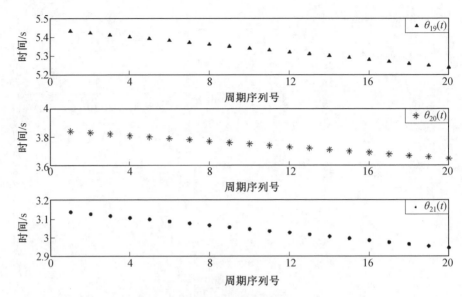

图 6.56 时变转动惯量条件下角位移仿真信号的周期变化

6.5.5 非线性因素对转动惯量测量的影响

为了分析非线性因素对转动惯量测量的影响,比较了有非线性因素影响和无非线性因素影响情况下的转动惯量测量结果。无非线性因素影响情况下角位移仿真信号的参数值见表 6.22;有非线性因素影响情况下角位移仿真信号的参数值见表 6.23。

表 6.22 无非线性因素影响情况下角位移仿真信号的参数值

模型参数	J /(kg·m²)	C_1 /(kg·m²·s⁻¹)	C_2 /(kg·m²·rad⁻¹)	K_1 /(N·m·rad⁻¹)	K_3 /(N·m·rad⁻³)
$\theta_{22}(t)$	100	1	0	400	0
$\theta_{23}(t)$	100	1.75	0	350	0
$\theta_{24}(t)$	100	1.5	0	300	0
$\theta_{25}(t)$	100	1.25	0	250	0
$\theta_{26}(t)$	100	2.5	0	200	0

表 6.23　有非线性因素影响情况下角位移仿真信号的参数值

模型参数	J /(kg·m²)	C_1 /(kg·m²·s⁻¹)	C_2 /(kg·m²·rad⁻¹)	K_1 /(N·m·rad⁻¹)	K_3 /(N·m·rad⁻³)
$\theta_{27}(t)$	100	1	5	400	−400
$\theta_{28}(t)$	100	1.75	10	350	−500
$\theta_{29}(t)$	100	1.5	15	300	−600
$\theta_{30}(t)$	100	1.25	20	250	−700
$\theta_{31}(t)$	100	2.5	25	200	−800

利用表 6.22 和表 6.23 的角位移仿真信号，根据周期法计算物体的转动惯量。无非线性因素影响和有非线性因素影响情况下的转动惯量测量相对误差如图 6.57 所示。由图 6.57 可知，由于非线性因素的影响，转动惯量的测量误差较大。根据 6.5.4 节的分析可知，由于非线性因素的影响，角位移信号的振幅比和周期是不断变化的，因此振幅比和周期的平均值无法准确地表示实际的振幅比和周期值，从而影响转动惯量的测量精度。

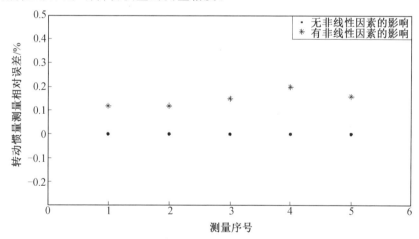

图 6.57　无非线性因素影响和有非线性因素影响情况下的转动惯量测量相对误差

综上，本节分别考虑了非线性空气阻尼、干摩擦力、非线性恢复力和时变转动惯量对转动惯量测量的影响，利用分析动力学的原理建立了不同测量系统条件下的转动惯量测量模型。利用非线性微分方程的求解方法计算转动惯量测量模型的近似解析解，并利用数值解进行验证。利用数值仿真的方法分析了各种非线性因素及时变转动惯量对扭摆运动的影响。仿真结果表明：对于时不变转动惯量，只有当测量系统存在非线性阻尼时，扭摆运动的振幅比才会逐渐减小；对于时不变转动惯量，只有当测量系统存在非线性恢复力时，扭摆运动的周期才会随着幅度的衰减而变化；对于时变转动惯量，扭摆运动的周期和振幅比会随着转动惯量的变化而变化。

6.6 基于 Hilbert 变换的转动惯量计算方法

本节利用基于 Hilbert 变换的时频分析方法，确定了转动惯量与瞬时无阻尼固有频率之间的关系，从而提出了基于 Hilbert 变换的转动惯量计算方法。该方法适合非线性系统条件下，时不变和时变转动惯量的计算。本节针对不同类型的转动惯量测量模型，利用数值仿真的方法验证基于 Hilbert 变换的转动惯量计算方法的正确性。同时，利用信号延拓的方法可以有效地抑制 Hilbert 变换中的端点效应，从而保证转动惯量的计算精度。另外，为了减少噪声对转动惯量测量的影响，本节设计了基于 Kaiser 窗的有限长冲击响应滤波器(FIR)。

6.6.1 基于 Hilbert 变换的转动惯量计算方法

1. 解析信号的构造

如果 $\theta(t)$ 为连续的实值信号，那么 $\theta(t)$ 的 Hilbert 变换定义为

$$\tilde{\theta}(t) = H[\theta(t)] = \frac{1}{\pi} \int_{-\infty}^{+\infty} \frac{\theta(\tau)}{t-\tau} d\tau \tag{6.199}$$

如果 $\theta(t)$ 为实值信号，$\tilde{\theta}(t)$ 是 $\theta(t)$ 的 Hilbert 变换，则与 $\theta(t)$ 相对应的解析信号为

$$\beta = \theta(t) + j\tilde{\theta}(t) = A(t)e^{j\varphi(t)} \tag{6.200}$$

式中　　β——解析信号；

$A(t)$——瞬时振幅；

$\varphi(t)$——瞬时相位。

根据式(6.200)可以得到 $A(t)$ 和 $\varphi(t)$ 的表达式为

$$A(t) = \sqrt{\theta^2(t) + \tilde{\theta}^2(t)} \tag{6.201}$$

$$\varphi(t) = \arctan \frac{\tilde{\theta}(t)}{\theta(t)} \tag{6.202}$$

瞬时角频率 $\omega(t)$ 定义为瞬时相位的一阶导数，即

$$\omega(t) = \frac{d\varphi}{dt} \tag{6.203}$$

对解析信号 β 关于 t 求一次导数，可得

$$\dot{\beta} = \beta \left[\frac{\dot{A}(t)}{A(t)} + j\omega(t) \right] \tag{6.204}$$

根据式(6.204)可以得到瞬时角频率的计算公式为

$$\omega(t) = \text{Im}\left[\frac{\dot{\beta}(t)}{\beta(t)}\right] = \frac{\theta(t)\dot{\tilde{\theta}}(t) - \dot{\theta}(t)\tilde{\theta}(t)}{\theta^2(t) + \tilde{\theta}^2(t)} \tag{6.205}$$

根据式(6.204)可以得到瞬时振幅一阶导数的计算公式为

$$\dot{A}(t) = A(t)\text{Re}\left[\frac{\dot{\beta}(t)}{\beta(t)}\right] = \frac{\theta(t)\dot{\theta}(t) + \tilde{\theta}(t)\dot{\tilde{\theta}}(t)}{\sqrt{\theta^2(t) + \tilde{\theta}^2(t)}} \tag{6.206}$$

2. 离散 Hilbert 变换

为了实现离散信号的 Hilbert 变换,可以利用离散傅里叶变换(DFT)进行处理。其原理如下。

(1) 对离散信号 $\theta(n)$ 进行 DFT,得到 $F(k)$,其中,$k=0,1,\cdots,N-1$。

(2) 令 $G(k) = \begin{cases} F(k), & k=0 \\ 2F(k), & k=1,2,\cdots,N/2-1 \\ 0, & k=N/2,\cdots,N-1 \end{cases}$。

(3) 对 $G(k)$ 做离散傅里叶逆变换(IDFT),得到 $\theta(n)$ 的解析信号 $\beta(n)$。

(4) $\theta(n)$ 的 Hilbert 变换为 $\tilde{\theta}(n) = \text{IDFT}\{-j[G(k) - F(k)]\}$。

3. 计算原理

根据相关文献的结论,归一化的转动惯量测量模型可以表示为

$$\ddot{\theta} + \sum_{j=0}^{n} c_j |\dot{\theta}|^j \text{sgn}(\dot{\theta}) + \sum_{i=1}^{m} k_i |\theta|^i \text{sgn}(\theta) = 0 \tag{6.207}$$

式中　　n——角速度的最高阶数;

　　　　m——角位移的最高阶数。

为了方便分析,式(6.207)也可以表示为

$$\ddot{\theta} + 2h_0(t)\dot{\theta} + \omega_0^2(t)\theta = 0 \tag{6.208}$$

式中　　$h_0(t)$——瞬时阻尼系数;

　　　　$\omega_0(t)$——瞬时无阻尼固有频率。

假设 $h_0(t)$、$\omega_0(t)$ 为低通信号,$\theta(t)$ 为高通信号,而且 $h_0(t)$、$\omega_0(t)$ 与 $\theta(t)$ 的频谱在频带上不重合。

对式(6.208)的两边做 Hilbert 变换,并乘 j,然后与式(6.208)相加得到

$$\ddot{\beta} + 2h_0(t)\dot{\beta} + \omega_0^2(t)\beta = 0 \tag{6.209}$$

对式(6.200)两边求导可得

$$\dot{\beta} = \beta\left(\frac{\dot{A}}{A} + j\omega\right) \tag{6.210}$$

$$\ddot{\beta} = \beta\left[\frac{\ddot{A}}{A} - \omega^2 + 2j\frac{\dot{A}}{A}\omega + j\dot{\omega}\right] \tag{6.211}$$

把式(6.210)、式(6.211)代入式(6.209)可得

$$\beta\left[\frac{\ddot{A}}{A} - \omega^2 + \omega_0^2 + 2h_0\frac{\dot{A}}{A} + j\left(2\frac{\dot{A}}{A}\omega + \dot{\omega} + 2h_0\omega\right)\right] = 0 \tag{6.212}$$

令式(6.212)的实部和虚部为零，经整理计算可得扭摆运动的瞬时无阻尼固有频率 $\omega_0(t)$ 和瞬时阻尼系数 $h_0(t)$ 为

$$\omega_0(t) = \left(\omega^2 - \frac{\ddot{A}}{A} + \frac{2\dot{A}^2}{A^2} + \frac{\dot{A}\dot{\omega}}{A\omega}\right)^{\frac{1}{2}} \tag{6.213}$$

$$h_0(t) = -\frac{\dot{A}}{A} - \frac{\dot{\omega}}{2\omega} \tag{6.214}$$

同时，瞬时无阻尼固有频率、瞬时阻尼系数与式(6.207)的关系可以表示为

$$\omega_0(A) = \left[\sum_{i=1}^{m}\frac{2}{\sqrt{\pi}}\frac{\Gamma\left(\frac{i}{2}+1\right)}{\Gamma\left(\frac{i+1}{2}+1\right)}k_i A^{i-1}(t)\right]^{\frac{1}{2}} \tag{6.215}$$

$$h_0(A\omega) = \sum_{j=0}^{n}\frac{1}{\sqrt{\pi}}\frac{\Gamma\left(\frac{j}{2}+1\right)}{\Gamma\left(\frac{j+1}{2}+1\right)}c_j[A(t)\omega(t)]^{j-1} \tag{6.216}$$

对于转动惯量测量模型 Ⅰ，根据式(6.215)和式(6.216)可以得到瞬时无阻尼固有频率 $\omega_0(t)$、瞬时阻尼系数 $h_0(t)$ 与归一化的测量模型 $\ddot{\theta} + c_1\dot{\theta} + c_2\dot{\theta}|\dot{\theta}| + k_1\theta + k_3\theta^3 = 0$ 之间的关系：

$$\begin{cases}\omega_0(A) = \left[k_1 + \frac{3}{4}k_3 A^2(t)\right]^{\frac{1}{2}} \\ h_0(A\omega) = \frac{c_1}{2} + \frac{4c_2}{3\pi}A\omega\end{cases} \tag{6.217}$$

对于转动惯量测量模型 Ⅱ，根据式(6.215)和式(6.216)可以得到，瞬时无阻尼固有频率 $\omega_0(t)$、瞬时阻尼系数 $h_0(t)$ 与归一化的测量模型 $\ddot{\theta} + c_0\mathrm{sgn}(\dot{\theta}) + c_1\dot{\theta} + k_1\theta + k_3\theta^3 = 0$ 之间的关系为

$$\begin{cases}\omega_0(A) = \left[k_1 + \frac{3}{4}k_3 A^2(t)\right]^{\frac{1}{2}} \\ h_0(A\omega) = \frac{2c_0}{\pi A\omega} + \frac{c_1}{2}\end{cases} \tag{6.218}$$

根据式(6.215)、式(6.216),利用最小二乘曲线拟合的方法可以计算出归一化的测量模型参数,根据扭杆的刚度系数 K_1 即可求出被测件的转动惯量为

$$J = \frac{K_1}{k_1} \tag{6.219}$$

对于时变转动惯量测量模型,根据式(6.208)可以得到时变转动惯量与瞬时无阻尼固有频率之间的关系为

$$J(\tau) = \frac{K_1 + K_3 \theta^2}{\omega_0^2} \tag{6.220}$$

基于 Hilbert 变换的转动惯量计算方法如图 6.58 所示。首先,对被测件的角位移信号进行 Hilbert 变换,并构造解析信号;其次,求出角位移信号的瞬时振幅、瞬时相位和瞬时角频率;再次根据式(6.213)和式(6.214)计算扭摆运动的瞬时无阻尼固有频率和瞬时阻尼系数;然后利用最小二乘曲线拟合的方法,根据式(6.215)和式(6.216)估计转动惯量测量模型的参数值;最后,根据扭杆的刚度系数可以求出被测件的转动惯量。

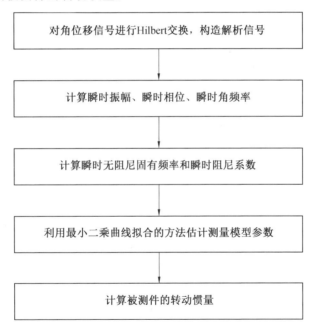

图 6.58 基于 Hilbert 变换的转动惯量计算方法

6.6.2 经验模式分解

由 6.6.1 节可知,在计算被测件的转动惯量之前,需要计算被测件扭摆运动的瞬时角频率。但是,在计算信号的瞬时角频率时有一个前提条件,即信号在同

一时刻只有一个角频率。为此,Cohen提出了单分量信号的概念,单分量信号在每个时刻只能有唯一角频率。相对于单分量信号而言,则存在多分量信号。因此,需要通过某种形式的分解把多分量信号分解为若干个单分量信号。Huang N.E.等人提出了经验模式分解(EMD)法,此方法可以把多分量信号分解为若干个单分量信号,即固有模态函数(IMF),从而使瞬时角频率具有了明确的物理意义。因此,在利用Hilbert变换进行转动惯量计算之前,需要利用EMD法判断角位移信号是否为单分量信号。EMD法的具体步骤如下。

(1) 找出原始信号 $\theta(t)$ 所有的局部极大值和极小值,利用三次样条曲线连接所有的局部极大值,从而得到上包络线;利用三次样条曲线连接所有的局部极小值,从而得到下包络线。

(2) 取上、下包络线的平均值为 $m_1(t)$,则

$$h_1(t) = \theta(t) - m_1(t) \tag{6.221}$$

判断 $h_1(t)$ 是否为一个 IMF 分量,理想状态下,$h_1(t)$ 是一个 IMF 分量。

(3) 如果 $h_1(t)$ 不满足 IMF 的标准,则把 $h_1(t)$ 作为原始信号,重复(1)(2)的步骤,则有

$$h_1(t) = h_1(t) - m_{11}(t) \tag{6.222}$$

式中　$m_{11}(t)$——信号 $h_1(t)$ 的上、下包络的平均值。

(4) 如果 $h_{11}(t)$ 不满足 IMF 的标准,则把 $h_{11}(t)$ 作为原始信号,重复(1)(2)的步骤 k 次,直至 $h_{1k}(t)$ 满足 IMF 的标准,则

$$c_1 = h_{1k}(t) = h_{1(k-1)}(t) - m_{1k}(t) \tag{6.223}$$

(5) 将 c_1 分量从信号 $\theta(t)$ 中分离,剩下的为新信号。然后,重复步骤(1)~(4),得到残余函数为

$$\theta(t) = \sum_{i=1}^{n} c_i + r_n \tag{6.224}$$

为了使信号的分解次数控制在合理的范围内,可以利用相邻信号 $h_{1k}(t)$ 和 $h_{1(k-1)}(t)$ 的标准差作为分解过程的终止准则,有

$$\mathrm{SD} = \sum_{t=0}^{T} \left[\frac{|h_{1(k-1)}(t) - h_{1k}(t)|^2}{h_{1(k-1)}^2(t)} \right] \tag{6.225}$$

实践结果表明,SD介于0.2与0.3之间时,分解结果满足条件要求。

假设仿真信号 $\theta(t)$ 由若干个单分量信号组成,即

$$\theta(t) = 10\sin 2\pi f_1 t + 5\sin 2\pi f_2 t \tag{6.226}$$

式中　$f_1 = 10$ Hz,$f_2 = 100$ Hz,采样频率 $f_s = 1\,000$ Hz。

利用EMD法将原始信号分解为若干个IMF。仿真信号的EMD分解结果如图6.59所示。由图6.59可知,利用EMD法可以有效地将多分量信号分解为若干个单分量信号。

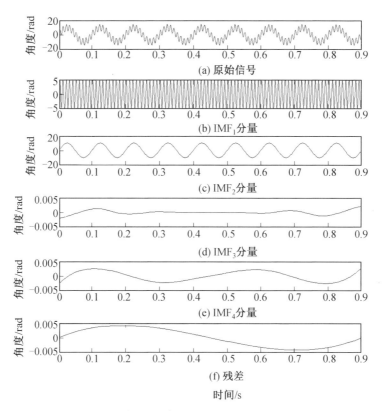

图 6.59　仿真信号的 EMD 分解结果

6.6.3　计算方法的仿真验证

本节利用数值仿真的方法验证基于 Hilbert 变换的转动惯量计算方法的正确性。首先，参考转动惯量测量中的实际参数值，设定测量模型的参数值和初始条件，并得出相应的角位移仿真信号；然后，利用基于 Hilbert 变换的转动惯量计算方法进行计算，并与转动惯量的理论值进行对比。

1. 针对时不变非线性转动惯量测量模型 Ⅰ 的仿真验证

基于 Hilbert 变换的转动惯量测量模型 Ⅰ 的参数值见表 6.24，其中，初始角位移为 0.05 rad，采样频率为 100 Hz。基于 Hilbert 变换的转动惯量测量模型 Ⅰ 的角位移仿真信号 $\theta(t)$ 如图 6.60 所示。

表 6.24　基于 Hilbert 变换的转动惯量测量模型 Ⅰ 的参数值

模型参数	J /(kg·m^2)	C_1 /(kg·m^2·s^{-1})	C_2 /(kg·m^2·rad^{-1})	K_1 /(N·m·rad^{-1})	K_3 /(N·m·rad^{-3})
参数值	100	1	10	400	−600

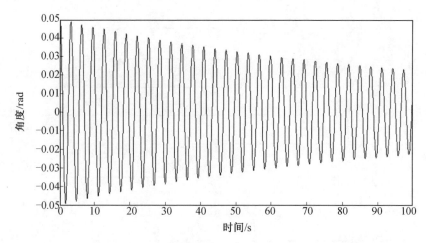

图 6.60 基于 Hilbert 变换的转动惯量测量模型 Ⅰ 的角位移仿真信号 $\theta(t)$

在进行转动惯量计算之前,需要对角位移仿真信号进行 EMD 处理,判断角位移仿真信号 $\theta(t)$ 是否为单分量信号。基于 Hilbert 变换的转动惯量测量模型 Ⅰ 的角位移仿真信号的 EMD 处理结果如图 6.61 所示。由图 6.61 可知,IMF_1 分

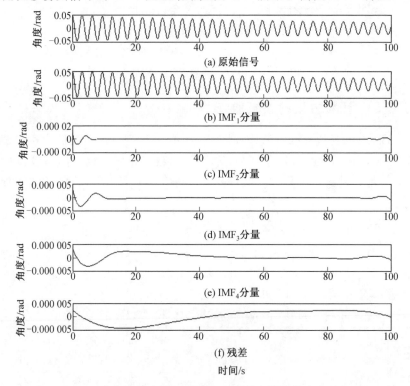

图 6.61 基于 Hilbert 变换的转动惯量测量模型 Ⅰ 的角位移仿真信号的 EMD 处理结果

量与原始信号基本一致,而其他分量的振幅非常小,可以忽略不计。因此,角位移仿真信号 $\theta(t)$ 可以视为单分量信号,角位移信号的瞬时角频率具有明确的物理意义,从而可以直接利用角位移信号进行转动惯量计算。

利用角位移仿真信号的 Hilbert 变换,根据式(6.200)构造解析信号,其立体图及投影图如图 6.62 所示。图 6.62(a) 所示为解析信号的立体图,为了方便分析,这里只显示解析信号的前半部分。图 6.62(b) 所示为解析信号在各个坐标平面的投影。其中,实轴－时间平面内的信号为角位移仿真信号 $\theta(t)$;虚轴－时间平面内的信号为 $\theta(t)$ 的 Hilbert 信号;实轴－虚轴平面内的信号为 $\theta(t)$ 的二维解析信号。

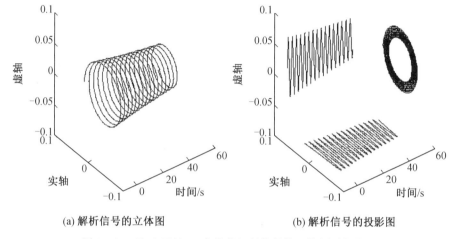

(a) 解析信号的立体图　　　　　　(b) 解析信号的投影图

图 6.62　基于 Hilbert 变换的解析信号的立体图及投影图

利用角位移信号 $\theta(t)$ 的解析信号,可以求出相应的瞬时振幅 $A(t)$ 和瞬时角频率 $\omega(t)$。图 6.63 所示虚线信号为基于 Hilbert 变换的角位移信号的瞬时振幅。

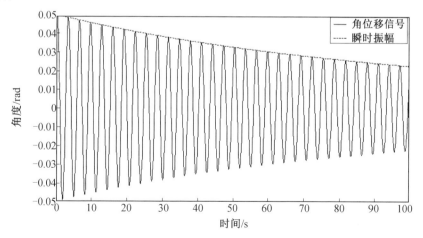

图 6.63　基于 Hilbert 变换的角位移信号及其瞬时振幅

利用角位移仿真信号的瞬时振幅 $A(t)$ 和瞬时角频率 $\omega(t)$，根据式(6.213)可以求出扭摆运动的瞬时无阻尼固有频率，如图 6.64 所示。利用角位移仿真信号的瞬时振幅 $A(t)$ 和瞬时角频率 $\omega(t)$，根据式(6.214)可以求出扭摆运动的瞬时阻尼系数，如图 6.65 所示。

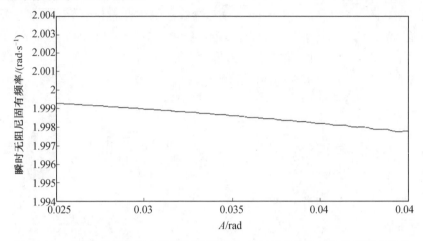

图 6.64　时不变非线性转动惯量测量模型 Ⅰ 扭摆运动的瞬时无阻尼固有频率

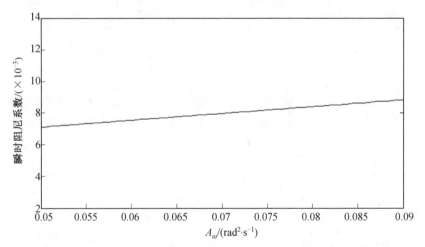

图 6.65　时不变非线性转动惯量测量模型 Ⅰ 扭摆运动的瞬时阻尼系数

根据式(6.217)，分别对图 6.64 和图 6.65 的曲线进行最小二乘曲线拟合，从而可以估计归一化的转动惯量测量模型 Ⅰ 参数值，见表 6.25。如果已知扭杆刚度系数 K_1 的值，那么根据式(6.219)可以求出被测件的转动惯量为

$$J = \frac{K_1}{k_1} = 100.0025 \text{ kg} \cdot \text{m}^2 \tag{6.227}$$

第6章 质量特性参数精密测试中的关键技术

表 6.25 归一化的转动惯量测量模型 I 参数值

模型参数	$c_1/(\text{s}^{-1})$	$c_2/(\text{rad}^{-1})$	$k_1/(\text{rad}^{-1} \cdot \text{s}^{-2})$	$k_3/(\text{rad}^{-3} \cdot \text{s}^{-2})$
标准值	0.010 0	0.100 0	4.000 0	−6.000 0
估计值	0.010 0	0.100 1	3.999 9	−6.004 3

2. 针对时不变非线性转动惯量测量模型 II 的仿真验证

基于 Hilbert 变换的转动惯量测量模型 II 的参数值见表 6.26。其中,初始角位移为 0.05 rad,采样频率为 100 Hz。利用四阶 Runge-Kutta 法可以得到基于 Hilbert 变换的转动惯量测量模型 II 的角位移仿真信号 $\theta(t)$,如图 6.66 所示。

表 6.26 基于 Hilbert 变换的转动惯量测量模型 II 的参数值

模型参数	J /(kg·m²)	C_1 /(kg·m²·s⁻¹)	C_2 /(kg·m²·rad⁻¹)	K_1 /(N·m·rad⁻¹)	K_3 /(N·m·rad⁻³)
参数值	100	0.1	0.5	500	−800

首先,利用 EMD 法可以判断角位移仿真信号 $\theta(t)$ 为单分量信号;其次,利用 Hilbert 变换构造角位移仿真信号的解析信号,求出相应的瞬时振幅和瞬时角频率;然后,根据式(6.213)可以求出扭摆运动的瞬时无阻尼固有频率,如图 6.67 所示;最后,根据式(6.214)可以求出扭摆运动的瞬时阻尼系数,如图 6.68 所示。

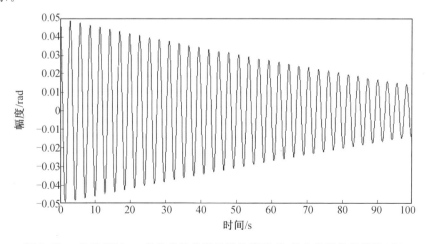

图 6.66 基于 Hilbert 变换的转动惯量测量模型 II 的角位移仿真信号 $\theta(t)$

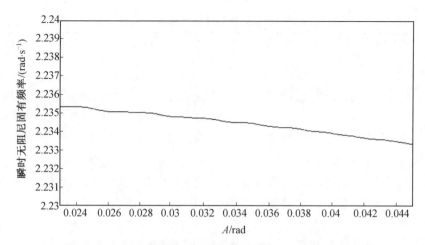

图 6.67　时不变非线性转动惯量测量模型 Ⅱ 扭摆运动的瞬时无阻尼固有频率

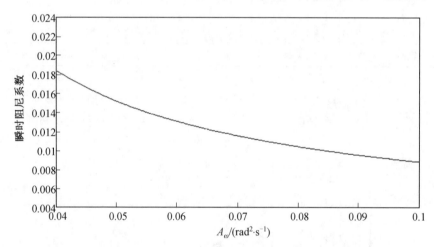

图 6.68　时不变非线性转动惯量测量模型 Ⅱ 扭摆运动的瞬时阻尼系数

根据式(6.218),分别对图 6.67 和图 6.68 的曲线进行最小二乘曲线拟合,从而可以估计归一化的转动惯量测量模型 Ⅱ 参数值,见表 6.27。如果已知扭杆刚度系数 K_1 的值,那么根据式(6.219)可以求出被测件的转动惯量为

$$J = \frac{K_1}{k_1} = 100.004\ 0\ \text{kg} \cdot \text{m}^2 \tag{6.228}$$

表 6.27　归一化的转动惯量测量模型 Ⅱ 参数值

模型参数	$c_0/(\text{s}^{-2})$	$c_1/(\text{s}^{-1})$	$k_1/(\text{rad}^{-1} \cdot \text{s}^{-2})$	$k_3/(\text{rad}^{-3} \cdot \text{s}^{-2})$
标准值	0.001 0	0.005 0	5.000 0	$-8.000\ 0$
估计值	0.000 9	0.005 1	4.999 8	$-8.008\ 3$

3. 针对时变非线性转动惯量测量模型的仿真验证

假设时变转动惯量测量模型为

$$(150 - 0.1t)\ddot{\theta} + \dot{\theta} + 10\dot{\theta}|\dot{\theta}| + 400\theta - 500\theta^3 = 0 \quad (6.229)$$

式(6.229)中,初始角位移为 0.02 rad,采样频率为 100 Hz,$0 \leqslant t \leqslant 100$ s。根据式(6.229),利用四阶 Runge－Kutta 法得到角位移仿真信号 $\theta(t)$,如图 6.69 所示。

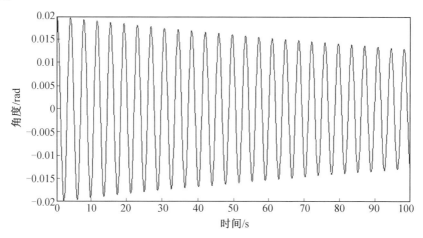

图 6.69　利用四阶 Runge－Kutta 法得到的角位移仿真信号 $\theta(t)$

首先,利用 Hilbert 变换构造角位移仿真信号 $\theta(t)$ 的解析信号,求出相应的瞬时振幅和瞬时角频率;然后,根据式(6.213)可以求出扭摆运动的瞬时无阻尼固有频率,如图 6.70 所示。

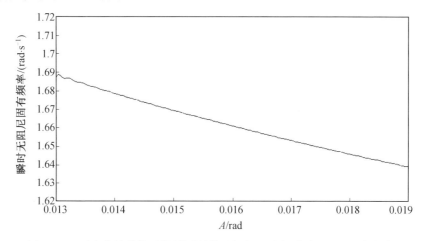

图 6.70　时变非线性转动惯量测量模型扭摆运动的瞬时无阻尼固有频率

如果已知扭杆的刚度系数,那么根据式(6.220)可以得到时变转动惯量的测量值 $J(\tau)$,如图 6.71 所示。根据时变转动惯量的理论值,可以计算时变转动惯量测量相对误差,如图 6.72 所示。由图 6.72 可知,利用基于 Hilbert 变换的转动惯量计算方法可以准确计算物体的时变转动惯量,从而验证了该方法的正确性。

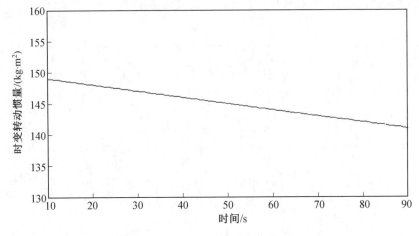

图 6.71　时变转动惯量的测量值

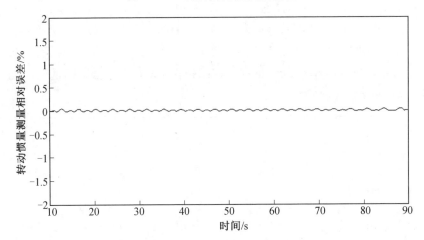

图 6.72　时变转动惯量测量相对误差

仿真实验结果表明:针对不同类型的非线性测量模型,基于 Hilbert 变换的转动惯量计算方法可以准确计算被测件的时不变、时变转动惯量,从而验证了该转动惯量计算方法的正确性。

6.6.4 端点效应对转动惯量测量的影响

在转动惯量的计算过程中,需要对角位移信号进行 Hilbert 变换。在实际运算中,Hilbert 变换是通过离散傅里叶变换实现的,因此对有限长的角位移信号进行 Hilbert 变换时,不可避免地会产生频谱泄漏。反映在时域波形上,则会在 Hilbert 信号的两端产生失真,因此称为端点效应。由于端点效应影响转动惯量的计算精度,因此需要对 Hilbert 变换中的端点效应进行抑制。

下面利用数值仿真的方法分析端点效应的影响,假设原始信号 $\theta(t)$ 为

$$\theta(t) = e^{-\delta t}\cos \omega t \tag{6.230}$$

式(6.230)中,$\delta = 0.1\pi, \omega = 10\pi, 0.37 \text{ s} \leqslant t \leqslant 1.75 \text{ s}$,采样频率为 500 Hz。

通过理论计算,仿真信号 $\theta(t)$ 的 Hilbert 变换标准形式 $\tilde{\theta}(t)$ 为

$$\tilde{\theta}(t) = e^{-\delta t}\sin \omega t \tag{6.231}$$

图 6.73 中的点信号为 Hilbert 变换的标准信号。如果直接对原始信号 $\theta(t)$ 进行 Hilbert 变换,则 Hilbert 信号的两端会出现严重的失真,如图 6.73 中的实线信号所示,这种现象称为端点效应。

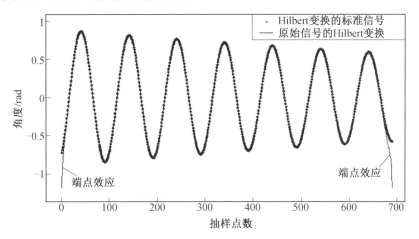

图 6.73 Hilbert 变换中的端点效应

为了保证转动惯量的计算精度,本节利用信号延拓的方法对端点效应进行抑制。原始信号 $\theta(t)$ 如图 6.74 中的实线信号所示,其中,点 A 和点 B 为原始信号的两个端点。

原始信号的延拓方法如下。

(1) 从信号 $\theta(t)$ 左边起向右,找到端点 A 的对称点 A';从信号 $\theta(t)$ 右边起向左,找到端点 B 的对称点 B'。

(2) 提取点 A' 与点 B' 之间的信号,并左右翻转,如图 6.74 中的虚线信号所

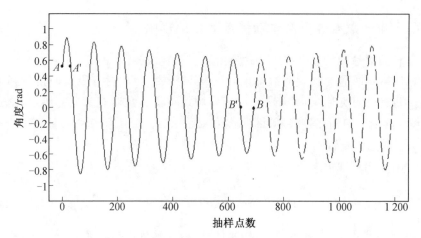

图 6.74　原始信号的延拓结果

示,然后与端点 B 相连。

对延拓后的信号进行 Hilbert 变换,其结果如图 6.75 中的实线信号所示。其中,Hilbert 变换的标准信号如图 6.75 中的点信号所示。由图 6.75 可知,由于信号延拓的作用,因此 Hilbert 信号两端的失真减小了,从而有效地抑制了端点效应。

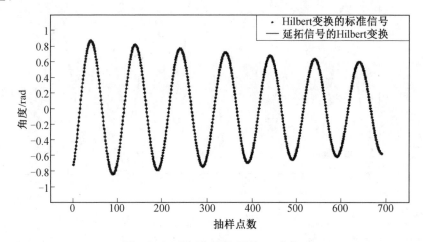

图 6.75　延拓信号的 Hilbert 变换

利用四阶 Runge－Kutta 法可以得到归一化的转动惯量测量模型的角位移的仿真信号:

$$\ddot{\theta}+0.015\dot{\theta}+0.15\dot{\theta}|\dot{\theta}|+4\theta-10\theta^3=0 \qquad (6.232)$$

其中,初始角位移为 0.04 rad,采样频率为 100 Hz。

首先,直接对原始信号角位移进行 Hilbert 变换,并计算测量模型的参数值。然后,对延拓信号角位移进行 Hilbert 变换,并计算测量模型的参数值。最后,比较两次的计算结果。表 6.28 所示为由原始信号和延拓信号得到的模型参数估计值。由表 6.28 可知,信号的延拓可以提高模型参数的计算精度,从而保证了转动惯量的测量精度。

表 6.28 归一化模型参数的估计值

模型参数	$c_1/(\mathrm{s}^{-1})$	$c_2/(\mathrm{rad}^{-1})$	$k_1/(\mathrm{rad}^{-1}\cdot\mathrm{s}^{-2})$	$k_3/(\mathrm{rad}^{-3}\cdot\mathrm{s}^{-2})$
原始信号	0.015 0	0.150 0	4.000 0	−10.000 0
延拓信号(前)	0.014 2	0.134 6	3.953 2	−8.099 6
延拓信号(后)	0.015 1	0.149 8	3.999 9	−10.010 6

6.6.5 基于 Kaiser 窗函数的滤波器设计

扭摆运动的角位移实验信号会含有一定量的噪声,从而影响转动惯量的测量精度,因此在计算转动惯量之前需要对实验信号进行滤波。有限冲击响应(FIR)滤波器是常用的数字滤波器,它不但可以保证任意幅频特性,而且具有严格的线性相频特性。由于其单位响应是有限长的,因此滤波器是稳定的。

本节使用窗函数法设计 FIR 滤波器。窗函数主要有矩形窗函数、Hamming 窗函数、Blackman 窗函数、Kaiser 窗函数等。其中,Kaiser 窗函数是一种非常灵活的窗,它可以通过参数在主瓣宽度和旁瓣衰减之间进行折中。

Kaiser 窗函数的表达式为

$$\omega(n)=\frac{I_0\left[\beta\sqrt{1-\left(\frac{2n}{M-1}\right)^2}\right]}{I_0[\beta]},\quad -\frac{(M-1)}{2}\leqslant n\leqslant\frac{(M-1)}{2} \quad (6.233)$$

式中　I_0——修正的零阶贝塞尔函数;

　　　M——滤波器的阶数;

　　　β——波纹控制参数。

Kaiser 窗函数的参数计算公式如下。

标准过渡带带宽为

$$\Delta f=\frac{\omega_\mathrm{s}-\omega_\mathrm{p}}{2\pi} \quad (6.234)$$

滤波器的阶数为

$$M=\frac{A_\mathrm{s}-7.95}{14.36\Delta f}+1 \quad (6.235)$$

参数为

$$\beta = \begin{cases} 0.110\ 2(A_s - 8.7), & A_s \geqslant 50\ \text{dB} \\ 0.584\ 2(A_s - 21)^{0.4} + 0.078\ 86(A_s - 21), & 21\ \text{dB} < A_s < 50\ \text{dB} \\ 0, & A_s \leqslant 21\ \text{dB} \end{cases}$$

(6.236)

式中　ω_s——冲击响应的通带截止频率；

ω_p——冲击响应的阻带起始频率。

参数 β 由阻带衰减 A_s 决定，参数 M 由阻带衰减 A_s 和过渡带带宽 Δf 共同决定。

6.6.6　扭摆周期的计算方法

为了分析扭摆运动的周期变化，需要准确计算角位移信号每个周期的时间间隔。但是，实验条件所限，信号的采样频率不能过高，因而给扭摆周期的计算带来一定的误差。为了提高扭摆周期的计算精度，本节利用了一种高精度的周期计算方法。

假设扭摆运动角位移信号及采样点如图 6.76 所示，其中，点 M 和点 N 分别为信号第 l 个周期的两个端点。如果信号的采样频率不高，则有可能采集不到信号的端点，从而影响信号周期的计算精度。如图 6.76 所示，信号的左端点 M 在采样点 A_1 与 A_2 之间，信号的右端点 N 在采样点 A_9 与 A_{10} 之间。常用的周期计算公式为

$$T = \frac{N}{f_s} \tag{6.237}$$

式中　T——单个周期的时间间隔；

N——单个周期内的采样点数；

f_s——采样频率。

如果利用式(6.237)计算信号的周期，那么只能计算采样点 A_2 与 A_9 之间的时间间隔。由于点 M 与点 A_2 之间的时间间隔将被忽略，从而影响周期的计算精度。本节利用相似三角形的方法计算点 M 与点 A_2 之间的时间间隔，并对信号周期进行补偿。由于点 A_1 与点 A_2 之间的信号弯曲程度不大，可以把此线段近似为直线，则点 M 与点 A_2 之间的时间间隔为

$$T_{MA_2} = \frac{y_1}{|y_1| + y_2} \times \frac{1}{f_s} \tag{6.238}$$

式中　T_{MA_2}——点 M 与点 A_2 的时间间隔；

y_1——信号在采样点 A_1 处的幅度；

y_2——信号在采样点 A_2 处的幅度；

f_s——信号的采样频率。

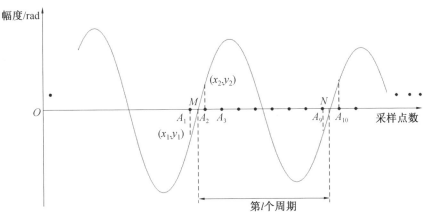

图 6.76　扭摆运动角位移信号及采样点

利用 T_{MA2} 可以近似计算点 M 与点 A_2 的时间间隔,同理可以计算点 $A9$ 与点 N 的时间间隔 T_{NA9}。最后,利用 T_{MA2} 和 T_{NA2} 对式(6.237)进行补偿,从而提高信号周期的计算精度。

利用数值仿真的方法验证该周期计算方法的有效性,假设角位移信号为
$$X = \sin 2\pi t^2 \tag{6.239}$$
式(6.239)中,信号的采样频率为 100 Hz。扭摆运动角位移仿真信号如图 6.77 所示。

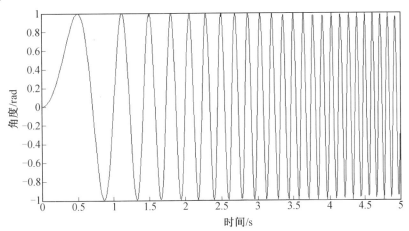

图 6.77　扭摆运动角位移仿真信号

通过理论计算可以得到仿真信号每个周期的时间间隔,并将其作为标准值。利用式(6.237)计算信号每个周期的时间间隔,另外利用本节的算法计算信号每个周期的时间间隔,两种方法得到的扭摆运动周期测量相对误差如图 6.78 所示。由图 6.78 可知,利用本节方法对信号周期进行补偿后,周期的计算精度明

显提高。

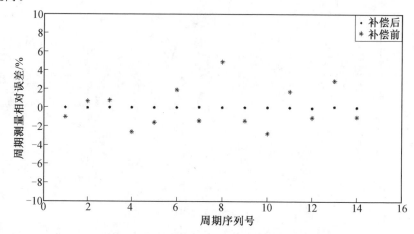

图 6.78　两种方法得到的扭摆运动周期测量相对误差

综上,本节根据转动惯量与扭摆运动瞬时无阻尼固有频率之间的函数关系,提出了基于 Hilbert 变换的转动惯量计算方法。针对不同类型的转动惯量测量模型,利用数值仿真的方法验证了基于 Hilbert 变换的转动惯量计算方法的正确性。利用信号延拓的方法可以有效地抑制 Hilbert 变换中的端点效应,从而保证了转动惯量的计算精度。为了减小噪声对转动惯量测量精度的影响,设计了基于 Kaiser 窗函数的 FIR 滤波器。

6.7　基于最优姿态的转动惯量和惯性积测量方案

本节采用惯性椭球法测量被测件质心坐标系下的转动惯量和惯性积。该方法需要测量被测件在 6 个姿态下对某轴线的转动惯量,并建立方程组,通过解算方程组来得到被测件质心坐标系下的转动惯量和惯性积。因此,对某轴线转动惯量的测量和 6 个姿态的选择是本节所要着重研究的问题。

6.7.1　传统方法测量转动惯量和惯性积的局限性

大尺寸飞行器迎风面较大,利用扭摆法测量被测件的转动惯量时,不能忽略空气阻力的影响。由于高精度转动惯量测量台一般采用气浮或磁悬浮转台,因此系统中的阻尼几乎全部来自于空气阻尼。在摆动速度很慢时,空气阻尼与扭摆速度成正比,因此可以得到阻尼条件下的扭摆运动方程:

$$I\frac{\mathrm{d}\theta^2}{\mathrm{d}^2 t} + C\frac{\mathrm{d}\theta}{\mathrm{d}t} + K\theta = 0 \qquad (6.240)$$

式中　　C——阻尼系数;

K—— 扭杆刚度系数；

θ—— 扭摆角度。

并且，

$$\frac{C}{I} = 2\zeta\omega_0, \quad \frac{K}{I} = \omega_0^2$$

代入式(6.240)得

$$\frac{d\theta^2}{d^2 t} + 2\zeta\omega_0 \frac{d\theta}{dt} + \omega_0^2 \theta = 0 \tag{6.241}$$

式(6.241)的解为

$$\theta(t) = e^{-\zeta\omega t}(c_1 \cos \omega t + c_2 \sin \omega t) \tag{6.242}$$

式中 ζ—— 空气阻尼比；

ω—— 阻尼情况下扭摆角频率，且 $\omega = \omega_0 \sqrt{1-\zeta^2}$。

最后得到转动惯量 I 的计算模型为

$$I = \frac{K}{(2\pi)^2}(1-\zeta^2)T^2 \tag{6.243}$$

因此只要得到空气阻尼比 ζ 和扭摆周期 T，再通过标定得到 K 就能够计算转动惯量。

但是，采用传统方法(开关计时法)来测量转动惯量和惯性积存在以下缺陷。

(1) 忽略阻尼比。由于传统方法测量对象为中小型回转体，因此在忽略空气阻尼比 ζ 的条件下，测量精度仍能保证。而在测量大尺寸飞行器时，忽略 ζ 可能会对结果产生较大误差。

(2) 测量周期存在较大误差。大尺寸飞行器在扭摆时，整个过程近似于欠阻尼振动，其振动周期不变，振幅不断衰减。传统方法利用霍尔开关或者光电开关测量扭摆周期，如图 6.79 所示，开关输出的方波周期将逐渐减小，即 $T_1 > T_2 > \cdots > T_n$，如果将多个周期的平均值当作扭摆周期则会产生较大误差。

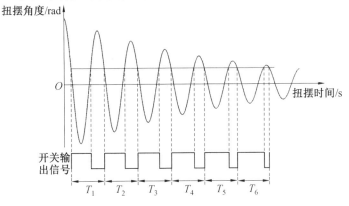

图 6.79 阻尼条件下利用开关计时法测量扭摆周期的缺点

（3）在测量过程中没有考虑被测件变换6个姿态对质心坐标系下转动惯量和惯性积的影响。不同的姿态组合会建立不同的方程组,由于测量误差的存在,不同的方程组得到结果的精度有所不同。若测量姿态选择不当,会使测量产生较大误差。

上述三方面的缺陷导致传统测量方法测量转动惯量的精度难以进一步提高,进而限制质心坐标系下转动惯量和惯性积的测量精度。

本节针对前两个缺陷,对传统方法进行了改进。利用光栅测角法能够准确测量空气阻尼比及扭摆周期,该方法原理示意图如图6.80所示,将光栅尺安装至扭摆轴上,固定读数头,当转台扭摆时,光栅尺相对读数头运动,记录扭摆角度随时间变化的数据,最后将采集到的数据利用计算机进行处理,按照式(6.242)的形式,采用非线性无约束最小二乘估计法对ζ和ω进行估计,得到了阻尼比ζ和扭摆周期T的最优估计值。因此提高了被测件绕扭摆轴转动惯量的测量精度。

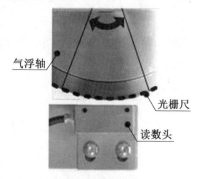

图6.80 光栅测角法原理示意图

6.7.2 基于最优姿态的转动惯量和惯性积测量方案

针对6.7.1节中提到的传统测量方法的第三个缺陷,本节提出了基于最优姿态的转动惯量和惯性积的测量方案。通过测量被测件在6个姿态下绕扭摆轴的转动惯量,得到如下方程组:

$$\begin{bmatrix} c^2\alpha_1 & c^2\beta_1 & c^2\gamma_1 & -2c\alpha_1 c\beta_1 & -2c\beta_1 c\gamma_1 & -2c\gamma_1 c\alpha_1 \\ c^2\alpha_2 & c^2\beta_2 & c^2\gamma_2 & -2c\alpha_2 c\beta_2 & -2c\beta_2 c\gamma_2 & -2c\gamma_2 c\alpha_2 \\ c^2\alpha_3 & c^2\beta_3 & c^2\gamma_3 & -2c\alpha_3 c\beta_3 & -2c\beta_3 c\gamma_3 & -2c\gamma_3 c\alpha_3 \\ c^2\alpha_4 & c^2\beta_4 & c^2\gamma_4 & -2c\alpha_4 c\beta_4 & -2c\beta_4 c\gamma_4 & -2c\gamma_4 c\alpha_4 \\ c^2\alpha_5 & c^2\beta_5 & c^2\gamma_5 & -2c\alpha_5 c\beta_5 & -2c\beta_5 c\gamma_5 & -2c\gamma_5 c\alpha_5 \\ c^2\alpha_6 & c^2\beta_6 & c^2\gamma_6 & -2c\alpha_6 c\beta_6 & -2c\beta_6 c\gamma_6 & -2c\gamma_6 c\alpha_6 \end{bmatrix} \begin{bmatrix} I_{xx} \\ I_{yy} \\ I_{zz} \\ I_{xy} \\ I_{yz} \\ I_{xz} \end{bmatrix} = \begin{bmatrix} I_{c1}^H \\ I_{c2}^H \\ I_{c3}^H \\ I_{c4}^H \\ I_{c5}^H \\ I_{c6}^H \end{bmatrix}$$

(6.244)

式中　　$c\alpha_i$、$c\beta_i$、$c\gamma_i (i=1 \sim 6)$ ——第i个姿态下质心坐标系X、Y、Z坐标轴与扭摆轴的夹角余弦。

理论上任意6个姿态都能够得到如式(6.244)所示的方程组。但是在不同的姿态下,其姿态误差对最后的计算结果的影响是不相同的,因此测量时哪些姿态下α_i、β_i、γ_i的误差对测量结果影响较小则是本节研究的重点。以测量I_{xx}为例

进行说明:

$$I_{xx} = \frac{I_{Oa} - I_{yy}\cos^2\beta - I_{zz}\cos^2\gamma + 2I_{xy}\cos\alpha\cos\beta + 2I_{yz}\cos\beta\cos\gamma + 2I_{zx}\cos\gamma\cos\alpha}{\cos^2\alpha}$$

(6.245)

又因为 α、β、γ 满足

$$\cos^2\alpha + \cos^2\beta + \cos^2\gamma = 1 \tag{6.246}$$

因此式(6.245)可以表示为

$$I_{xx} = f(\alpha,\beta)$$

那么由于姿态误差引起的测量结果的误差为

$$\Delta I_{xx} = \frac{\mathrm{d}f(\alpha,\beta)}{\mathrm{d}\alpha}\Delta\alpha + \frac{\mathrm{d}f(\alpha,\beta)}{\mathrm{d}\beta}\Delta\beta \tag{6.247}$$

假设 $\Delta\alpha = \Delta\beta = 0.05°$,其他参数代入理论值,画出 ΔI_{xx} 的散点分布图,如图 6.81 所示。从图中能够看出 ΔI_{xx} 在 $(\alpha_1,\beta_1) = (0°,90°)$ 或者 $(180°,90°)$ 位置附近的值最小,这就意味着质心坐标系的 x 轴要与扭摆轴保持平行,才能保证 ΔI_{xx} 最小,因此 I_{xx} 的最优测量姿态选择 $\alpha = 0°$,$\beta = \gamma = 90°$。同理可得,I_{yy} 的最优测量姿态选择 $\beta = 0°$,$\alpha = \gamma = 90°$,即质心坐标系 y 轴与扭摆轴平行;I_{zz} 的最优测量姿态选择 $\gamma = 0°$,$\beta = \alpha = 90°$,即质心坐标系 z 轴与扭摆轴平行。

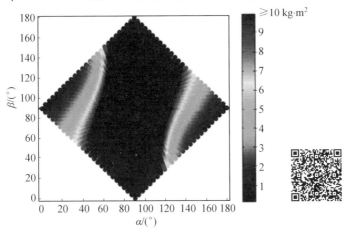

图 6.81 ΔI_{xx} 散点分布图

惯性积的测量姿态以测量 I_{xy} 为例进行说明,根据式(6.244)得到

$$I_{xy} = \frac{I_{xx}\cos^2\alpha + I_{yy}\cos^2\beta + I_{zz}\cos^2\gamma - 2I_{yz}\cos\beta\cos\gamma 2I_{zx}\cos\gamma\cos\alpha - I_{Oa}}{2\cos\alpha\cos\beta}$$

(6.248)

因角度误差造成的测量结果的误差可以写为

$$\Delta I_{xy} = \frac{\mathrm{d}f(\alpha,\beta)}{\mathrm{d}\alpha}\Delta\alpha + \frac{\mathrm{d}f(\alpha,\beta)}{\mathrm{d}\beta}\Delta\beta \tag{6.249}$$

画出 ΔI_{xy} 的散点分布图如图 6.82 所示。

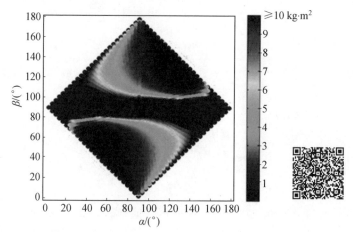

图 6.82 ΔI_{xy} 的散点分布图

从图 6.83 中能够看出,ΔI_{xy} 在 $(\alpha,\beta)=(45°,45°)$ 或者 $(135°,135°)$ 位置附近的值最小。因此 I_{xy} 的最优测量姿态选择 $\alpha=45°$、$\beta=45°$、$\gamma=90°$。同理可得,I_{yz} 的最优测量姿态选择 $\alpha=90°$、$\beta=45°$、$\gamma=135°$,I_{zx} 的最优测量姿态选择 $\alpha=45°$、$\beta=90°$、$\gamma=135°$。综上所述,基于最优姿态的转动惯量和惯性积测量方案就是在图 6.83 所示的 6 个姿态下测量绕扭摆轴的转动惯量,并建立如式(6.244)所示的方程组,最后计算得到质心坐标系下的转动惯量和惯性积。

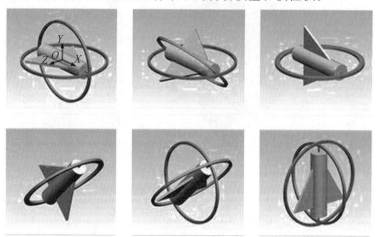

图 6.83 最优测量姿态示意图

6.7.3 实验

为验证基于最优姿态的转动惯量和惯性积的测量方案能够防止因姿态误差

而导致的计算结果失真,本节进行了实验。实验中选用标准件进行测量,该标准件质心坐标系下转动惯量和惯性积的约定真值见表 6.29。

表 6.29　标准件质心坐标系下转动惯量和惯性积的约定真值

参数	$I_x/\mathrm{kg}\cdot\mathrm{m}^2$	$I_y/\mathrm{kg}\cdot\mathrm{m}^2$	$I_z/\mathrm{kg}\cdot\mathrm{m}^2$	$I_{xy}/\mathrm{kg}\cdot\mathrm{m}^2$	$I_{yz}/\mathrm{kg}\cdot\mathrm{m}^2$	$I_{zx}/\mathrm{kg}\cdot\mathrm{m}^2$
约定真值	492.5	492.5	413.7	0	0	0

根据飞行器姿态控制品质的需要,一般要求转动惯量测量相对误差为 0.5%,惯性积的精度应与转动惯量精度在同一量级。因此根据标准件质心坐标系下转动惯量和惯性积的约定真值,确定测量的精度指标为

$$e(I_{xx})=e(I_{yy})=e(I_{zz})=e(I_{xy})=e(I_{yz})=e(I_{zx})=2 \text{ kg}\cdot\mathrm{m}^2$$

实验采用对比的方式,首先确定 10 种测量方案,每种测量方案包括 6 个测量姿态,每种姿态下质心坐标系 X、Y、Z 轴与扭摆轴的夹角见表 6.30。分别利用最优方案和上述 10 种方案进行测量,对比测量结果的绝对误差,如图 6.84 所示。

表 6.30　10 种测量方案下各姿态质心坐标系坐标轴与扭摆轴的夹角

夹角		方案编号									
		1	2	3	4	5	6	7	8	9	10
1	$\alpha_1/(°)$	105.7	60.0	130.8	90.0	90.0	90.0	49.2	90.0	130.8	90.0
	$\beta_1/(°)$	105.7	120.0	130.8	135.0	135.0	157.5	130.8	90.0	130.8	112.5
	$\gamma_1/(°)$	22.5	45.0	112.5	135.0	45.0	112.5	67.5	0.0	112.5	157.5
2	$\alpha_2/(°)$	60.0	49.2	60.0	120.0	90.0	90.0	90.0	0.0	60.0	120.0
	$\beta_2/(°)$	120.0	49.2	60.0	120.0	112.5	90.0	112.5	90.0	60.0	120.0
	$\gamma_2/(°)$	45.0	112.5	135.0	45.0	22.5	0.0	22.5	90.0	135.0	135.0
3	$\alpha_3/(°)$	90.0	60.0	74.3	74.3	45.0	157.5	130.8	74.3	90.0	49.2
	$\beta_3/(°)$	90.0	120.0	105.7	105.7	135.0	90.0	130.8	105.7	90.0	130.8
	$\gamma_3/(°)$	180.0	135.0	22.5	157.5	90.0	112.5	67.5	22.5	180.0	112.5
4	$\alpha_4/(°)$	49.2	157.5	49.2	90.0	120.0	90.0	105.7	45.0	135.0	74.3
	$\beta_4/(°)$	130.8	90.0	130.8	112.5	120.0	135.0	105.7	90.0	90.0	74.3
	$\gamma_4/(°)$	67.5	112.5	67.5	22.5	135.0	45.0	22.5	135.0	45.0	157.5
5	$\alpha_5/(°)$	90.0	90.0	90.0	0.0	90.0	120.0	22.5	49.2	74.3	49.2
	$\beta_5/(°)$	112.5	112.5	112.5	90.0	90.0	120.0	90.0	130.8	105.7	130.8
	$\gamma_5/(°)$	157.5	157.5	22.5	90.0	0.0	45.0	112.5	112.5	22.5	67.5

续表 6.30

夹角		方案编号									
		1	2	3	4	5	6	7	8	9	10
6	$\alpha_6/(°)$	67.5	90.0	67.5	90.0	49.2	112.5	120.0	90.0	90.0	60.0
	$\beta_6/(°)$	90.0	90.0	90.0	157.5	130.8	90.0	120.0	112.5	135.0	120.0
	$\gamma_6/(°)$	22.5	0.0	22.5	67.5	67.5	157.5	45.0	22.5	135.0	45.0

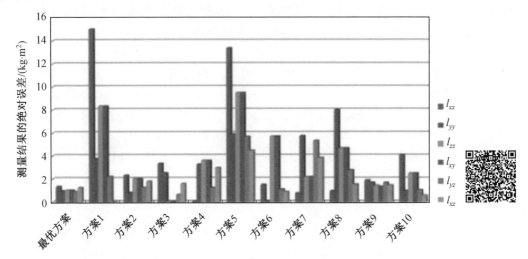

图 6.84 标准件质心坐标系下转动惯量和惯性积测量结果绝对误差对比图

根据对比结果可知,在最优方案下测量得到的转动惯量和惯性积的绝对误差均小于 2 kg·m²,满足测量精度要求,而利用其他测量方案则很容易出现测量结果误差较大的情况,尤其是利用方案 1、5 测量,某些结果的误差较指标所要求的误差大了一个数量级,即产生了严重的失真;10 种方案中只有方案 9 的精度达到要求,但是其误差均高于最优方案下的测量误差。综上所述,基于最优姿态的转动惯量和惯性积测量方案能够有效地防止测量结果失真,有利于提高大尺寸飞行器转动惯量和惯性积的测量精度。

参 考 文 献

[1] 李新国,方群. 有翼导弹飞行动力学[M]. 西安:西北工业大学出版社,2005:5-10.

[2] RICHARD B. Precise measurement of mass[C]. The Annual Conference of the SAWE,2001,8:1-30.

[3] RICHARD B. Mass properties measurement handbook[C]. The Annual Conference of the SAWE,1998,3:1-58.

[4] 古兰霞. 天平之初[J]. 中国计量,2003(10):48.

[5] 关增建,赫尔曼. 中国古代衡器形式的演变[J]. 中国计量,2016(11):59-64.

[6] 李郝鹏. 浅谈天平的发展与应用[J]. 计量与测试技术,2016,43(6):70,72.

[7] 王健. 电子秤功能的实现与应用[D]. 北京:北方工业大学,2011.

[8] 姚庆全. 衡器发展纵横谈[J]. 衡器,2016,45(1):49-51.

[9] 赵宝瑞,刘明. 一种提高天平计量性能的方法[J]. 计量学报,1990,(2):94-100.

[10] 陈良柱. 精密电子分析天平关键技术研究[D]. 长沙:湖南大学,2013.

[11] 曾钟波. 称重传感器的发展研究及误差浅析[J]. 中国管理信息化,2014,17(2):78.

[12] 刘九卿. 应变式称重传感器技术现状及创新发展趋势(续完)[J]. 工业计量,2015,25(3):26-29.

[13] 刘九卿. 动态和数字称重技术发展概况与研究课题[J]. 工业计量,2011,21(2):4-10.

[14] 刘九卿. 应变式称重传感器技术现状及创新发展趋势(待续)[J]. 工业计量,2015,25(2):45-51.

[15] 公司简介[EB/OL]. 沈阳龙腾电子有限公司. [2021-11-22]. http://

www.ltelec.com/dy/1.

[16] ESK 系列 2-5 吨电子天平[EB/OL].沈阳龙腾电子有限公司.ESK 系列 2-5 吨电子天平[EB/OL].2019-01-10 [2021-11-22].http://www.ltelec.com/xq/133.

[17] JA 电子精密天平[EB/OL].上海舜宇恒平科学仪器有限公司.[2021-11-22].http://www.hengping.com/productshow_52.html.

[18] 贾恒信,张志刚,李明波,等.千斤顶式飞机重量重心测量系统的研究及应用[J].衡器,2014,43(9):12-17.

[19] GOPINATH K,RAGHAVENDRA K,BEHERA M K,et al. Product design aspects for design of accurate mass properties measurement system for aerospace vehicles[J]. Applied Mechanics and Materials,2011,110-116.

[20] BRANCATI R,RUSSO R,SAVINO S. Method and equipment for inertia parameter identification[J]. Mechanical Systems and Signal Processing,2010,24(1):29-40.

[21] MONDAL N,ACHARYYA S,SAHA R,et al. Optimum design of mounting components of a mass property measurement system[J]. Measurement,2016,78:309-321.

[22] LECLAIR B,O'CONNOR P J,PODRUCKY S,et al. Measuring the mass and center of gravity of helmet systems for underground workers[J]. International Journal of Industrial Ergonomics,2018,64:23-30.

[23] LEMAIRE E D,LAMONTAGNE M,BARCLAY H W,et al. A technique for the determination of center of gravity and rolling resistance for tilt-seat wheelchairs[J]. Journal of Rehabilitation Research and Development,1991,28(3):51-58.

[24] FABBRI A,MOLARI G. Static measurement of the centre of gravity height on narrow-track agricultural tractors[J]. Biosystems Engineering,2004,87(3):299-304.

[25] MIKATA Y,YAMANAKA M,KAMEOKA K,et al. Measuring the center of gravity with truck scale[C]//SICE Annual Conference. Tokyo,Japan. IEEE,2011:405-410.

[26] 那强,李博,陶建国,等.多构态星球车质心测量方法与试验研究[J].机械工程学报,2019,55(12):19-28.

[27] SOUKUP J,SKOCILAS J,SKOCILASOVA B. Central inertia moments and gravity center of large volume and weight bodies[J]. International

Journal of Dynamics and Control,2015,3(1):100-108.

[28] LINDER J,ENQVIST M,FOSSEN T I,et al. Online estimation of ship's mass and center of mass using inertial measurements[J]. IFAC PapersOnLine,2015,48(16):134-139.

[29] OLIVEIRA R,RORIZ P,MARQUES M B,et al. Center of gravity estimation using a reaction board instrumented with fiber bragg gratings[J]. Photonic Sensors,2018,8(1):1-6.

[30] JONES T W,JOHNSON T H,SHEMWELL D,et al. Photogrammetric technique for center of gravity determination[C]//53rd AIAA/ASME/ASCE/AHS/ASC Structures, Structural Dynamics and Materials Conference. Honolulu, Hawaii. Reston, Virginia:AIAA, 2012: 1882.

[31] 王梅宝. 大尺寸飞行器质心柔性测量关键技术研究[D].哈尔滨:哈尔滨工业大学,2020.

[32] MODENINI D,CURZI G,TORTORA P. Experimental verification of a simple method for accurate center of gravity determination of small satellite platforms[J]. International Journal of Aerospace Engineering,2018, 2018:3582508.

[33] BACARO M,CIANETTI F,ALVINO A. Device for measuring the inertia properties of space payloads[J]. Mechanism and Machine Theory,2014, 74:134-153.

[34] 高瑞贞. 大型装备质量特性参数测量关键技术研究及系统研发[D]. 重庆:重庆大学,2017.

[35] 安其昌,张景旭,杨飞,等. 巨型科学可控反射镜的质心检测[J]. 光学精密工程,2017,25(10):46-51.

[36] ZHAO X T,KANG J,LEI T Q,et al. Vehicle centroid measurement system based on forward tilt method error analysis[J]. IOP Conference Series Materials Science and Engineering,2018,452:042189.

[37] 周念,张万欣,司怀吉. 小质量不规则物体质心测量方法研究[J]. 载人航天,2017,23(3):408-413.

[38] 郑宾,侯文,杨瑞峰. 大尺寸柱状结构质量、质心测量方法[J]. 测试技术学报,2002,16(2):108-111.

[39] 郭志成,丁军晖. 战术导弹质心定位方法研究[J]. 战术导弹技术,2010 (2):22-24.

[40] 吴斌,王海峰,马贵贤. 大质量飞行器质心测量方法[J]. 宇航计测技术, 2007,27(6):28-30.

[41] 李玉龙,段智敏,丛培田.稳瞄仪质心与不平衡力矩测量系统的研究[J].新技术新工艺,2017(11):59-61.

[42] 王磊,林宇,张若岚.轻小型红外成像稳定平台质心测量方法探究[J].红外技术,2013,35(7):434-438.

[43] 陈永强,周晓丽,康军,等.X-38飞行器质量特性测量方法[J].航天制造技术,2018(3):62-65.

[44] 卢志辉,孙志扬,李祥云,等.高精度质心测量方法研究[J].兵工学报,2009,30(12):1748-1752.

[45] 贝超.KKV质量、质心、转动惯量一体化测量方法研究[J].现代防御技术,2000,28(6):12-17,23.

[46] 王超.大尺寸飞行器质量特性测量关键技术研究[D].哈尔滨:哈尔滨工业大学,2014.

[47] 王国刚,刘玉宝,刘强,等.一种测量无人机重心和转动惯量的方法[J].航空兵器,2013,20(5):7-11.

[48] CONKLIN J W,SWANK A,SUN K X,et al. Mass properties measurement for drag-free test masses[J]. Journal of Physics:Conference Series,2009,154:012019.

[49] RINGEGNI P L,ACTIS M D,PATANELLA A J. An experimental technique for determining mass inertial properties of irregular shape bodies and mechanical assemblies[J]. Measurement,2001,29(1):63-75.

[50] HOU Z C,LU Y N,LAO Y X,et al. A new trifilar pendulum approach to identify all inertia parameters of a rigid body or assembly[J]. Mechanism and Machine Theory,2009,44(6):1270-1280.

[51] PREVIATI G,GOBBI M,MASTINU G. Measurement of the mass properties of rigid bodies by means of multi-filar pendulums-Influence of test rig flexibility[J]. Mechanical Systems and Signal Processing,2019,121:31-43.

[52] TANG L,SHANGGUAN W B. An improved pendulum method for the determination of the center of gravity and inertia tensor for irregular-shaped bodies[J]. Measurement,2011,44(10):1849-1859.

[53] 向政委.基于摄影测量技术的质心测量方法研究[D].哈尔滨:哈尔滨工业大学,2013.

[54] ABDULLAH N H,THANARASI K,ISMAIL M. Review on acceptance test performance of mass properties measurement for satellite testing requirement[J]. Applied Mechanics and Materials,2015,793:610-614.

[55] 张楠. 某型号无人机质量质心测量设备的研制[D]. 哈尔滨:哈尔滨工业大学,2013.

[56] 王超,唐文彦,张晓琳,等. 大尺寸非回转体质量特性一体化测量系统的设计[J]. 仪器仪表学报,2012,33(7):1634-1640.

[57] Weight and CG of large objects and spacecraft[EB/OL]. Space-electronics. 1999. https://www.space-electronics.com/Products/weight-and-cg-of-large-objects-and-spacecraft.

[58] Testing of the XMM lower module mass properties at ESA/ESTEC[EB/OL]. ESA. [2002-8-2].. http://www.esa.int/spaceinimages/Images/2002/02/Testing_of_the_XMM_lower_module_mass_properties_at_ESA_ESTEC.

[59] Testing starts on SMOS payload[EB/OL]. ESA. [2007-3-23]. https://www.esa..int/ spaceinimages/Images/2007/03/Testing_starts_on_SMOS_payload.

[60] ACII™ Aircraft Scale System[EB/OL]. Intercompcompany. [2006-9-13]. https://www.intercompcompany.com/acii-aircraft-scale-system-p-10071.html.

[61] GOBBI M,MASTINU G,PREVIATI G. A method for measuring the inertia properties of rigid bodies[J]. Mechanical Systems and Signal Processing,2011,25(1):305-318.

[62] BOGDANOV V V,VOLOBUEV V S,KUDRYASHOV A I,et al. A suite for measuring mass, coordinates of the center of mass, and moments of inertia of engineering components[J]. Measurement Techniques,2002,45(2):168-172.

[63] 吴斌,许苏海,张波. 导弹质量特性测量装置设计[J]. 上海航天,2001,18(3):41-44.

[64] 吴斌,李莉. 导弹质心测量方法研究[J]. 弹箭与制导学报. 2004,(S6):284-286.

[65] 吴斌,马贵贤,彭敏燕,等. 卫星转动惯量测量方法[J]. 宇航计测技术,2008,28(2):21-23.

[66] 张心明,王凌云,尚春民,等. 复摆法弹药静态多参数测试仪器研究[J]. 仪器仪表学报,2008,29(1):212-215.

[67] 于荣荣,於陈程,王晓阳,等. 一种高精度冗余质量质心测试方法研究[J]. 航空制造技术,2018,61(3):83-89.

[68] 钟江,赵章风,乔欣,等. 基于三点支撑的质心测量系统及误差分析[J]. 中

国机械工程,2010,21(12):1469-1472,1476.

[69] 王超,张晓琳,唐文彦,等. 大尺寸箭弹质量特性测量过程中位姿标定方法研究[J]. 兵工学报,2014,35(1):108-113.

[70] 温晶晶,邓聃,吴斌. 无人机质量特性参数一体化测量系统的研究[J]. 计量学报,2018,39(2):145-150.

[71] LIN X,LIN L,YAAKOV B S,STEPHEN G. Missile aim identification[C]. Proceedings of SPIE - The International Society for Optical Engineering. 2005,5913:1-2.

[72] FULGHUM D A. Cruise missile battle[J]. Aviation Week and Space Technology,2004,160(22):50-53.

[73] MICHAEL T,ROBERT W. Missile alignment[J]. Aviation Week and Space Technology,2004,160(1):42-44.

[74] ROBERT W. Missile shield[J]. Aviation Week and Space Technology,2005,162(15):35.

[75] ANON. Misguided missile shield[J]. Scientific American,2003,288(5):8.

[76] ANTONELLA T,ROBIN N. Missile systems[J]. Aerospace America,2005,43(12):84-85.

[77] HARRIS E C. Selection of techniques for measurement of moment of inertia[C]. Douglas Missile and Space System Division, Denver-Colorado,1965,SWAE Paper:No.503.

[78] FIGLIOL R S,BEASLEY D E. Theory and design mechanical measurements[M]. New York:John Wiley and Sons Inc,1993.

[79] 熊维平. 用测功机测量发动机的转动惯量[J]. 广西工学院学报,1997,(1):38-42.

[80] 胡玉平,张立梅. 一种确定内燃机的总转动惯量的试验方法[J]. 内燃机,2001(2):20-22.

[81] 曾平,程光明,张军,等. 回转机械转动惯量和动摩擦力矩测试方法[J]. 农业机械学报,1999,(5):68-71.

[82] 冯伟忠. 利用测功法甩负荷试验测量发电机组转动惯量[J]. 动力工程,1998,15(5):11-15.

[83] 刘仪,刘巽俊,白翎,等. 用附加质量法确定发动机运动件的总转动惯量[J]. 内燃机学报,1992,(4):323-328.

[84] 李凡. 复杂形体转动惯量复摆等效识别[J]. 机械工程师,1999(2):39-40.

[85] HOU W,ZHENG B,YANG R F. A measuring method on moment of in-

ertia of large-scale ammunition[J]. Journal of China Ordnance Society. 2005 (1):41-45.

[86] 于治会. 落体法测定转动惯量[J]. 航空计测技术,1997,(6):11-16.

[87] 王阿春,于治会. 用落体法测定转动惯量问题[J]. 上海计量测试,2001,28(4):30-33.

[88] 于治会. 落体法测定构件惯性矩的几个问题[J]. 上海航天,2000,17(2):57-62.

[89] 姚志宏. 对用三线摆法测物体转动惯量方法的改进[J]. 南京师大学报(自然科学版),1995,(4):162-164.

[90] 杨辉,洪嘉振,余征跃. 测量单轴气浮台转动惯量的新方法[J]. 振动与冲击,2001,20(2):32-34.

[91] 包忠有,陆秀英,扶名福. 测定异型物体转动惯量的扭振法[J]. 华东交通大学学报,2001,18(4):64-65.

[92] 于治会. 小型导弹转动惯量的测量——双线摆法[J]. 上海航天,1995(1):25-30+55.

[93] AARON J. S, CORWIN H, SUN K X , et al. Moment of inertia measurement using a five-wire torsiono pendulum and optical sensing[J]. American Society for Precision Engineering,2006:126-130.

[94] AARON J. S. Precision mass property measurements using a five-wire torsion pendulum[C]. ASPE Proceedings of the 21st Annual Meeting,2006:15-16.

[95] GREGORY A, JONES P E S. The rock and roll telescope[C]. The 53rd Annual International Conference of the Society of Allied Weight Engineers,Inc. Long Beach,California. 1994.

[96] 张心明,王凌云,刘建河,等. 复摆法测量箭弹转动惯量和质偏及其误差分析[J]. 兵工学报,2008,29(4):450-453.

[97] 唐文彦,李慧鹏,张春富. 扭摆法测量飞行体转动惯量[J]. 南京理工大学学报,2008,(1):69-72.

[98] 李慧鹏,唐文彦,张春. 基于阻尼比实时算法的转动惯量测量研究[J]. 南京理工大学学报,2008,(4):472-475.

[99] 张晓琳,唐松,王军,等. 复杂形状物体转动惯量测量技术研究[J]. 航天制造技术,2011(1):17-20.

[100] 李玉琢,崔德鹏. 基于自由衰减响应的阻尼比识别方法及误差分析[J]. 吉林交通科技,2009(3):51-52.

[101] 穆继亮. 转动惯量测量若干关键技术研究[D]. 太原:中北大学,2009.

[102] 李慧鹏. 弹头主惯性轴线及形心轴线测量关键技术研究[D]. 哈尔滨:哈尔滨工业大学,2006.

[103] STOROZHENKO V A. Toward one way of detecting the principal axis of inertia for an inhomogeneous rigid body[C]. 2003,39(12):121-132.

[104] HAHN H. Inertia parameter identification of rigid bodies using a multi-axis test facility[C]// IEEE International Conference on Control and Applications. Glasgow, UK. IEEE, 1994:1735-1737.

[105] 张立明. 质量质心及转动惯量一体化测试系统设计[D]. 哈尔滨:哈尔滨工业大学,2013.

[106] HIBBELER R C. 工程力学:动力学[M]. 北京:电子工业出版社,2006:86-267.

[107] SLOCUM A. Kinematic couplings:A review of design principles and applications[J]. International Journal of Machine Tools and Manufacture,2010,50(4):310-327.

[108] 边志强,唐振刚,栗双岭,等. 航天器转动惯量和惯性积的集成一体化测试方法[J]. 航天制造技术,2017(6):16-20,25.

[109] WANG C,ZHANG X L,XU C H,et al. Flexible measurement of large scale column structure's centroid based on coordinate measurement equipment[C] //2011 First International Conference on Instrumentation,Measurement,Computer,Communication and Control. Beijing, China. IEEE, 2011:31-34.

[110] 李强,黄小春,张志博,等. 大型运载火箭质量质心测量系统校准方法[J]. 机械工程与自动化,2019(2):5-7.

[111] 张洪涛,段发阶,王学影,等. 多传感器视觉测量系统坐标统一技术研究[J]. 传感技术学报,2006,19(4):1301-1304.

[112] 孔筱芳,陈钱,顾国华,等. GPS双目摄像机标定及空间坐标重建[J]. 光学精密工程,2017,25(2):485-492.

[113] 孟飙,曲学军. 大尺寸复杂形状组合测量系统的全局标定与多视数据融合[J]. 自动化学报,2017,43(11):2051-2060.

[114] 张旭,程伟,庄磊磊. 便携式组合测量系统坐标统一的标定方法[J]. 光电子·激光,2016,27(7):735-741.

[115] 梅丽. 空间两异面直线的公垂线方程[J]. 高师理科学刊,2014,34(3):22-24.

[116] 国家质量监督检验检疫总局. 测量不确定度评定与表示:JJF 1059.1—2012 [S]. 北京:中国标准出版社, 2013:5-27.

[117] 国家质量监督检验检疫总局. 用蒙特卡洛法评定测量不确定度技术规范：JJF 1059.2—2012[S]. 北京：中国质检出版社，2013：1-11.

[118] DONG G Z, CHEN Z H, WEI J W. Sequential Monte Carlo filter for state-of-charge estimation of lithium-ion batteries based on auto regressive exogenous model[J]. IEEE Transactions on Industrial Electronics，2019，66(11)：8533-8544.

[119] ÖZTÜRK S, KAHRAMAN M F. Modeling and optimization of machining parameters during grinding of flat glass using response surface methodology and probabilistic uncertainty analysis based on Monte Carlo simulation[J]. Measurement，2019，145：274-291.

[120] AGUADO S, PÉREZ P, ALBAJEZ J A, et al. Study on machine tool positioning uncertainty due to volumetric verification[J]. Sensors，2019，19(13)：2847.

[121] 朱梦瑞，吴兆勇，武剑，等. 基于误差椭圆理论与蒙特卡罗方法的圆直径测量不确定度评定[J]. 上海交通大学学报，2017，51(4)：393-397.

[122] 张福民，曲兴华，叶声华. 面向对象的大尺寸测量不确定度分析[J]. 光学精密工程，2008，16(11)：2239-2243.

[123] 任瑜，刘芳芳，张丰，等. 激光跟踪仪多边测量的不确定度评定[J]. 光学精密工程，2018，26(10)：2415-2422.

[124] FAN T L, FENG H Q, GUO G. Joint detection based on the total least squares[J]. Procedia Computer Science，2018，131：167-176.

[125] MARKOVSKY I, VAN HUFFEL S. Overview of total least-squares methods[J]. Signal Processing，2007，87(10)：2283-2302.

[126] WANG L Y, YU H. Weighted total least-squares joint adjustment with weight correction factors[J]. Communications in Statistics-Simulation and Computation，2019，48(9)：2689-2707.

[127] ARABLOUEI R. Fast reconstruction algorithm for perturbed compressive sensing based on total least-squares and proximal splitting[J]. Signal Processing，2017，130：57-63.

[128] 姚宜斌，黄书华，张良，等. 求解三维坐标转换参数的整体最小二乘新方法[J]. 武汉大学学报(信息科学版)，2015，40(7)：853-857.

[129] 郭文月，余岸竹，刘海砚，等. 正则化总体最小二乘用于光学线阵遥感影像定位[J]. 光学精密工程，2017，25(1)：236-244.

[130] 陶叶青. 总体最小二乘模型及其在矿区测量数据处理中的应用研究[D]. 徐州：中国矿业大学，2015.

[131] 曾昭福. 求解三维坐标转换参数的总体最小二乘新方法[J]. 廊坊师范学院学报(自然科学版),2018,18(2):20-24.

[132] 李丽娟,赵延辉,林雪竹. 加权整体最小二乘在激光跟踪仪转站中的应用[J]. 光学精密工程,2015,23(9):2570-2577.

[133] 张景和,冯晓国,刘伟. 用反向法测轴系回转误差[J]. 光学精密工程,2001,9(2):155-158.

[134] MARSH E R,ARNESON D A,MARTIN D L. A comparison of reversal and multiprobe error separation[J]. Precision Engineering,2010,34(1):85-91.

[135] GU W,TAN J B,HUANG J Z. Theoretical analysis of harmonic suppression in multi-step error separation technique[C]//Ninth International Symposium on Precision Engineering Measurement and Instrumentation. International Society for Optics and Photonics,2015.

[136] 乔凌霄,陈江宁,陈文会,等. 一种基于多步法的高精密主轴回转误差分离算法[J]. 计量学报,2018,39(1):6-11.

[137] 孔玥. 阻尼条件下转动惯量测量技术的研究[D]. 哈尔滨:哈尔滨工业大学,2013.

[138] 赵岩. 扭摆法转动惯量测量中的非线性问题研究[D]. 哈尔滨:哈尔滨工业大学,2013.

[139] 代煜,孙和义,李慧鹏,等. 基于小波变换的弱非线性阻尼和刚度辨识方法[J]. 振动与冲击,2009,28(2):51-55,200.

[140] 丁雪松,李慧鹏,王军,等. 高精度转动惯量测量设备的研制[J]. 计量技术,2007(9):12-15.

[141] 孙浩,朱超甫. 基于全并联方式的多个力传感器共同称重研究[J]. 传感器世界,2008,14(3):6-9.

[142] 朱超甫,李元,陈虎平,等. 多个力传感器的共同测试技术[J]. 传感器世界,2001,7(5):16-18.

[143] 石炳存,王源水. 标定方法对称重传感器标定的影响[J]. 宁夏工程技术,2005,4(3):251-252.

[144] 吴秀梅. 力传感器标定装置的研究[D]. 天津:天津理工大学,2007.

[145] 冀书建,朱超甫,王春利. 多传感器称重系统标定技术研究[J]. 传感器世界,2007,13(2):23-25,14.

[146] 郭庆平,王伟沧,向平波,等. 不适定问题研究的若干进展[J]. 武汉理工大学学报(交通科学与工程版),2001,25(1):12-15.

[147] 刘继军. 不适定问题的正则化方法及应用[M]. 北京:科学出版社,2005:

35-54.

[148] 王彦飞. 反问题的优化与正则化方法[D]. 北京:中国科学院遥感应用研究所,2003.

[149] 肖庭延,于慎根,王彦飞. 反问题的数值解法[M]. 北京:科学出版社,2003:48-6.

[150] 王松桂. 线性模型的理论及其应用[M]. 合肥:安徽教育出版社,1987:156-187.

[151] ZHU Z J,CHEN R W. A new hysteresis compensation method for load cells[J]. Transactions of Nanjing University of Aeronautics & Astronautics,2002,19(1):89-93.

[152] ZHU Z J,CHEN R W. Researches on fuzzy creep compensation of load cell[J]. Journal of Southeast University,2002,18(3):201-205.

[153] 俞阿龙,李正. 称重传感器动态补偿器的一种新的设计方法[J]. 电气自动化,2008,30(6):86-89.

[154] 吴忠强. 称重传感器自适应补偿器的设计[J]. 电机与控制学报,2002,6(3):261-264.

[155] 岳元龙,左信,罗雄麟. 关于有偏估计提高测量可靠性的探讨[J]. 化工学报,2013,64(9):3270-3276.

[156] 卢秀山. 病态系统分析理论及其在测量中的应用[J]. 测绘学报,2001,30(2):187.

[157] 顾勇为,张磊,归庆明,等. 复共线性对参数估计危害的度量及检验[J]. 测绘科学,2008,33(2):110-112.

[158] 张磊. 基于复共线性综合诊断的参数估计方法[D]. 郑州:解放军信息工程大学,2007.

[159] 李艳军. 多元线性模型回归系数的主成分估计[D]. 长春:东北师范大学,2006.

[160] 邬吉波. 线性模型参数估计的若干性质研究[D]. 重庆:重庆大学,2013.

[161] FADIMBA K B,SHARPLEY R. A priori estimates and regularization for a class of porous medium equations[J]. Mathematics Subject Classification,1991:4-23.

[162] 程浩. 若干不适定问题的正则化方法研究[D]. 兰州:兰州大学,2012.

[163] FRIENDLY M. The generalized ridge trace plot:visualizing bias and precision[J]. Journal of Computational and Graphical Statistics,2013,22(1):50-68.

[164] HANSEN P C. The l-curve and its use in the numerical treatment of in-

verse problems[D]. Technical University of Denmark,1998:2-3.

[165] CALVETTI D,MORIGI S,REICHEL L,et al. Tikhonov regularization and the l-curve for large discrete ill-posed problems[J]. Journal of Computational and Applied Mathematics,2000,123(1/2):423-446.

[166] 王振杰. 大地测量中不适定问题的正则化解法研究[D]. 北京:中国科学院测量与地球物理研究所,2003.

[167] 李定坤,叶声华,任永杰,等. 机器人定位精度标定技术的研究[J]. 计量学报,2007,28(3):224-227.

[168] 丁希仑,周乐来,周军. 机器人的空间位姿误差分析方法[J]. 北京航空航天大学学报,2009,35(2):241-245.

[169] 刘振宇,陈英林,曲道奎,等. 机器人标定技术研究[J]. 机器人,2002,24(5):447-450.

[170] CRAIG J J. 机器人学导论[M]. 3版. 负超译. 北京:机械工业出版社,2006:56-76.

[171] NIKU S B. 机器人学导论:分析、控制及应用[M]. 孙富春,朱纪洪,刘国栋,等译. 北京:电子工业出版社,2013:67-88.

[172] 蔡自兴. 机器人学[M]. 北京:清华大学出版社,2000:29-83.

[173] DENAVIT J,HARTENBERG R S. A kinematic notation for lower-pair mechanisms based on matrices[J]. ASME Journal of Applied Mechanics,1955,22(2):215-221.

[174] HAYATI S A. Robot arm geometric link parameter estimation[C]// IEEE Conference on Decision and Control. San Antonio,TX,USA. IEEE,1983:1477-1483.

[175] 侯琳祺,冯淑红. 基于距离精度的机器人5参数位置误差模型[J]. 机器人技术与应用,2002(2):31-35.

[176] VEITSCHEGGER W,WU C H. Robot accuracy analysis based on kinematics[J]. IEEE Journal on Robotics and Automation,1986,2(3):171-179.

[177] WU C H. The kinematic error model for the design of robot manipulator[C]// American Control Conference. San Francisco,CA,USA. IEEE,1983:497-502.

[178] 任永杰,邾继贵,杨学友,等. 利用激光跟踪仪对机器人进行标定的方法[J]. 机械工程学报,2007,43(9):195-200.

[179] AOYAGI S,KOHAMA A,NAKATA Y,et al. Improvement of robot accuracy by calibrating kinematic model using a laser tracking system-com-

pensation of non-geometric errors using neural networks and selection of optimal measuring points using genetic algorithm[C]// IEEE/RSJ International Conference on Intelligent Robots and Systems. Taipei, China. IEEE, 2010: 5660-5665.

[180] DANEY D. Optimal measurement configurations for gough platform calibration[C]// IEEE International Conference on Robotics and Automation. Washington, DC, USA. IEEE, 2002: 147-152.

[181] BORM J H, MENG C H. Determination of optimal measurement configurations for robot calibration based on observability measure[J]. The International Journal of Robotics Research, 1991, 10(1): 51-63.

[182] NAHVI A, HOLLERBACH J M. The noise amplification index for optimal pose selection in robot calibration[C]// IEEE International Conference on Robotics and Automation. Minneapolis, MN, USA. IEEE, 1996: 647-654.

[183] DRIELS M R, PATHRE U S. Significance of observation strategy on the design of robot calibration experiments[J]. Journal of Robotic Systems, 1990, 7(2): 197-223.

[184] MENDES R, KENNEDY J, NEVES J. The fully informed particle swarm: simpler, maybe better[J]. IEEE Transactions On Evolutionary Computation, 2004, 8(3): 204-210.

[185] 王凌. 智能优化算法及其应用[M]. 北京: 清华大学出版社, 2001: 45-66.

[186] 王东署, 沈大中. 基于改进模拟退火算法的机器人最优构形研究[J]. 系统仿真学报, 2007, 19(22): 5342-5346, 5350.

[187] 王东署, 张文丙. 基于遗传算法的机器人最优测量构型研究[J]. 中国机械工程, 2008, 19(3): 262-266.

[188] ZHUANG H Q, WANG K, ROTH Z S. Optimal selection of measurement configurations for robot calibration using simulated annealing[C]// Proceedings of the 1994 IEEE International Conference on Robotics and Automation. San Diego, CA, USA. IEEE, 1994: 393-398.

[189] KENNEDY J. Review of engelbrecht's fundamentals of computational swarm intelligence[J]. Genetic programming and evolvable machines, 2007, 8(1): 107-109.

[190] 王芳. 粒子群算法的研究[D]. 重庆: 西南大学, 2006.

[191] 雷开友. 粒子群算法及其应用研究[D]. 重庆: 西南大学, 2006.

[192] 徐鹤鸣. 多目标粒子群优化算法的研究[D]. 上海: 上海交通大学, 2013.

[193] 刘衍民,牛奔. 新型粒子群算法理论与实践[M]. 北京:科学出版社,2013:45-68.

[194] 黄泽霞,俞攸红,黄德才. 惯性权自适应调整的量子粒子群优化算法[J]. 上海交通大学学报,2012,46(2):228-232.

[195] 朱小六,熊伟丽,徐保国. 基于动态惯性因子的PSO算法的研究[J]. 计算机仿真,2007,24(5):154-157.

[196] 任子晖,王坚. 一种动态改变惯性权重的自适应粒子群算法[J]. 计算机科学,2009,36(2):227-229.

[197] SHI Y, EBERHART R C. Empirical study of particle swarm optimization[C]//Proceedings of the 1999 Congress on Evolutionary Computation-CEC99. Washington, DC, USA. IEEE,1999:1945-1950.

[198] HUANG T, MOHAN A S. Significance of neighborhood topologies for the reconstruction of microwave images using particle swarm optimization[C]// Asia-pacific Microwave Conference Proceedings. Suzhou, China. IEEE, 2005: 4.

[199] ARVIND S M, RUI M, CHRISTOPHER W, et al. Neighborhood restructuring in particle swarm optimization[J]. Advances in Artificial Intelligence.,2005,3809:776-785.

[200] LANE J, ENGELBRECHT A, GAIN J. Particle swarm optimization with spatially meaningful neighbours[C]//2008 IEEE Swarm Intelligence Symposium. St. Louis, MO, USA. IEEE, 2008: 1-8.

[201] 刘文仟. 粒子群算法拓扑结构的研究[D]. 哈尔滨:哈尔滨理工大学,2010.

[202] SUGANTHAN P N. Particle swarm optimiser with neighbourhood operator[C]// Proceedings of the 1999 Congress on Evolutionary Computation-CEC99. Washington, DC, USA. IEEE, 1999: 1958-1962.

[203] MENDES R. Population toplogies and their influence in particle swarm performance[D]. PhD thesis. Universidade do Minho, Braga, Portugal.,2004:40-68.

[204] KENNEDY J, MENDES R. Population structure and particle swarm performance[J]. IEEE Congress on evolutionary computation,2002:1024-1239.

[205] 刘逸. 粒子群优化算法的改进及应用研究[D]. 西安:西安电子科技大学,2013.

[206] 陈自郁. 粒子群优化的邻居拓扑结构和算法改进研究[D]. 重庆:重庆大

学,2009.

[207] METROPOLIS N,ROSENBLUTH A W,ROSENBLUTH M N,et al. Equation of state calculations by fast computing machines[J]. The Journal of Chemical Physics,1953,21(6):1087-1092.

[208] KIRKPATRICK S,GELATT C D,VECCHI M P. Optimization by simulated annealing[J]. Science,1983,220(4598):671-680.

[209] YAO X. A New simulated annealing algorithm[J]. International Journal of Computer Mathematics,1995,56(3/4):161-168.

[210] FABIAN V. Simulated annealing simulated[J]. Computers & Mathematics with Applications,1997,33(1/2):81-94.

[211] TOKLV Y C,HATAY T. Optimization of trusses using the simulated annealing method[J]. ARI Bulletin of the Istanbul Technical University,2004,54:67-71.

[212] SAFFARZADEH V M,JAFARZADEH P,MAZLOOM M. A hybrid approach using particle swarm optimization and simulated annealing for n-queen problem[J]. World Academy of Science, Engineering and Technology,2010,43:974-979.

[213] REHAB F, KADER A. Fuzzy particle swarm optimization with simulated annealing and neighborhood information communication for solving TSP[J]. International Journal of Advanced Computer Science and Application,2011,2(5):15-22.

[214] SHIEH H L, KUO C C, CHIANG C M. Modified particle swarm optimization algorithm with simulated annealing behavior and its numerical verification[J]. Applied Mathematics and Computation,2011, 218(8): 4365-4383.

[215] 李学文,金思毅,陶少辉. 模拟退火粒子群算法在化工过程综合中的应用[J]. 青岛科技大学学报(自然科学版),2011,32(1):80-84.

[216] PETERSON E. Control of side-loads and errors when weighing on jacks[C]. In Proceedings of the//59th Annual International Conference on Mass Properties Engineering,St. Louis/MO:USA,2000.

[217] 赵文辉,孙超健,郑鹏,等. 飞机柔性重量重心测量系统POGO柱优化设计[J]. 组合机床与自动化加工技术,2017(12):46-50.

[218] Installing a Load Cell：Best Practices[EB/OL]. OMEGA. [2018-9-1]. https://www.omega.com/technical-learning/load-cell-installation.html.

[219] Load Cell Installation Guide[EB/OL]. OMEGA.[2016-9-7]. https://www.omega.co.uk/technical-learning/load-cell-installation.html.

[220] Load Application in Load Cells—Tips for Users[EB/OL]. HBM.[2018-4-30]. https://www.hbm.com/en/3377/load-application-in-load-cells/.

[221] 孙国鹏,刘志全. 一种空间光学遥感器的主镜展开机构[J]. 航天器工程,2007,16(5):29-33.

[222] 孙国鹏,刘志全. 空间光学遥感器主镜展开机构锁紧刚度分析[J]. 中国空间科学技术,2008,28(2):21-27.

[223] 刘志全,孙国鹏. 空间光学遥感器的主镜展开机构[J]. 中国空间科学技术,2006,26(6):42-48.

[224] 刘志全,孙国鹏. 空间光学遥感器主镜展开机构重复定位精度分析[J]. 中国空间科学技术,2008,28(1):27-34.

[225] HALE L C,SLOCUM A H. Optimal design techniques for kinematic couplings[J]. Precision Engineering,2001,25(2):114-127.

[226] SCHOUTEN C H,ROSIELLE P C J N,SCHELLEKENS P H J. Design of a kinematic coupling for precision applications[J]. Precision Engineering,1997,20(1):46-52.

[227] TAYLOR J B,TU J F. Precision X-Y microstagee with maneuverable kinematic coupling mechanism[J]. Precision Engineering,1996,18(2/3):85-94.

[228] WILLOUGHBY P J,HART A J,SLOCUM A H. Experimental determination of kinematic coupling repeatability in industrial and laboratory conditions[J]. Journal of Manufacturing Systems,2005,24(2):108-121.

[229] HART A J,SLOCUM A,WILLOUGHBY P. Kinematic coupling interchangeability[J]. Precision Engineering,2004,28(1):1-15.

[230] AFZALI-FAR B,ANDERSSON A,NILSSON K,et al. Dynamic isotropy in 6-DOF kinematically constrained platforms by three elastic nodal joints[J]. Precision Engineering,2016,45:342-358.

[231] BARRAJA M,VALLANCE R R. Tolerancing kinematic couplings[J]. Precision Engineering,2005,29(1):101-112.

[232] SCHMIECHEN P,SLOCUM A. Analysis of kinematic systems:a generalized approach[J]. Precision Engineering,1996,19(1):11-18.

[233] 陈桂娟,磨季云,梁炫. 借助矩阵运算求解空间力系平衡问题[J]. 高等函授学报(自然科学版),2011,24(6):46-47+82.

[234] 汪志城. 滚动摩擦机理和滚动摩擦系数[J]. 上海机械学院学报,1993(4):

35-43.

[235] 张菊花,余晓流,储刘火.平面轴承滚动摩擦试验研究[J].安徽工业大学学报(自然科学版),2005,22(2):166-168.

[236] 李云志.斜盘发动机滚动摩擦性能分析[J].中国科技信息,2012(18):95-97.

[237] 赵国平,范元勋,罗相银,等.高过载精密滚珠丝杠副弹塑性接触变形研究[J].南京理工大学学报(自然科学版),2014,38(2):192-198.

[238] 丁占军,向北平,倪磊,等.深沟球轴承内外曲率半径系数对接触力影响的研究[J].机械设计与制造,2015(10):209-212,216.

[239] 王燕霜,袁倩倩,曹佳伟,等.特大型双排四点接触球轴承承载能力的研究[J].机械工程学报,2014,50(9):65-70.

[240] 王天哲,张刚,梁松,等.深沟球轴承径向载荷分布与刚度参数的研究[J].机械设计与制造,2013(9):75-78.

[241] 孙伟,孔祥希,汪博,等.直线滚动导轨的Hertz接触建模及接触刚度的理论求解[J].工程力学,2013,30(7):230-234.

[242] ZELENIKA S,MARKOVIC K,RUBESA J. Issues in the mechanical engineering design of high-precision kinematic couplings[J]. Engineering Review,2016,36(3):303-314.

[243] SLOCUM A H. Design of three-groove kinematic couplings[J]. Precision Engineering,1992,14(2):67-76.

[244] 王运炎,朱莉.机械工程材料[M].3版.北京:机械工业出版社,2009.

[245] 樊新华.非规则外形产品定质心测量技术研究与实现[D].哈尔滨:哈尔滨工程大学,2012.

[246] 杨凡,李广云,王力.三维坐标转换方法研究[J].测绘通报,2010(6):5-7.

[247] 于成浩.几种水准测量方法在电子直线加速器测量中的应用[J].北京测绘,2005(2):22-25.

[248] 倪育才.实用测量不确定度评定[M].3版.北京:中国计量出版社,2009:78-91.

[249] 费业泰.误差理论与数据处理[M].6版.北京:机械工业出版社,2010:54-68.

[250] BASIL M,JAMIESON A W. Uncertainty of complex systems using monte carlo techniques[C]. North Sea Flow Measurement Workshop,1998:23-28.

[251] CARTER C K,KOHN R. Markov chain monte carlo in conditionally

gaussian state space models[J]. Biometrika,1996,83(3):589-601.

[252] PAPADOPOULOS C E ,YEUNG H . Uncertainty estimation and monte carlo simulation method[J]. Flow Measurement and Instrumentation, 2001,12(4):291-298.

[253] SHAHANAGHI K, NAKHJIRI P. A new optimized uncertainty evaluation applied to the monte-carlo simulation in platinum resistance thermometer calibration[J]. Measurement,2010,43(7):901-911.

[254] ÁNGELES HERRADOR M, GONZÁLEZ A G. Evaluation of measurement uncertainty in analytical assays by means of monte-carlo simulation [J]. Talanta,2004,64(2):415-422.

[255] 王伟,宋明顺,陈意华,等.蒙特卡罗方法在复杂模型测量不确定度评定中的应用[J].仪器仪表学报,2008,29(7):1446-1449.

[256] NAKAMURA T, KILMINSTER D,JUDD K,et al. A comparative study of model selection methods for nonlinear time series[J]. International Journal of Bifurcation and Chaos,2004,14(3):1129-1146.

[257] KOYAMA S,PÉREZ-BOLDE L C,SHALIZI C R, et al. Approximate methods for state-space models[J]. Journal of the American Statistical Association,2010,105(489):170-180.

[258] 段虎明,秦树人,李宁. 频率响应函数估计方法综述[J]. 振动与冲击,2008,27(5):48-52,173.

[259] JAMES R B. WILLIAM E B. An introduction to modern methods and applications[J]. Differential Equations:John Wiley & Sons. ,2006:297-299.

[260] 安延涛,马汝建. 机械系统的拉格朗日法建模与仿真[J]. 系统仿真技术,2007, 3(4):206-210.

[261] 刘延柱,陈立群. 非线性振动[M].北京:高等教育出版社,2001:73-75.

[262] 闻邦椿. 工程非线性振动[M].北京:科学出版社,2007:186-195.

[263] LIN R T, WANG C, LIU F,et al. A new numerical method of nonlinear equations by four order runge-kutta method[C]// 2010 IEEE International Conference on Industrial Engineering and Engineering Management. Macao, China. IEEE, 2010:1295-1299.

[264] 丁丽娟,程杞元. 数值计算方法[M].北京:高等教育出版社,2011:300-305.

[265] WANG L L,ZHANG J H, WANG C,et al. Time-frequency analysis of nonlinear systems:the skeleton linear model and the skeleton curves[J].

Journal of Vibration and Acoustics,2003,125(2):170-177.

[266] FELDMAN M. Non-linear free vibration identification via the hilbert transform[J]. Journal of Sound and Vibration,1997,208(3):475-489.

[267] 宋叶志,贾东永. MATLAB 数值分析与应用[M].北京:机械工业出版社, 2009:339-343.

[268] 徐晓刚,徐冠雷,王孝通,等.经验模式分解(EMD)及其应用[J].电子学报,2009,37(3):581-585.

[269] YANG W X, TAVNER P J. Empirical mode decomposition, an adaptive approach for interpreting shaft vibratory signals of large rotating machinery[J]. Journal of Sound and Vibration,2009,321(3/4/5):1144-1170.

[270] HUANG N E, WU M L C, LONG S R, et al. A confidence limit for the empirical mode decomposition and Hilbert spectral analysis[J]. Proceedings of the Royal Society of London Series A: Mathematical, physical and engineering sciences, 2003, 459(2037):2317-2345.

[271] SALIH M S. Fourier transform applications[J]. InTech,2012:293-296.

[272] WANG X F, PAN H. Study of HHT end effect suppression based on RBF extension[J]. International Journal of Advancements in Computing Technology,2012,4(13):369-377.

[273] 王学敏,黄方林. EMD 端点效应抑制的一种实用方法[J].振动·测试与诊断,2012,(3):493-497.

[274] MALHOTRA M. The performance evaluation of window functions and application to FIR filter design[J]. International Journal of Scientific & Engineering Research,2011,2(12):1-7.

[275] GUPTA S, PANGHAL A. Performance analysis of FIR filter design by using rectangular, hanning and hamming windows methods[J]. International Journal of Advanced Research in Computer Science and Soft Engineering,2012,2(6):273-277.

[276] CHINCHKHEDE K D. On the implementation of FIR filter with various windows for enhancement of ECG signal[J]. International Journal of Engineer Science and Technology,2011,3(3):2031-2040.

[277] HARRIS F J. On the use of windows for harmonic analysis with the discrete fourier transform[J]. Proceedings of the IEEE,1978,66(1):51-83.

[278] KAISER J, SCHAFER R. On the use of the I0-sinh window for spectrum analysis[J]. IEEE Transsactions on Acoustics, Speech, and Signal Processing,1980,28(1):105-107.

[279] HAKSAR P,GAUR M R. The performance evaluation of kaiser window over continuous signals[J]. International Journal of Electronics and Computer Science Engineering,2012,1(4):2247-2451.

[280] 程志勇. 小孔节流静压径向空气轴承承载力数值分析[D]. 武汉:华中科技大学,2017.

名词索引

A

A 类不确定度评定 6.4.3

B

B 类不确定度评定 6.4.3
摆动周期 3.2.2
背驮式质心质量测量台 2.3
标定模型 6.1.1
博伊斯(Boyes)支撑 6.3.1
不平衡力矩 2.2.2
不平衡力矩法 2.2.2
不适定问题 6.1.1

C

参考坐标系 5.1.2
测功率法 3.2
测量坐标系 5.1.2
产品实际几何坐标系 5.2.3
产品位姿 6.2.1
产品坐标系 5.1.2
称重传感器 1.2
称重传感器斜率系数 5.1.2
传感器系数标定 5.6.3

从动滚动装置 5.3.2

D

D-H 表示法 6.2.3
DH 模型 6.2.3
大量程范围标定 6.1
单称重传感器离线标定 6.1
单向推力球轴承 5.4.2
第二类完全椭圆积分 6.3.3
第一类完全椭圆积分 6.3.3
第一条重力作用线 5.1.2
电子秤 1.2
动不平衡 4.1
动衡平法 4.2.1
动平衡机 4.2
动态测量法 2.2
端点效应 6.6.4
多步法 5.3.3
多称重传感器在线标定技术 6.1
多点称重法 2.2.2
多点法 5.3.3
多工位转接装置 5.6.2
多相机摄影测量 2.3

323

E

EMD 法 6.6.2
二维质心坐标 2.2.2

F

反向法 5.3.3
反向法误差分离技术 5.3.3
冯诺依曼结构 6.2.3
复摆等效法 3.2
复摆法 2.2.2
复摆周期 2.2.2

G

Gauss－Markov 模型 6.1.1
GUM 法 6.4.3
改进的开尔文耦合支撑结构 6.3.1
杆秤 1.2
刚性刀口直接支撑结构 2.3
跟踪坐标系 5.1.2
工控机 5.1.1
构造型优化算法 6.2.3
惯性积 4.1
惯性积测量设备 5.5
惯性矩 3.2.3
惯性权重 6.2.3
惯性椭球 4.2.2
惯性椭球法 6.7
惯性椭球方程 4.2.2
惯性主轴 4.1
光电计时法 3.2.3
光栅测角法 5.4.2
光栅传感系统 5.6.2
滚动摩擦 6.3.3
滚珠扭摆台 5.4.2

过正则化状态 6.1.2

H

Hertz 弹性接触理论 6.3.3
Hilbert 变换 6.6.1
Hilbert 信号 6.6.4
核子皮带秤 1.2
赫兹接触公式 6.3.3
衡器 1.2
环形拓扑结构 6.2.3
回转式质量质心测量系统 5.2.1
回转体 5.2.1

J

机电传动 5.3.2
机电结合秤 1.2
机械重力法 2.2.2
基于运动学的测量位姿误差修正技术 6.2
基准坐标系 5.2.4
激光跟踪仪 2.3
激光位移传感器 3.2.3
几何参数 6.2.3
计算机仿真分析 2.2.1
角度误差调平法 5.3.2
进化算法 6.2.3
经典优化法 6.2.3
经验模式分解 6.6.2
静力矩平衡原理 2.2.2
静力平衡原理 5.1.1
静态测量法 2.2
静压径向轴承 5.4.2
静压型气浮轴承 5.4.2
静压型轴承 5.4.2
局部最优解 6.2.3

K

Kaiser 窗 6.6.5
KBM 法 6.5.2
KB 法 6.5.2
开尔文(Kelvin)支撑 6.3.1
开关计时法 3.2.2
柯西惯性椭球法 4.2.2
空气轴承 5.4.2
空气阻尼 3.2.3

L

L 曲线法 6.1.2
拉格朗日方程法 6.5.1
累计贡献率 6.1.2
离散 Hilbert 变换 6.6.1
离线测量 3.2
理论计算法 3.2.1
粒子 6.2.3
粒子群算法 6.2.3
零阶谐波失真 5.3.3
零阶谐波抑制 5.3.3
岭参数 6.1.2
岭估计 6.1.2
岭迹法 6.1.2
岭型主成分估计 6.1.2
落体法 3.2.2

M

MDH 模型 6.2.3
Metropolis 准则退火 6.2
慢变参数法 6.5.2
蒙特卡洛法(MCM 法) 5.3.1
模拟退火 6.2.3
模拟退火机制退火 6.2.3
模拟退火算法 6.2.3
模态函数 6.6.2

N

扭摆法 3.1.2
扭摆台 3.2.3
扭摆台运动控制单元 5.4.2
扭摆信号采集与处理单元 5.4.2
扭摆周期 2.2.2
扭杆刚度标定 5.6.3
扭杆刚度系数 3.2.3
扭杆温度补偿技术 3.3

O

偶不平衡量 2.2.2
耦合支撑结构 5.3.2

P

POI 型号质量特性测量台 3.3
平均法 6.5.2
平行轴定理 2.2.2
平移矩阵 5.3.1

Q

齐次坐标 5.2.3
气锤现象 5.4.2
气浮扭摆台 5.4.2
气浮轴承 5.4.2
气体静压推力轴承 5.4.2
欠正则化状态 6.1.2
倾斜 θ 度中间转换坐标系 5.1.2
倾斜式质量质心测量系统 5.1.1
倾斜式质量质心测量系统电气系统 5.1.4
倾斜式质量质心测量系统专用软件

5.1.4
球窝－球－平面耦合支撑方式 6.3.1
球窝－球－球窝耦合支撑方式 6.3.1
全互连结构 6.2.3
全局最优解 6.2.3

R

Runge－Kutta 法 6.5.3
任意轴定理 4.3

S

三点式调平系统 5.3.2
三维质心计算模型 5.1.2
三线摆 2.2.2
摄像法 2.2.2
深沟球轴承 5.4.2
升降装置 5.3.2
十字分布传感器等效刀口结构 2.3
世界坐标系 5.3.1
视觉测量 2.3
适定问题 6.1.1
数值解法 6.5.3
数字化衡器 1.2
数字量求和标定法 6.1.1
双线摆 2.2.2
瞬时转速法 3.2
四点称重法 5.1.1
四点式调平系统 5.3.2
四点式位置误差调平法 5.3.2
四角误差 5.1.2
四阶 Runge－Kutta 法 6.5.3

T

弹性恢复力矩 3.2.3
天平 1.2

条件数 6.1.3
条件数最小的数字量求和法 6.1.3
通用质量特性测试系统 5.6
退火 6.2.3

U

U 型工装 5.4.2

W

微分方程 6.5.1
位置误差 6.2.1
位置误差调平法 5.3.2
位姿 6.2
无阻尼振动周期 3.2.3
无阻尼自振频率 3.2.3
五线摆 2.2.2

X

系统误差标校 5.6.3
系统线性阻尼系数 3.2.3
系统阻尼比 3.2.3
线摆法 3.2.2
线性递减权值策略 6.2.3
小量程范围标定 6.1
悬挂法 2.2.2
悬线扭摆法 2.2.2
旋转臂结构工装 5.5.2
旋转矩阵 5.3.1
旋转平衡法 2.2.2

Y

液压传动 5.3.2
仪器坐标系 5.3.1
移动坐标系 6.3.2
遗传算法 6.2.3

有限冲击响应滤波器(FIR) 6.6.5
圆柱形标准件 5.3.2

Z

在线测量 3.2
在线同步标定 5.2.2
早熟现象 6.2.3
振幅测量法 3.2.3
支撑与驱动机构 5.3.2
质量特性综合测量台 5.6.2
质量质心测量台 5.1.1
质心 2.1.1
质心偏距 2.2.2
质心柔性测量方法 5.3.1
质心柔性测量系统 5.3.2
质元 3.1.1
智能传感技术 1.2
智能算法 6.2.3
中间转换坐标系 5.2.3
种群拓扑结构 6.2.3
重心 2.1.2
主成分参数 6.1.2
主成分估计 6.1.2
主动滚轮 5.3.2

主惯性矩 4.1
转动惯量 3.1.1
转动惯量测量设备 5.4
转动惯量法 2.2.2
转动微分方程 3.2.3
姿态误差 6.2.1
自传平衡仪器 2.3
自定心传感器 6.3.1
自定心结构 6.3.1
自动对心重复性 6.3.3
自由衰减法 3.2.3
自由衰减振荡曲线 3.2.3
自由衰减振荡曲线方程 3.2.3
总体最小二乘法 5.3.3
阻尼比 3.2.3
阻尼力矩系数 3.2.3
阻尼样件 3.2.1
阻尼振动频率 3.2.3
阻尼振动周期 3.2.3
最小二乘估计 6.1.1
最小二乘解 6.1.1
最优标定构型 6.2.3
最优构型 6.2.3
坐标测量设备 5.3.3